Elementos de Probabilidad

y

Estadística Descriptiva

Elementos de Probabilidad y Estadística Descriptiva

Mª. Jesús Bárcena Ruiz - Karmele Fernández Aguirre
Eva Ferreira García - Mª. Araceli Garín Martín

Profesoras del Departamento de Econometría y Estadística (EAIII), UPV/EHU.

eman ta zabal zazu

Universidad del País Vasco
servicio editorial

Euskal Herriko Unibertsitatea
argitalpen zerbitzua

ISBN: 84-8373-545-8
Depósito legal/Lege gordailua: BI-2391-03

Impresión/Inprimatzea: Itxaropena, S.A.
Araba Kalea, 45 - 20800 Zarautz (Gipuzkoa)

Prólogo

Cuando las autoras me han pasado el original de este libro para que lo prologara, me ha sorprendido. Sabía que estaba en gestación, pero era como esos amigos lejanos cuya visita, largamente esperada, siempre se demora un poco más; y acaba por sorprendernos su llegada, como si nunca hubiéramos sabido de ella.

La tardanza estaba justificada. Las autoras han hecho un magnífico trabajo ordenando, puliendo y adaptando el cuerpo de materia que constituye un primer semestre de Estadística en nuestra Facultad; y lo han hecho pensando en los alumnos y para ellos. El lector foráneo no acabará de comprender el abrupto terminar del libro cuando la introducción de la distribución normal y leyes de grandes números abría la puerta hacia temas más avanzados: responde tal decisión a las necesidades de unos alumnos concretos, los nuestros. Estoy seguro de que ellos apreciarán el trabajo realizado en su justo valor.

Al pasar las páginas, veo retazos, instantaneas, destellos de una trayectoria que en parte he recorrido con las autoras y cuyos jalones conozco bien. Y, súbitamente, tomo conciencia del tiempo transcurrido. Por eso, quizá soy el menos indicado para prologar este libro: porque en él veo más que un libro.

Veo el brote, otra vez nuevo, que brota del tronco añoso. Veo lo mejor de quienes han ido por delante. Veo la influencia del maestro, directo o indirecto, de muchos de nosotros, Antonio Fdez. de Trocóniz; y ecos de las *Catorce lecciones de Estadística Descriptiva* de nuestro compañero José María Piris, demasiado tempranamente partido y siempre recordado. Veo un cúmulo de trabajo bien hecho y de ilusión docente. Veo un reflejo de la realidad, espléndida, de un grupo de trabajo que ha ido claramente a más.

Quizá las autoras prefirieran que viera sólo un manual y explicara sus ventajas y méritos. Bien a la vista están: huelga cuanto pudiera yo decir de ellos. Yo veo más que el libro. Quizá por eso esto es más que un prólogo, o menos, o no es un prólogo en absoluto. Es el riesgo de pedir la presentación de un libro a quienes no pueden verlo desligado de su historia y de sus creadoras, ni dejar por ello de teñir su comentario con la evocación y el afecto.

Bilbao, Julio 2003.

Fernando Tusell Palmer

Índice General

Parte I

Estadística Descriptiva

Capítulo 1

Variables estadísticas unidimensionales

1.1 Introducción

¿Qué es la Estadística?

Si una persona cualquiera desea conocer las acepciones de la palabra **estadística**, se encuentra con las siguientes recogidas en el diccionario de la Real Academia Española de la Lengua.

Estadística:

1. Censo o recuento de la población, de los recursos naturales e industriales, del tráfico o de cualquier otra manifestación de un Estado, provincia, pueblo, clase, etc.

2. Estudio de los hechos morales o físicos que se prestan a numeración o recuento y a comparación de las cifras a ellos referentes.

3. *Mat.* Ciencia que utiliza conjuntos de datos numéricos para obtener inferencias basadas en el cálculo de probabilidades.

Si consideramos la Estadística como ciencia, la aplicación del método científico nos llevaría a considerar todas las acepciones anteriores como partes del proceso de investigación. De hecho, podríamos considerar las siguientes etapas en una investigación estadística o procedimiento estadístico.

1. Formulación del problema.

2. Modelización.

3. Diseño del experimento.

4. Colección y tabulación de datos (primera acepción).

5. Descripción de los resultados (segunda acepción).

6. Inferencia estadística y formulación de la respuesta (tercera acepción).

Las técnicas estadísticas son muy valiosas para lograr que la investigación sea fructífera. Tengamos en cuenta que un proceso de investigación en estadística es a menudo parte integrante de un proceso de investigación más general y, cuando se usa adecuadamente, logra resultados más eficientes.

Veamos en qué consiste cada una de las etapas de un procedimiento estadístico.

1. **Formulación del problema**

   El estadístico se plantea un problema y establece los objetivos de estudio que le conduzcan a la solución de dicho problema. Este primer paso es común a cualquier investigación y requiere un cuidado esencial, pero que quizá se deriva de la lógica y del sentido común.

2. **Modelización**

   Una vez clarificados los objetivos, la formulación del problema requiere de una modelización en la que se seleccionen las variables consideradas representativas de los objetivos de estudio. Además, estas variables compondrán una estructura matemática que conforme el modelo decidido. En este punto es especialmente importante prestar atención a los supuestos requeridos para la validez del modelo.

3. **Diseño del experimento**

   Se necesita aquí un procedimiento operativo para la recogida de datos relativos a las variables seleccionadas. A veces es muy costoso (o imposible) obtener la lista de datos de todo el colectivo; es decir, un **censo**. Entonces hay que tratar de estudiar ese colectivo mediante datos de un subconjunto del mismo. Habrá de ser un subconjunto "representativo" de alguna forma, al que se denomina **muestra**. Aparece entonces la importancia de las técnicas de muestreo. Estas técnicas proporcionan, en función de ciertas medidas de error, métodos de selección de la muestra apropiada de la que extraer los datos requeridos.

4. **Colección y tabulación de los datos**

   Una vez seleccionada la muestra, se procede al recuento de los datos, para obtener lo que comúnmente se denominan estadísticas. En este punto no interviene ningún proceso de síntesis ni de modificación motivada por el modelo propuesto. Simplemente es una etapa descriptiva mediante tabulación numérica de la realidad estudiada.

5. **Descripción de los resultados**

   En esta etapa ya interviene el poder de síntesis de la información que poseen las técnicas de Estadística Descriptiva. Aunque el nombre sugiere de nuevo una mera descripción de los datos, mediante estas técnicas se realizan transformaciones de los mismos que permiten que esta descripción, sin ser exhaustiva, siga siendo informativa. Esta síntesis de la información sirve además para establecer comparaciones entre resultados obtenidos para distintas variables.

6. **Inferencia estadística y formulación de la respuesta**

   Podríamos decir que, de todas las etapas, ésta es la que verdaderamente confirma el carácter de ciencia de la Estadística. La Teoría de la Probabilidad ha proporcionado las herramientas necesarias para dar el salto de la descripción y síntesis de la información a la realización de inferencias y previsiones. Este salto conduce a la posibilidad de formular respuestas sobre hipótesis planteadas en la formulación del problema así como al establecimiento de medidas de error que proporcionan el grado de seguridad de las respuestas. Por último, hemos de tener en cuenta que, antes de finalizar un procedimiento estadístico, debemos volver al modelo y preguntarnos por las hipótesis que se requirieron para su validación. Si el modelo es rechazado, se hace necesario comenzar de nuevo el proceso.

Un requisito para que un procedimiento estadístico esté bien efectuado, es que quien o quienes hacen uso de él, entiendan claramente las técnicas que emplean.

Sin embargo, no siempre han existido todas estas etapas en el procedimiento estadístico. Podríamos decir que este procedimiento, tal como lo entendemos ahora, es relativamente reciente dentro del contexto histórico. Obviamente, la etapa de recuento es la más sencilla y por tanto la más antigua. Con el aumento de las poblaciones y de los bienes tanto individuales como de los estados, se impone dotar a estos recuentos de una cierta estructura manejable, lo que lleva al comienzo del desarrollo de la Estadística Descriptiva. Por último, la unión de la Teoría de la Probabilidad y de la Estadística es lo que permite dar sentido global al procedimiento estadístico descrito.

Las técnicas estadísticas se aplican en una gran variedad de campos. De forma particular, en el campo de la Economía y la Empresa, podemos presentar algunos ejemplos ilustrativos de sus aplicaciones.

- Recursos humanos: estudios de tests realizados en los procesos de selección de personal.

- Estudios de mercado: efectos de las campañas publicitarias, demanda de productos, perfil de los clientes.
- Finanzas: análisis de la evolución de los distintos productos financieros, evaluación del riesgo de carteras.
- Actuarial: estudio del riesgo de un determinado tipo de seguro para el cálculo de primas, clasificación de tipos de asegurados.

A lo largo de este libro nos ocuparemos de temas relacionados con la colección y tabulación de datos (Estadística Descriptiva) y la Teoría de Probabilidades. El conjunto de estos temas proporciona una base necesaria para entender técnicas más avanzadas que se necesitan para afrontar los problemas planteados en los ejemplos anteriores. Evidentemente, el tratamiento específico de cada uno de ellos requiere de estudios posteriores que se desarrollan en textos más específicos.

1.2 Variables estadísticas

Consideremos un colectivo de estudio, del cual pretendemos extraer información sobre una determinada característica común de los individuos que lo componen.

Ejemplo 1.1 En un colectivo formado por los 30 alumnos matriculados en un primer curso de licenciatura, tenemos información sobre el número de idiomas que conocen. Los datos recopilados son:

$$\{1, 2, 2, 2, 3, 4, 2, 1, 1, 1, 1, 1, 2, 4, 3, 4, 5, 5, 1, 1, 1, 1, 3, 2, 2, 2, 2, 3, 1, 2\}$$

Esta característica (número de idiomas) es una variable estadística; es decir, una característica cuyo valor puede variar dentro del colectivo. Así, en este caso tendríamos la siguiente estructura:

Colectivo o población: todos los alumnos matriculados en primer curso de dicha licenciatura.

Individuos o elementos: cada uno de estos alumnos.

Variable estadística: número de idiomas que conocen.

En general, la notación que utilizaremos será:

- Ω: colectivo de estudio o población.
- N: tamaño del colectivo.

- ω_i: cada uno de los individuos o elementos del colectivo, $i = 1, \ldots, N$.
- X, Y, etc. cada variable estadística objeto de estudio.
- $\{x_1, \ldots, x_k\}$: conjunto de valores diferentes que toma la variable X en el colectivo. Por tanto, k es el número de valores distintos que toma la variable.

Para realizar una buena clasificación de los datos se han de mantener dos criterios fundamentales:

- Principio de exclusividad: no se puede asignar más de un valor de la variable a cada individuo.
- Principio de exhaustividad: todos los individuos deben estar clasificados; es decir, deben tener un valor asociado.

Eso significa que, en el Ejemplo 1.1, debe estar claro qué se entiende por conocer un idioma, para que no haya dudas a la hora de asignar a los alumnos el valor numérico de la variable. Dependiendo del tipo de valores que tome una variable estadística, podemos clasificarlas en cuantitativas y cualitativas.

1.2.1 Variables estadísticas cuantitativas

Denominaremos así a aquellas variables que toman valores numéricos: número de idiomas conocidos, edad, litros de agua consumidos diariamente por familia, etc. Dentro de este tipo de variables distinguiremos dos tipos:

- Variables cuantitativas **discretas**: aquellas donde el número de valores distintos dentro del colectivo de estudio es pequeño.

  Ejemplos: número de idiomas conocidos, número de hermanos.

- Variables cuantitativas **continuas**: aquellas donde los distintos valores de la variable se agrupan por intervalos, bien sea porque la variable puede tomar cualquier valor dentro de un intervalo, o porque el conjunto de valores distintos es muy grande y la clasificamos así por operatividad.

  Ejemplos: el tiempo dedicado semanalmente a ver la televisión corresponde a una variable del primer tipo mientras que el número de películas vistas al año en el cine sería una variable del segundo tipo.

Para este tipo de variables consideraremos siempre que sus k valores distintos están ordenados en forma creciente; es decir, $\{x_1 < x_2 < \ldots < x_k\}$.

1.2.2 Variables estadísticas cualitativas

Denominaremos así a las variables cuyos valores no son números sino categorías (también denominadas modalidades o atributos): sexo, color del pelo, categoría profesional, nivel de estudios, etc. Es posible convertir estas variables en cuantitativas si es que existe algún orden natural en la clasificación, como podría ser el caso del nivel de estudios.

1.3 Distribuciones unidimensionales de frecuencias

En el Ejemplo 1.1 los valores diferentes que toma la variable X (número de idiomas) son: $\{x_1 = 1, x_2 = 2, x_3 = 3, x_4 = 4, x_5 = 5\}$. Asociadas a los valores diferentes de una variable definimos las frecuencias, clasificadas según vemos a continuación.

1.3.1 Frecuencias absolutas y relativas

Denominamos **frecuencia absoluta** del valor x_i, y la denotamos por n_i, al número de elementos del colectivo que toman x_i como valor de la variable.

En el Ejemplo 1.1 tenemos que los valores de las frecuencias absolutas son $\{n_1 = 11, n_2 = 10, n_3 = 4, n_4 = 3, n_5 = 2\}$.

De la definición, resulta clara la igualdad

$$\sum_{i=1}^{k} n_i = N$$

Denominamos **frecuencia relativa** del valor x_i, y la denotamos por

$$f_i = \frac{n_i}{N}$$

a la frecuencia asociada en términos relativos de tanto por uno.

En el Ejemplo 1.1 tenemos que los valores de las frecuencias relativas son $\{f_1 = 0.36, f_2 = 0.3, f_3 = 0.13, f_4 = 0.1, f_5 = 0.06\}$.

También se suelen utilizar **porcentajes**, que expresan lo mismo pero en tanto por ciento: $p_i = 100 f_i$. De las definiciones de f_i y p_i se tiene que $\sum_{i=1}^{k} f_i = 1$ y $\sum_{i=1}^{k} p_i = 100$.

1.3.2 Frecuencias acumuladas

Denotamos por N_i a la **frecuencia absoluta acumulada**, que se define a través de la siguiente expresión:

$$N_i = \sum_{j=1}^{i} n_j = n_1 + n_2 + \ldots + n_i$$

para $i = 1, \ldots, k$. De la definición obtenemos que $N_k = N$, y la expresión de las frecuencias acumuladas de forma recursiva, $N_i = N_{i-1} + n_i$.

En el Ejemplo 1.1 estas frecuencias son: $\{N_1 = 11, N_2 = 21, N_3 = 25, N_4 = 28, N_5 = 30\}$, y se interpretan así:

$N_1 = 11$, hay once alumnos que conocen un idioma.

$N_2 = 21$, hay veintiún alumnos que conocen dos idiomas o menos.

$N_3 = 25$, hay veinticinco alumnos que conocen tres idiomas o menos, y así sucesivamente.

Por tanto, las frecuencias acumuladas sólo tienen sentido cuando los diferentes valores de la variable están ordenados de menor a mayor. También pueden interpretarse en variables cualitativas, siempre que se establezca un orden entre los valores.

Análogamente a las frecuencias absolutas acumuladas, definimos las **frecuencias relativas acumuladas** y **porcentajes acumulados** respectivamente como,

$$\begin{aligned} F_i &= \sum_{j=1}^{i} f_j = f_1 + f_2 + \ldots + f_i = \frac{N_i}{N} \\ P_i &= \sum_{j=1}^{i} p_j = p_1 + p_2 + \ldots + p_i = 100 \times F_i \end{aligned}$$

Así, en el Ejemplo 1.1 puede afirmarse que el 83.3% de los alumnos conoce como mucho tres idiomas.

1.3.3 Intervalos y marcas de clase

Cuando la variable es cuantitativa continua, el conjunto de valores que toma no es un conjunto de números aislados sino que se agrupan en intervalos o clases.

Ejemplo 1.2 Consideremos un colectivo de 50 personas distribuidos de la siguiente forma según su edad: hay 10 personas menores de 18 años, 15 de 18 a 24, 15 de 25 a 39, 5 de 40 a 64 y 5 personas de 65 años o más.

Así, los valores de la variable se agrupan en cinco intervalos de edad: $[0, 18), [18, 25), [25, 40), [40, 65)$ y $[65, \infty)$.

En este tipo de variables resulta conveniente establecer un valor numérico representante de cada uno de los intervalos de valores, al que se denomina **marca de clase**. El criterio general es utilizar el punto medio del intervalo como marca.

Así, en el Ejemplo 1.2 pueden tomarse como marcas de clase los valores: $\{9, 21.5, 32.5, 52.5\}$ para los cuatro primeros intervalos. Para el último se puede considerar, dado que hablamos de edades y no conocemos el máximo valor, que la mayoría estarán entre 65 y 95, y por tanto una marca de clase para los mayores de 65 es el valor 80.

Los intervalos pueden ser de igual o distinta **amplitud**. En general denotaremos por c_i a la amplitud de un intervalo $[L_{i-1}, L_i)$; es decir, $c_i = L_i - L_{i-1}$. Con esta notación, las marcas de clase tomadas como los puntos medios corresponden a los valores $(L_i + L_{i-1})/2$.

1.4 Tablas estadísticas

Una vez conocidos los valores de la variable y las frecuencias, se expresan de forma natural mediante una tabla. A continuación, presentamos la tabla asociada al Ejemplo 1.2, completada con frecuencias absolutas, relativas y las correspondientes acumuladas.

Intervalo	c_i	**Marca de clase**	n_i	N_i	f_i	F_i
$[0, 18)$	18	9	10	10	0.20	0.20
$[18, 25)$	7	21.5	15	25	0.30	0.50
$[25, 40)$	15	32.5	15	40	0.30	0.80
$[40, 65)$	25	52.5	5	45	0.10	0.90
≥ 65	30	80	5	50	0.10	1

1.5 Representaciones gráficas

Una tabla estadística nos proporciona una ordenación de la información referente a la variable estadística y al colectivo de estudio. Sin embargo, esta información es numérica y siempre resulta de gran ayuda obtener algún gráfico que, mediante un simple vistazo, nos permita obtener parte de la información sin necesidad de ir a los valores numéricos específicos[1].

Según sea el carácter de la variable estadística de estudio, existen unas representaciones gráficas más adecuadas que otras.

1.5.1 Gráfico sectorial

Se dibuja un círculo y sobre él se delimita un sector para cada diferente valor de la variable, de área proporcional a su frecuencia asociada. Para ello, a cada valor de la variable $x_i, i = 1, \ldots, k$, se le asocia un sector de ángulo $f_i \times 360^o$. Al realizarse sobre un círculo no se realiza la asociación visual a un orden entre los valores de la variable, lo que le hace ser muy adecuado para variables cualitativas.

1.5.2 Diagrama de barras

Este diagrama resulta adecuado para variables discretas. Para su construcción, se dibuja un sistema de ejes cartesianos. En el eje de abscisas se representan los valores que toma la variable y en ordenadas las frecuencias, absolutas o relativas, según sea el tipo de información que queramos aportar. Se traza sobre cada valor una barra de altura igual a la frecuencia asociada.

Es conveniente utilizar frecuencias relativas cuando se quieren comparar los gráficos que muestran la distribución de una misma variable en dos o más colectivos de diferente tamaño. De esta forma, se unifica la escala de los gráficos (en todos ellos la suma de la longitud de las barras será igual a la unidad) y se facilita la comparación visual.

Ejemplo 1.3 Para ilustrar estos dos tipos de gráficos consideramos los datos de la Tabla 1.1, pág. 14, donde aparece el alumnado de la Comunidad Autónoma Vasca (CAV) en el curso 1996/97, clasificado por edad y por nivel de estudios. Claramente, el nivel de estudios es una variable cualitativa y la edad cuantitativa. Por tanto, representaremos la distribución del nivel de estudios mediante un gráfico sectorial, Figura 1.1, y la distribución de la edad mediante un diagrama de barras, Figura 1.2.

---

[1] En esta sección, se incluyen algunos gráficos sencillos muy utilizados en la práctica. El lector puede encontrar más información sobre representaciones gráficas, por ejemplo, en [Bertin, 1987], [Escobar, 1999] y [Wainer, 1997].

Figura 1.1: Gráfico sectorial. Alumnado de la CAV según nivel (1996/97).

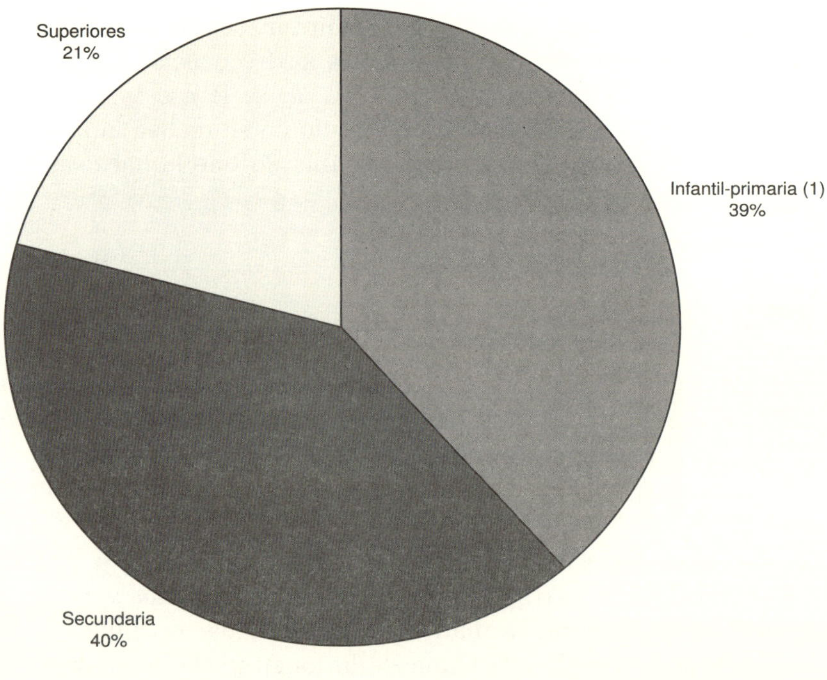

1.5.3 Histograma. Polígono de frecuencias

Este gráfico se emplea como representación de variables estadísticas cuantitativas continuas; es decir, cuando los valores de la variable aparecen agrupados en intervalos.

Se dibuja un sistema de ejes cartesianos y en el eje de abscisas se marcan los valores de la variable (intervalos). Sobre cada intervalo, $[L_{i-1}, L_i)$, se levanta un rectángulo o columna de forma que su área sea proporcional a la frecuencia asociada al intervalo. Cuando los intervalos son de igual amplitud, basta con que la altura de la columna, h_i, coincida con la frecuencia absoluta o relativa: $h_i = n_i$ ó $h_i = f_i$. Sin embargo, cuando los intervalos tienen

Figura 1.2: Diagrama de barras. Alumnado de la CAV según la edad (1996/97).

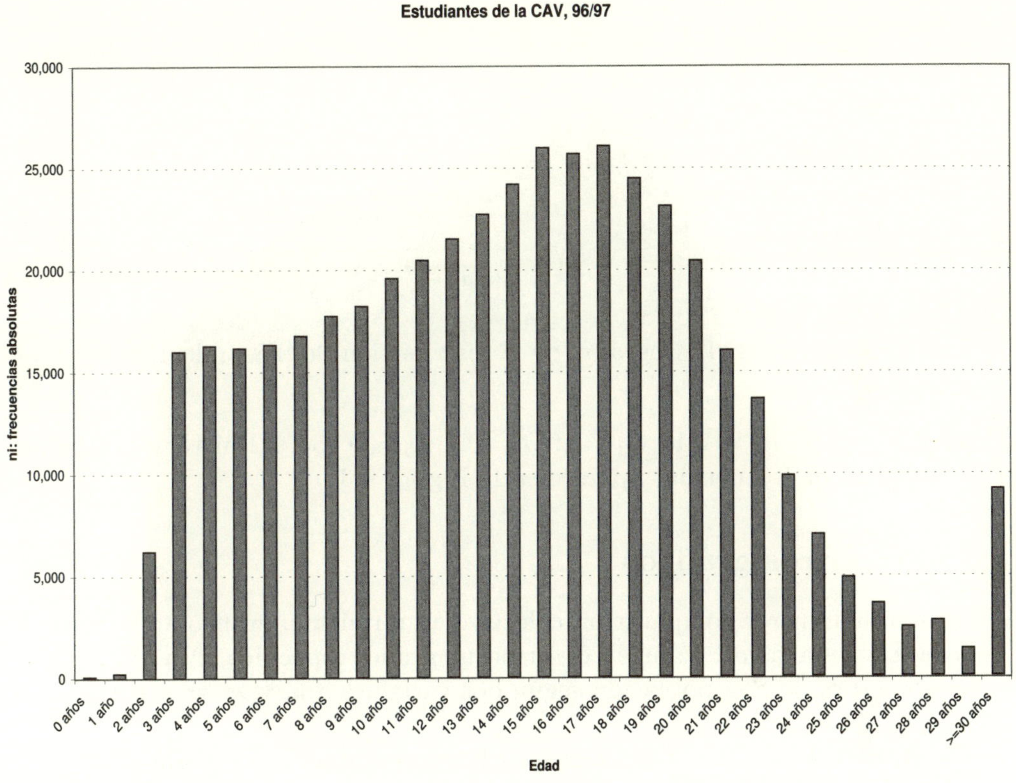

amplitudes diferentes, la altura debe ser proporcional a la frecuencia por unidad de intervalo; por ejemplo, podemos tomar $h_i = n_i/c_i$ ó $h_i = f_i/c_i$.

Al igual que ocurría con el diagrama de barras, conviene utilizar frecuencias relativas cuando se quieren comparar los gráficos que muestran la distribución de una misma variable en dos o más colectivos de diferente tamaño.

Polígono de frecuencias

Se denomina así a la línea que une los puntos medios de los lados superiores de los rectángulos de un histograma. Esta línea poligonal refleja el perfil continuo de la distribución de frecuencias de una variable estadística continua.

Así, en el Ejemplo 1.2 tenemos que las alturas del histograma asociado

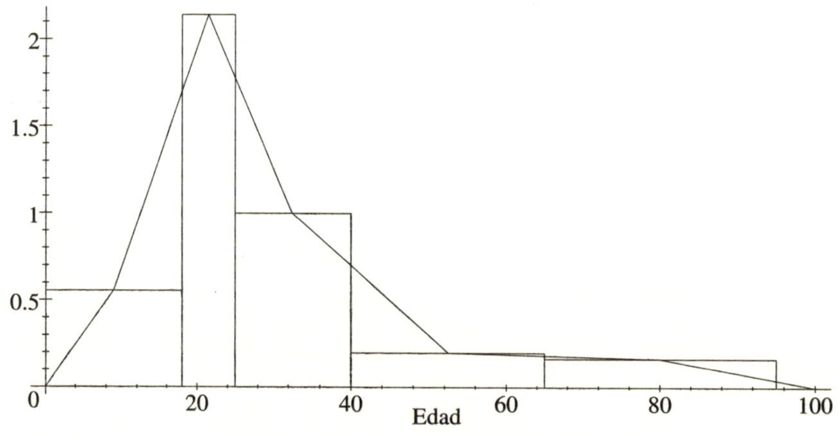

Figura 1.3: Histograma de la distribución del Ejemplo 1.2.

son $\{h_1 = 0.55; h_2 = 2.14; h_3 = 1; h_4 = 0.2; h_5 = 0.16\}$. El histograma, junto al polígono de frecuencias aparece en la Figura 1.3.

1.5.4 Otros gráficos

Es habitual querer comparar un colectivo en un mismo gráfico atendiendo a dos variables a la vez. Vamos a describir un gráfico específico para representar la estructura de una población según dos variables a la vez: sexo y edad.

Ejemplo 1.4 Consideremos la representación asociada a la Tabla 1.2, pág. 15, en la que aparecen datos referentes a población de la Comunidad Autónoma Vasca en el año 1996. En la Figura 1.4 representamos en un mismo gráfico la distribución de la edad en varones y mujeres. Así, la comparación visual resulta inmediata y vemos por ejemplo que, aunque en total hay más mujeres que varones, el número de nacimientos de varones es mayor y es en las edades avanzadas donde el número de mujeres es superior.

Figura 1.4: Población de la CAV (1996).

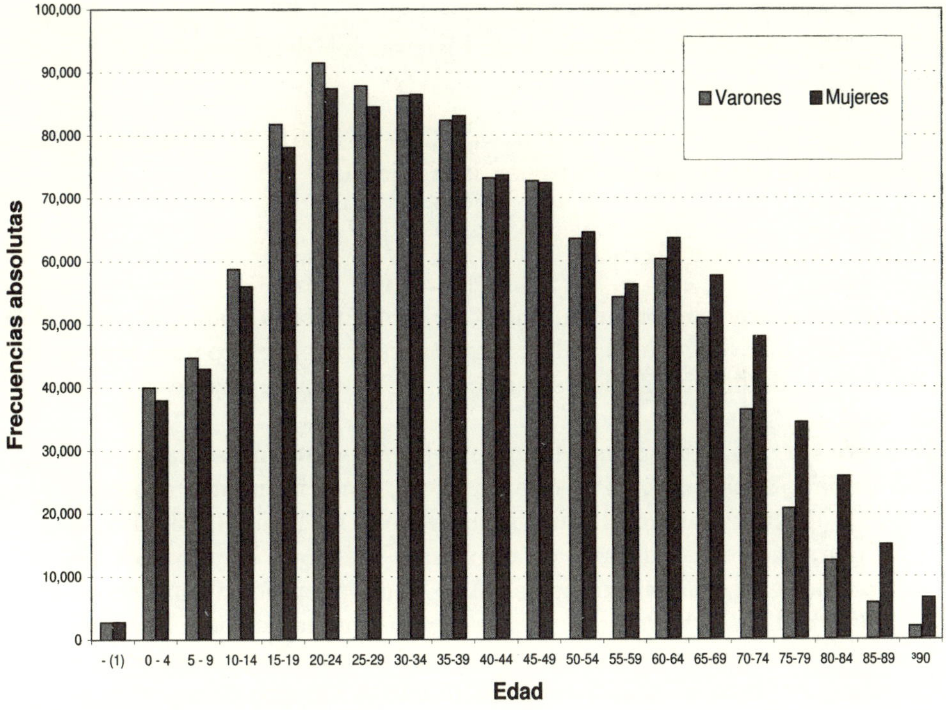

Tabla 1.1: Datos sobre el alumnado de la CAV durante el curso 1996/97, clasificado por edad y nivel de estudios; proporcionados por el Instituto Vasco de Estadística (EUSTAT).

Eustat

Enseñanzas de régimen general. Alumnado por edad según nivel. 1996/97.

	Total	Infantil-primaria (1)	Secundaria	Superiores
Total	458,789	**177,371**	**186,136**	**95,282**
0 años	81	81	-	-
1 año	226	226	-	-
2 años	6,198	6,198	-	-
3 años	16,004	16,004	-	-
4 años	16,279	16,279	-	-
5 años	16,161	16,161	-	-
6 años	16,320	16,320	-	-
7 años	16,747	16,747	-	-
8 años	17,713	17,713	-	-
9 años	18,193	18,193	-	-
10 años	19,551	19,551	-	-
11 años	20,431	20,431	-	-
12 años	21,473	2,472	19,001	-
13 años	22,679	-	22,679	-
14 años	24,141	-	24,141	-
15 años	25,922	-	25,922	-
16 años	25,616	-	25,616	-
17 años	26,000	-	26,000	-
18 años	24,417	-	14,515	9,902
19 años	23,056	-	10,024	13,032
20 años	20,358	-	5,682	14,676
21 años	15,974	-	3,357	12,617
22 años	13,587	-	2,222	11,365
23 años	9,831	-	1,464	8,367
24 años	6,935	-	1,049	5,886
25 años	4,821	-	876	3,945
26 años	3,556	-	644	2,912
27 años	2,389	-	427	1,962
28 años	2,708	-	338	2,370
29 años	1,308	-	225	1,083
>=30 años	9,119	-	1,954	7,165
no consta (2)	10,995	10,995	-	-

(1) Incluye Educ. infantil, Educ. primaria y Educ. especial en ambos niveles.
(2) Educación permanente de adultos.

Fuente: EUSTAT. Estadística de la Enseñanza.

Eustat

Población clasificada por grupos de edad y sexo. 1996.

	C.A. de Euskadi			Araba / Alava			Bizkaia			Gipuzkoa		
	Total	Varones	Mujeres	Total	Varones	Mujeres	Total	Varones	Mujeres	Total	Varones	Mujeres
Total	**2.098.055**	**1.026.647**	**1.071.408**	**281.821**	**139.801**	**142.020**	**1.140.026**	**555.101**	**584.925**	**676.208**	**331.745**	**344.463**
- (1)	5.292	2.701	2.591	733	367	366	2.767	1.415	1.352	1.792	919	873
0 - 4	77.741	39.978	37.763	10.741	5.509	5.232	40.561	20.807	19.754	26.439	13.662	12.777
5 - 9	87.375	44.671	42.704	12.523	6.427	6.096	46.774	23.909	22.865	28.078	14.335	13.743
10-14	114.525	58.728	55.797	16.663	8.467	8.196	61.835	31.678	30.157	36.027	18.583	17.444
15-19	159.574	81.744	77.830	22.300	11.473	10.827	86.596	44.274	42.322	50.678	25.997	24.681
20-24	178.548	91.415	87.133	24.284	12.340	11.944	96.235	49.076	47.159	58.029	29.999	28.030
25-29	171.985	87.764	84.221	23.477	11.828	11.649	93.157	47.509	45.648	55.351	28.427	26.924
30-34	172.362	86.212	86.150	23.767	11.762	12.005	93.803	46.837	46.966	54.792	27.613	27.179
35-39	165.023	82.259	82.764	22.462	11.149	11.313	90.249	44.788	45.461	52.312	26.322	25.990
40-44	146.450	73.123	73.327	20.460	10.268	10.192	78.564	39.064	39.500	47.426	23.791	23.635
45-49	144.755	72.634	72.121	20.108	10.265	9.843	76.857	38.146	38.711	47.790	24.223	23.567
50-54	127.680	63.440	64.240	17.496	9.048	8.448	68.446	33.631	34.815	41.738	20.761	20.977
55-59	110.148	54.182	55.966	14.267	7.415	6.852	60.611	29.250	31.361	35.270	17.517	17.753
60-64	123.464	60.185	63.279	15.003	7.624	7.379	69.703	33.773	35.930	38.758	18.788	19.970
65-69	108.147	50.819	57.328	12.429	5.983	6.446	61.512	28.998	32.514	34.206	15.838	18.368
70-74	83.937	36.274	47.663	9.922	4.403	5.519	46.922	20.204	26.718	27.093	11.667	15.426
75-79	54.721	20.625	34.096	6.707	2.659	4.048	29.913	11.264	18.649	18.101	6.702	11.399
80-84	37.871	12.362	25.509	4.800	1.690	3.110	20.314	6.609	13.705	12.757	4.063	8.694
85-89	20.318	5.626	14.692	2.601	835	1.766	10.812	2.857	7.955	6.905	1.934	4.971
≥90	8.139	1.905	6.234	1.078	289	789	4.395	1.012	3.383	2.666	604	2.062

(1) Nacidos entre el 1-1-1996 y el 1-5-1996 (fecha de referencia de la Estadística de Población y Viviendas). Edad a 31 de diciembre.

Fuente: EUSTAT. Estadística de Población y Viviendas.

Tabla 1.2: Población de la CAV clasificada por grupos de edad, sexo y provincia (1996).

Capítulo 2

Valores típicos de variables estadísticas unidimensionales

Consideramos una variable estadística[1], X, que toma k valores distintos $x_1 < x_2 < ... < x_k$, cada uno de ellos con frecuencias absolutas n_1,...,n_k, sobre un colectivo de tamaño N. Los valores x_i serán valores de la variable, si esta es discreta y las marcas de clase si la variable es continua.

2.1 Momentos en R

Los datos junto con la información que encierran son a menudo sintetizados en estadísticos o valores típicos. Unos operadores matemáticos de gran utilidad para obtener estos valores son los momentos. Estudiaremos momentos de dos tipos:

1. Ordinarios o respecto al origen.
2. Centrales o respecto a la media.

En general no tienen significado estadístico alguno, salvo que coincidan con un valor típico como la media aritmética, varianza, etc.

2.1.1 Momentos ordinarios

Definición 2.1 *El momento ordinario de orden h, que denotaremos por a_h, en la distribución de frecuencias de la variable X, se define como:*

$$a_h = \frac{1}{N}\sum_{i=1}^{N} x_i^h = \frac{1}{N}\sum_{i=1}^{k} x_i^h n_i = \sum_{i=1}^{k} x_i^h f_i, \quad h = 0, 1, 2, ...$$

[1]Tanto en este capítulo como en el siguiente nos referiremos normalmente al estudio de variables estadísticas cuantitativas.

Observaciones:

1. El momento ordinario de orden cero es siempre uno ($a_0 = 1$).

$$a_0 = \frac{1}{N}\sum_{i=1}^{N} x_i^0 = \frac{1}{N}\sum_{i=1}^{N} 1 = 1$$

2. El momento ordinario de orden uno es la **media aritmética simple**.

$$a_1 = \frac{1}{N}\sum_{i=1}^{N} x_i = \frac{1}{N}\sum_{i=1}^{k} x_i n_i = \sum_{i=1}^{k} x_i f_i = \overline{x}$$

Ejemplo 2.1 Recordemos los datos del Ejemplo 1.1, pág. 4, donde teníamos la distribución de frecuencias de una variable, X, que medía el número de idiomas conocidos por un colectivo de 30 estudiantes.

Los valores de dicha variable eran:

$$\{1,2,2,2,3,4,2,1,1,1,1,1,2,4,3,4,5,5,1,1,1,1,3,2,2,2,2,3,1,2\}$$

lo que nos da la distribución de frecuencias:

x_i	1	2	3	4	5
n_i	11	10	4	3	2

Si calculamos el momento ordinario de orden uno (media aritmética), lo podemos hacer a partir de los valores desagregados utilizando la fórmula correspondiente, y su valor es:

$$\begin{aligned} a_1 &= \overline{x} = \frac{1}{30}\sum_{i=1}^{30} x_i = \\ &= \frac{1}{30}(1+2+2+2+3+4+2+1+1+1 \\ &\quad +1+1+2+4+3+4+5+5+1+1+1 \\ &\quad +1+3+2+2+2+2+3+1+2) = 2.16 \end{aligned}$$

También podemos hacer el cálculo a partir de la distribución de frecuencias; en este caso utilizamos la expresión de la fórmula en términos de frecuencias absolutas:

$$\begin{aligned} a_1 &= \overline{x} = \frac{1}{30}\sum_{i=1}^{5} x_i n_i \\ &= \frac{1}{30}(1\cdot 11 + 2\cdot 10 + 3\cdot 4 + 4\cdot 3 + 5\cdot 2) = 2.16 \end{aligned}$$

Es decir, los alumnos de este colectivo conocen, por término medio, algo más de dos idiomas.

2.1.2 Momentos centrales

Definición 2.2 *El momento central de orden h, que denotaremos por m_h, en la distribución de frecuencias de la variable X, se define como:*

$$m_h = \frac{1}{N}\sum_{i=1}^{N}(x_i - \overline{x})^h = \frac{1}{N}\sum_{i=1}^{k}(x_i - \overline{x})^h n_i = \sum_{i=1}^{k}(x_i - \overline{x})^h f_i, \quad h = 0, 1, 2, ...$$

siendo $\overline{x}$ la media aritmética de la variable X.

Observaciones:

1. El momento central de orden cero es siempre uno ($m_0 = 1$).

$$m_0 = \frac{1}{N}\sum_{i=1}^{N}(x_i - \overline{x})^0 = \frac{1}{N}\sum_{i=1}^{N}1 = 1$$

2. El momento central de orden uno es siempre cero ($m_1 = 0$).

$$m_1 = \frac{1}{N}\sum_{i=1}^{N}(x_i - \overline{x}) = \frac{1}{N}\sum_{i=1}^{N}x_i - \frac{1}{N}\sum_{i=1}^{N}\overline{x} = \overline{x} - \overline{x} = 0$$

3. El momento central de orden dos se define como la varianza, S_x^2, de la variable.

$$m_2 = \frac{1}{N}\sum_{i=1}^{N}(x_i - \overline{x})^2 = \frac{1}{N}\sum_{i=1}^{k}(x_i - \overline{x})^2 n_i = \sum_{i=1}^{k}(x_i - \overline{x})^2 f_i = S_x^2$$

Veamos cómo, si utilizamos el desarrollo del binomio de Newton, podemos obtener la expresión de cualquier momento central en función de momentos ordinarios.

$$\begin{aligned}
m_h &= \frac{1}{N}\sum_{i=1}^{N}(x_i - \overline{x})^h = \\
&= \frac{1}{N}\sum_{i=1}^{N}\left[\binom{h}{0}x_i^h - \binom{h}{1}x_i^{h-1}\overline{x} + ... + (-1)^h\binom{h}{h}\overline{x}^h\right] = \\
&= \frac{1}{N}\sum_{i=1}^{N}\left[x_i^h - hx_i^{h-1}\overline{x} + ... + (-1)^{h-1}hx_i\overline{x}^{h-1} + (-1)^h\overline{x}^h\right] = \\
&= a_h - ha_{h-1}\overline{x} + ... + \left[(-1)^{h-1}h + (-1)^h\right]\overline{x}^h
\end{aligned}$$

En particular tendremos:

$$\begin{aligned} m_2 &= a_2 - \overline{x}^2 \\ m_3 &= a_3 - 3a_2\overline{x} + 2\overline{x}^3 \\ m_4 &= a_4 - 4a_3\overline{x} + 6a_2\overline{x}^2 - 3\overline{x}^4 \end{aligned}$$

2.2 Valores típicos de tendencia central o de posición

Si ordenamos los valores de la variable correspondientes a los individuos del colectivo, aquellos que quedan en el centro pueden ser representativos de todo el conjunto de datos.

Dar una visión del conjunto de los datos a partir de uno de ellos, es a menudo una simplificación excesiva; por este motivo los valores típicos o estadísticos centrales se complementan con otro tipo de estadísticos al objeto de obtener una idea más real de la muestra o población objeto de estudio.

A continuación, veremos los siguientes estadísticos centrales o de posición: media, moda, mediana y cuantiles.

2.2.1 Media aritmética

La **media aritmética simple** es el momento ordinario de orden uno, es decir:

$$\overline{x} = a_1 = \frac{1}{N}\sum_{i=1}^{N} x_i = \frac{1}{N}\sum_{i=1}^{k} x_i n_i = \sum_{i=1}^{k} x_i f_i$$

Ejemplo 2.2 Se ha tomado una muestra de las llegadas de aviones a un aeropuerto y se ha recogido en una tabla la distribución del número de minutos de retraso (X) en una muestra de 100 vuelos.

X	[0,10)	[10,20)	[20,30)	[30,40)	[40,60)
x_i	5	15	25	35	50
n_i	29	23	17	14	17

A partir de los datos de la tabla:

$$\overline{x} = \frac{1}{100}\sum_{i=1}^{5} x_i n_i = 22.55$$

Por término medio estos aviones llegan al aeropuerto con 22.55 minutos de retraso.

La media aritmética simple señala el centro de gravedad del sistema formado por las frecuencias consideradas como masas. Así, si suponemos que sobre una barra y en los puntos que indican los valores $x_1, ..., x_k$, se colocan pesos iguales a las frecuencias correspondientes, la media aritmética simple indica el punto de suspensión para el cual el sistema encontraría el equilibrio; es decir, la media aritmética señala el centro de gravedad. Así, en el Ejemplo 2.1, si sobre los puntos de coordenadas 1, 2, 3, 4, 5 colocásemos pesos iguales a 11, 10, 4, 3 y 2, respectivamente, el punto de equilibrio se encontraría en el punto de coordenada 2.16.

Usando esta interpretación de la media como centro de gravedad podemos ver, de forma sencilla, un inconveniente de este estadístico: le afectan mucho los valores extremos de la variable; es decir, si la variable toma unos pocos valores especialmente altos o bajos (en comparación a la gran mayoría de valores) su inclusión o no puede hacer variar mucho la media. Por ejemplo, la nota media de un buen estudiante disminuirá sustancialmente si su nota en una asignatura es cero; ya que en el cero se coloca un peso igual a uno, pero alejado del resto de valores, y la media (centro de gravedad) se desplaza hacia el cero para mantener el sistema en equilibrio.

Otra media es la llamada **media aritmética ponderada**, que se obtiene cuando se otorga a cada valor de la variable x_i un peso o ponderación w_i, en este caso,

$$\overline{x}_p = \frac{\sum_{i=1}^{N} x_i w_i}{\sum_{i=1}^{N} w_i}$$

Ejemplo 2.3 En una oposición se realizan tres pruebas. La nota final se calcula como media de los puntos obtenidos en las tres pruebas, dando mayor peso o ponderación a la nota obtenida en las dos últimas pruebas: la segunda prueba vale el doble que la primera y la tercera el triple.

Si un opositor obtiene 40, 70 y 60 puntos en la primera, segunda y tercera prueba, respectivamente, su nota final será:

$$\overline{x}_p = \frac{\sum_{i=1}^{3} x_i w_i}{\sum_{i=1}^{3} w_i} = \frac{40 \cdot 1 + 70 \cdot 2 + 60 \cdot 3}{1+2+3} = \frac{360}{6} = 60 \text{ puntos}$$

Es decir, la nota media ponderada es de 60 puntos.

Si todas las ponderaciones son iguales: $\overline{x}_p = \overline{x}$; de manera que si a todas las partes de la oposición se les hubiese dado el mismo peso, la nota media del opositor considerado hubiera sido menor: $\overline{x} = 56.66$ puntos.

2.2.2 Moda

Se llama **moda o valor modal** de una distribución de frecuencias y se denota por M_o, al valor de la variable que más se repite, es decir, que tiene mayor frecuencia. Este estadístico puede calcularse tanto para variables cualitativas como cuantitativas.

Una distribución puede no presentar moda, será el caso en el que todos los valores de la variable tengan la misma frecuencia. O bien puede presentar más de una moda en cuyo caso diremos que es bimodal (como ocurre en el gráfico situado a la derecha en la siguiente figura), trimodal, etc.

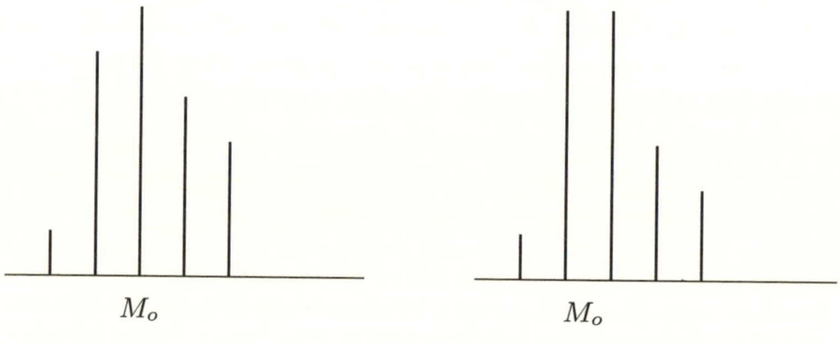

Ejemplo 2.4 En el caso de la variable discreta utilizada en el Ejemplo 2.1, X: número de idiomas conocidos por el colectivo de 30 estudiantes, cuya distribución de frecuencias era:

x_i	1	2	3	4	5
n_i	11	10	4	3	2

es fácil observar que el valor de la variable que más se repite (frecuencia absoluta mayor) es $x_1 = 1$, de manera que la moda en esta distribución es $M_o = 1$. Dicho de otra forma, en el colectivo estudiado, lo más frecuente es conocer un solo idioma.

En el caso de una distribución continua se denomina **intervalo modal** al que le corresponde una mayor frecuencia por unidad de intervalo (altura en el histograma, h_i). Recordamos que, en el histograma, la altura coincide con la frecuencia, $h_i = n_i$, sólo si los intervalos son de igual amplitud. Si la amplitud es distinta, la altura es la frecuencia por unidad de intervalo.

Así, en la siguiente figura el intervalo modal es el segundo, $M_o \in [L_{i-1}, L_i)$.

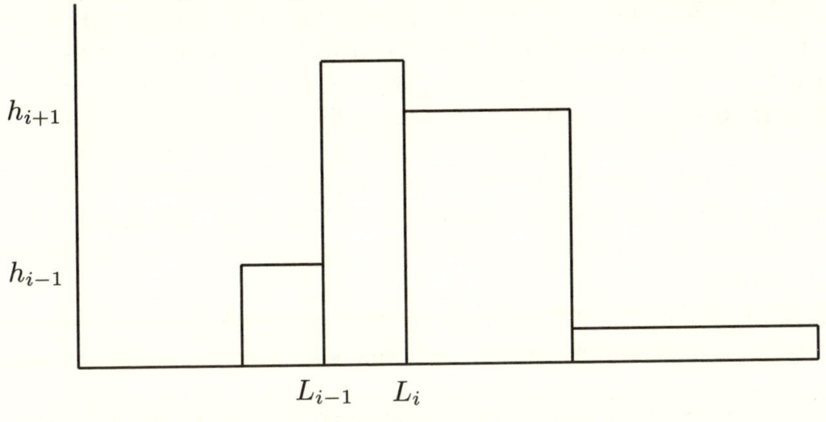

Se puede tomar la marca de clase del intervalo modal como estimación de la moda, o bien se puede utilizar la siguiente fórmula de las alturas para realizar un cálculo más aproximado:

$$M_o = L_{i-1} + \frac{h_{i+1}}{h_{i-1} + h_{i+1}} c_i,$$

donde h_{i-1} es la altura de la clase anterior al intervalo modal, h_{i+1} es la altura de la clase siguiente, L_{i-1} es el extremo inferior del intervalo modal y c_i la amplitud de dicho intervalo.

En general, esta fórmula fija la moda en un valor dentro del intervalo modal; tanto más próxima al extremo superior cuanto mayor altura tenga el intervalo situado a la derecha del intervalo modal y tanto más próxima al extremo inferior cuanto mayor altura tenga el intervalo situado a la izquierda del intervalo modal.

Ejemplo 2.5 En la siguiente tabla aparece la distribución de los 247 municipios de la Comunidad Autónoma Vasca (CAV) según su superficie en km^2, en 1990. (Datos extraídos del EUSTAT).

X: Superficie (km^2)	[0,10)	[10,50)	[50,150)	[150,280)
n_i: Municipios	69	140	36	2
c_i	10	40	100	130
h_i	6.9	3.5	0.36	0.015

Como vemos en la tabla, los intervalos presentan distinta amplitud, luego necesitamos calcular las alturas $h_i = \frac{n_i}{c_i}$, $i = 1, ..., 4$, para ver cuál es el intervalo modal. Así, el intervalo de mayor altura resulta ser el primero, $M_o \in [0, 10)$. O lo que es lo mismo, la superficie más frecuente entre los municipios estudiados, está entre 0 y 10 km^2. El segundo intervalo, $[10, 50)$, tiene mayor frecuencia (n_2=140 > n_1=69) pero no porque sus valores sean más frecuentes sino porque incluye más valores diferentes (su amplitud $c_2 = 40$ es mayor que $c_1 = 10$). Las alturas h_i tienen en cuenta tanto las frecuencias, n_i, como la amplitud, c_i, y son ellas las que nos determinan cuál es el intervalo modal. Utilizando la fórmula de las alturas:

$$M_o = L_{i-1} + \frac{h_{i+1}}{h_{i-1} + h_{i+1}} c_i = 0 + \frac{3.5}{3.5} \cdot 10 = 10 \text{ km}^2$$

Es decir, son más frecuentes los municipios cuya superficie está próxima a los 10 km^2.

Dado que el intervalo modal es el primero, la estimación de la moda según la fórmula de las alturas, se sitúa todo lo posible a la derecha en el intervalo modal y coincide con su extremo superior. Esto se observa en la Figura 2.1 que muestra el histograma que representa esta distribución.

Figura 2.1: Histograma de la distribución de los municipios de la CAV según su superficie.

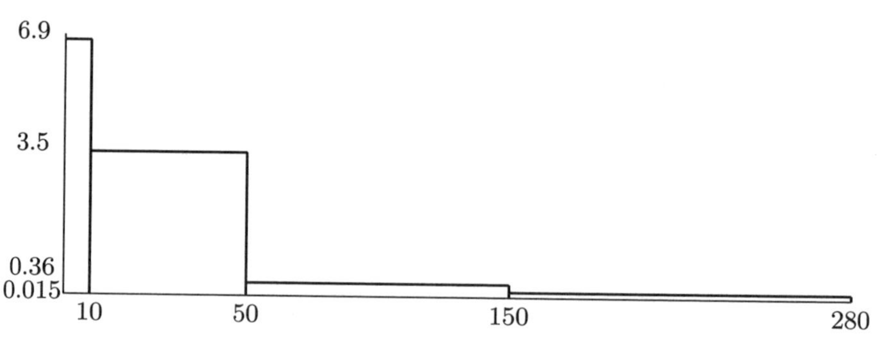

2.2.3 Mediana y cuantiles

La **mediana o valor mediano** de una distribución es el valor central, es decir, el valor que separa los N valores de la variable ordenados de menor a mayor, en dos partes iguales.

Se denota M_e a la mediana de una distribución y su definición exacta cuando la distribución es discreta responde a:

$$M_e = x_i, \quad \text{tal que} \quad N_{i-1} < \frac{N}{2} \quad \text{y} \quad N_i > \frac{N}{2}$$

o bien, tal que $F_{i-1} < \frac{1}{2}$ y $F_i > \frac{1}{2}$, si la distribución viene dada en términos de frecuencias relativas.

Si ocurre en una distribución que $N_i = \frac{N}{2}$ ($F_i = \frac{1}{2}$), el valor mediano es:

$$M_e = \frac{x_i + x_{i+1}}{2}$$

Ejemplo 2.6 Volvamos a los datos del Ejemplo 2.1. Consideremos la distribución de frecuencias de la variable, X: número de idiomas conocidos por un colectivo de 30 estudiantes.

La distribución de frecuencias de la variable X es:

x_i	1	2	3	4	5
n_i	11	10	4	3	2
N_i	11	21	25	28	30

Como $N/2$=15, observamos que el valor de X tal que $N_{i-1} <$ 15 y $N_i >$ 15 es $x_2 = 2$, luego este es el valor mediano, $M_e = 2$. La mitad de los estudiantes saben 2 idiomas o menos.

En las distribuciones continuas la regla anterior permite identificar el **intervalo mediano** y una vez determinado dicho intervalo, se estima el valor de la mediana, M_e, como:

$$M_e = L_{i-1} + \frac{\frac{N}{2} - N_{i-1}}{N_i - N_{i-1}} c_i = L_{i-1} + \frac{\frac{1}{2} - F_{i-1}}{F_i - F_{i-1}} c_i$$

Ejemplo 2.7 Con los datos del Ejemplo 2.5, podemos calcular la superficie mediana de los municipios de la CAV.

Para ello comenzamos identificando el intervalo en el que se encuentra el valor de la variable correspondiente a $\frac{N}{2}$.

X: Superficie (km^2)	[0,10)	[10,50)	[50,150)	[150,280)
n_i: Municipios	69	140	36	2
N_i	69	209	245	247

Comparando las frecuencias absolutas acumuladas, se observa que $69 < \frac{N}{2} = 123.5 < 209$, luego $M_e \in [10, 50)$.

$$M_e = L_{i-1} + \frac{\frac{N}{2} - N_{i-1}}{N_i - N_{i-1}} c_i = 10 + \frac{123.5 - 69}{209 - 69} 40 = 25.57 \text{ km}^2$$

Es decir, aproximadamente, la mitad de los municipios tienen una superficie menor que 25.57 km^2 y la otra mitad mayor.

Una ventaja que tiene la mediana frente a la media como estadístico de posición es que no le afectan tanto los valores extremos.

Otras medidas que dividen a la distribución en distinto número de partes iguales son los **cuantiles**, que pueden ser cuartiles, deciles, centiles, etc.

Los cuartiles dividen a la distribución en cuatro partes iguales. Hay tres, que denotaremos por q_1, q_2 y q_3. Los deciles dividen a la distribución en diez partes iguales y hay nueve: $d_1, ..., d_9$. Los centiles por su parte dividen a la distribución en cien partes iguales y hay noventa y nueve: $c_1, ..., c_{99}$.

La forma de cálculo de cualquiera de ellos es similar a la de la mediana.

Por ejemplo, q_3 es el valor de la variable que deja por debajo o a la izquierda de él las tres cuartas partes de los valores de la variable y por encima o a la derecha la cuarta parte. Se calcula entonces como la mediana cambiando $\frac{N}{2}$ por $\frac{3N}{4}$.

Evidentemente, $q_2 = d_5 = c_{50} = M_e$.

Todos los estadísticos de posición que hemos estudiado ($\overline{x}$, M_o, M_e y cuantiles), vienen expresados en las mismas unidades de medida que la variable correspondiente.

2.3 Valores típicos de dispersión o de escala

Los valores típicos de dispersión complementan y precisan la información proporcionada por los estadísticos centrales o de posición. Muestran si los valores de la variable están próximos entre sí (poca dispersión) o están muy separados (mucha dispersión). Algunos de ellos como la varianza, la desviación típica o la desviación media, analizan la variación de los valores de la variable en torno a algún valor central como la media o la mediana. Cuanto mayor sea la dispersión respecto, por ejemplo, de la media más alejados de este estadístico estarán los valores de la variable y la media será, por tanto, menos representativa de los valores que la variable toma en el colectivo estudiado.

2.3.1 Varianza. Desviación típica

Con referencia a la media aritmética, la medida de dispersión más importante es la varianza y su raíz positiva la desviación típica.

La **varianza** es el momento central de orden dos:

$$S_x^2 = m_2 = \frac{1}{N}\sum_{i=1}^{N}(x_i-\overline{x})^2 = \frac{1}{N}\sum_{i=1}^{k}(x_i-\overline{x})^2 n_i = \sum_{i=1}^{k}(x_i-\overline{x})^2 f_i = a_2 - \overline{x}^2$$

Se mide en unidades de la variable al cuadrado. Su raíz cuadrada positiva es la **desviación típica o desviación estándar**, estadístico que está medido en las unidades de la variable.

$$S_x = +\sqrt{S_x^2}$$

La varianza de una variable nunca puede ser negativa. Por ser una suma de cuadrados, ha de ser mayor o igual a cero, siendo cero cuando todos los valores de la variable coinciden entre sí y coinciden, por lo tanto, con la media. Se dice entonces que la distribución de la variable degenera en la media.

Ejemplo 2.8 En el caso de la variable discreta utilizada en anteriores ejemplos, X: número de idiomas conocidos por el colectivo de 30 estudiantes, cuya distribución de frecuencias era:

x_i	1	2	3	4	5
n_i	11	10	4	3	2

y cuya media aritmética ya hemos calculado ($\overline{x} = 2.16$ idiomas), podemos calcular el valor de la varianza:

$$\begin{aligned} S_x^2 &= m_2 = \frac{1}{30}\sum_{i=1}^{5}(x_i - 2.16)^2 n_i = \\ &= \frac{1}{30}[(1-2.16)^2\cdot 11 + (2-2.16)^2\cdot 10 + \\ &\quad +(3-2.16)^2\cdot 4 + (4-2.16)^2\cdot 3 + (5-2.16)^2\cdot 2] \\ &= 1.50 \text{ idiomas}^2 \end{aligned}$$

A menudo, utilizaremos la última expresión de la fórmula de la varianza para su cálculo, esto es, $S_x^2 = a_2 - \overline{x}^2$, donde

$$\begin{aligned} a_2 &= \frac{1}{30}\sum_{i=1}^{5} x_i^2 n_i = \\ &= \frac{1}{30}(1^2\cdot 11 + 2^2\cdot 10 + 3^2\cdot 4 + 4^2\cdot 3 + 5^2\cdot 2) = \frac{185}{30} = 6.16 \end{aligned}$$

luego $S_x^2 = \dfrac{185}{30} - 2.16^2 = 1.50$ idiomas^2; de donde, $S_x = 1.225$ idiomas.

2.3.2 Coeficiente de variación

El tanto por uno que representa la desviación típica con respecto a la media se denomina **coeficiente de variación**:

$$g_0 = \frac{S_x}{|\overline{x}|}$$

El coeficiente de variación carece de sentido en el caso de que la variable tome valores positivos y negativos (en particular, en este caso puede ocurrir que la media sea cero y, entonces, el coeficiente de variación sería infinito).

$g_0 \geq 0$, pero no es un valor acotado superiormente.

Es adimensional, es decir, no depende de las unidades de la variable y por tanto es un estadístico apropiado para comparar el grado de dispersión respecto de la media, de dos variables diferentes; aquella con mayor coeficiente de variación será la que tenga mayor dispersión y su media será menos representativa del conjunto de valores de la variable.

En general, si $|g_0| > 1$ diremos que la media de la variable es poco representativa, mientras que si es cercano a cero, entenderemos que hay poca dispersión entre los valores de la variable y por lo tanto la media es representativa.

2.3.3 Desviación media

Es la media aritmética de los valores absolutos de las desviaciones que los datos presentan respecto a un promedio, es decir:

$$\begin{aligned} D_m &= \frac{1}{N}\sum_{i=1}^{N}|x_i - \text{promedio}| = \\ &= \frac{1}{N}\sum_{i=1}^{k}|x_i - \text{promedio}|n_i = \\ &= \sum_{i=1}^{k}|x_i - \text{promedio}|f_i \end{aligned}$$

1. Si el promedio elegido es la media aritmética, la desviación media con respecto a la media es:

   $$D_m(\overline{x}) = \frac{1}{N}\sum_{i=1}^{k}|x_i - \overline{x}|n_i$$

   Esta medida indica el grado de homogeneidad de los individos observados y siempre que las desviaciones sean pequeñas, la desviación media también lo será, y si, por el contrario, las desviaciones son grandes, también lo será la desviación media.

2. Si el promedio elegido es la mediana, la desviación media con respecto a la mediana es:

$$D_m(M_e) = \frac{1}{N}\sum_{i=1}^{k}|x_i - M_e|n_i$$

La desviación media es mínima cuando el promedio elegido es la mediana.

2.3.4 Recorrido y recorrido intercuartílico

El **recorrido** es un valor típico de dispersión absoluta. Se denota por R y se define como la diferencia entre el valor numérico mayor y el menor de los que toma la variable estudiada para los individuos del colectivo.

Es decir, si $x_1 \leq ... \leq x_k$, $R = x_k - x_1$.

El **recorrido intercuartílico** es la diferencia entre el tercer y el primer cuartil: $R_q = q_3 - q_1$.

2.4 Valores típicos de forma

2.4.1 Coeficiente de asimetría

Una distribución de frecuencias se dice **simétrica** cuando lo es su representación gráfica. Cuando esto no ocurre, se dice que la distribución es asimétrica.

La **asimetría** puede ser **por la derecha o positiva**, cuando las frecuencias más altas se encuentran al lado izquierdo de la mediana, mientras que en el lado derecho hay frecuencias más pequeñas (cola). Será una **asimetría por la izquierda o negativa**, cuando la cola esté en el lado izquierdo.

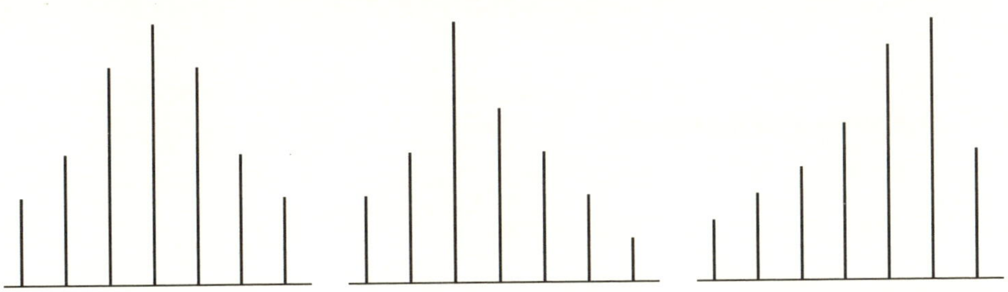

Simétrica — Asimetría positiva — Asimetría negativa

En una distribución simétrica unimodal coinciden los valores típicos centrales media, mediana y moda; es decir:

$$\overline{x} = M_o = M_e$$

Si calculamos el momento central de orden tres, m_3:

$$m_3 = \frac{1}{N}\sum_{i=1}^{k}(x_i - \overline{x})^3 n_i \tag{2.1}$$

Es fácil comprobar que si la distribución es simétrica $m_3 = 0$ pues se compensan los sumandos positivos y negativos en la expresión (2.1). Mientras que si m_3 es positivo, la distribución presenta asimetría a la derecha y si m_3 es negativo, la distribución presenta asimetría por la izquierda o negativa.

Esta misma información la podemos recoger sin unidades de medida, definiendo el coeficiente de asimetría como:

$$g_1 = \frac{m_3}{S_x^3}$$

de forma que si la distribución es simétrica, $g_1 = 0$. Si $g_1 > 0$ la distribución es asimétrica por la derecha y si $g_1 < 0$ lo es por la izquierda.

Otro coeficiente de asimetría es el coeficiente de Pearson, definido como

$$g_{1,P} = \frac{3(\overline{x} - M_e)}{S_x}$$

cuya interpretación es análoga a la del coeficiente g_1.

Ejemplo 2.9 Volvamos a la distribución de frecuencias definida en el Ejemplo 2.5, que clasificaba los 247 municipios de la CAV según su superficie en km^2, en 1990. Vamos ahora a realizar un estudio sobre la asimetría de dicha distribución.

Dada la distribución de frecuencias:

X: Superficie (km^2)	[0,10)	[10,50)	[50,150)	[150,280)
x_i: Marca de clase	5	30	100	215
n_i: Municipios	69	140	36	2

El valor de la media es:

$$\overline{x} = \frac{1}{247}\sum_{i=1}^{4} x_i n_i = 34.7 \text{ km}^2$$

El momento ordinario de orden 2 es:

$$\begin{aligned} a_2 &= \frac{1}{247}\sum_{i=1}^{4} x_i^2 n_i \\ &= \frac{1}{247}(5^2 \cdot 69 + 30^2 \cdot 140 + 100^2 \cdot 36 + 215^2 \cdot 2) \\ &= \frac{580175}{247} = 2348.88 \end{aligned}$$

luego $S_x^2 = 2348.88 - 34.7^2 = 1144.79$ km^4, de donde, $S_x = 33.83$ km^2.

Para calcular el coeficiente de asimetría,

$$g_1 = \frac{m_3}{S_x^3}$$

necesitamos calcular previamente el momento central de orden 3, m_3, cuya fórmula es:

$$\begin{aligned} m_3 &= \sum_{i=1}^{4} \frac{(x_i - 34.7)^3 n_i}{247} \\ &= \frac{1}{247}[(5 - 34.7)^3 \cdot 69 + (30 - 34.7)^3 \cdot 140 + \\ &\quad +(100 - 34.7)^3 \cdot 36 + (215 - 34.7)^3 \cdot 2] \\ &= \frac{19924237.77}{247} = 80664.93 \text{ km}^6 \end{aligned}$$

El signo de m_3 será el de g_1, luego independientemente del valor de dicho coeficiente, sabemos que se trata de una asimetría positiva o a la derecha. El valor exacto del coeficiente de asimetría es $g_1 = 2.08$.

Este dato confirma lo que observamos en la representación gráfica de la distribución (véase Figura 2.1). Las alturas (frecuencias por unidad de intervalo), van disminuyendo progresivamente conforme la variable va tomando mayores valores; es decir, según aumenta el tamaño de los municipios, en km^2, disminuye el número de municipios que hay de ese tamaño.

2.4.2 Coeficiente de apuntamiento o de curtosis

La distribución presenta un mayor grado de curtosis o apuntamiento cuanto mayor concentración de frecuencias tenga alrededor de la media y en la zona central de la distribución.

Si queremos una medida de curtosis que no dependa de unidades, utilizaremos como coeficiente:

$$g_2 = \frac{m_4}{S_x^4} - 3$$

Como patrón de curtosis "normal" utilizaremos el valor cero, que es el que toma este coeficiente en la distribución teórica más utilizada en Estadística que es la **distribución Normal**[2]. La representación gráfica de esta distribución se denomina **campana de Gauss**, véase figura en pág. 237. Es una distribución campaniforme, unimodal y simétrica. Las medidas de curtosis se aplican a distribuciones que, al menos de forma aproximada, tengan también esas características (campaniformes, unimodales, simétricas o ligeramente asimétricas).

Una distribución será más apuntada que la normal (**leptocúrtica**) si $g_2 > 0$, más aplastada que la normal (**platicúrtica**) si $g_2 < 0$ e igual de apuntada que la normal (**mesocúrtica**) si $g_2 = 0$.

2.5 Efectos de las transformaciones lineales

Consideramos una transformación lineal sobre la variable X de la forma $aX + b$, donde a, b son parámetros reales (a se denomina parámetro de escala y b de desplazamiento), y vamos a ver cuál es el efecto de dicha transformación sobre los valores típicos de X. Es decir, vamos a calcular los valores típicos para la variable $Y = aX + b$, y a expresarlos en términos de los de la variable X.

2.5.1 Valores típicos de posición

Sea $Y = aX + b$, entonces:

1. $\overline{y} = a\overline{x} + b$.

   Demostración:

$$\begin{aligned} \overline{y} &= \frac{1}{N}\sum_{i=1}^{N} y_i = \frac{1}{N}\sum_{i=1}^{N}(ax_i + b) = \\ &= a\frac{1}{N}\sum_{i=1}^{N} x_i + b\frac{1}{N}\sum_{i=1}^{N} 1 = a\overline{x} + b \end{aligned}$$

[2]Estudiaremos con más detalle esta distribución en el Capítulo 14.

2. $M_o(Y) = aM_o(X) + b$.

   Si el valor modal en la distribución de X es x_i, el valor correspondiente en la distribución de Y, es ax_i+b, y tiene la misma frecuencia (máxima) que x_i, luego dicho valor es la moda en la distribución de Y.

3. $M_e(Y) = aM_e(X) + b$.

   Si el valor mediano en la distribución de X es x_i, el valor correspondiente en la distribución de Y, es $ax_i + b$, y tiene la misma frecuencia acumulada que x_i, luego dicho valor es la mediana en la distribución de Y.

2.5.2 Valores típicos de dispersión

1. $S_y^2 = a^2 S_x^2$.

   Demostración:

$$\begin{aligned} S_y^2 &= \frac{1}{N}\sum_{i=1}^{N}(y_i - \overline{y})^2 = \frac{1}{N}\sum_{i=1}^{N}(ax_i + b - a\overline{x} - b)^2 = \\ &= \frac{a^2}{N}\sum_{i=1}^{N}(x_i - \overline{x})^2 = a^2 S_x^2 \end{aligned}$$

2. $S_y = |a| S_x$.

3. $D_m(Y) = |a| D_m(X)$.

   Demostración:

$$\begin{aligned} D_m(Y) &= \frac{1}{N}\sum_{i=1}^{N}|y_i - \text{promedio}(Y)| = \\ &= \frac{1}{N}\sum_{i=1}^{N}|ax_i + b - a \cdot \text{promedio}(X) - b| = \\ &= \frac{1}{N}|a|\sum_{i=1}^{N}|x_i - \text{promedio}(X)| = |a| D_m(X) \end{aligned}$$

4. Si $b = 0$ y $a > 0$, $g_0(Y) = g_0(X)$.

   Demostración:

$$g_0(Y) = \frac{S_y}{\overline{y}} = \frac{aS_x}{a\overline{x}} = g_0(X)$$

2.5.3 Valores típicos de forma

1. En general $m_h(Y) = a^h m_h(X), \quad h = 0, 1, 2....$

   Demostración:

$$\begin{aligned} m_h(Y) &= \frac{1}{N}\sum_{i=1}^{N}(y_i - \overline{y})^h = \frac{1}{N}\sum_{i=1}^{N}(ax_i + b - a\overline{x} - b)^h = \\ &= \frac{a^h}{N}\sum_{i=1}^{N}(x_i - \overline{x})^h = a^h m_h(X) \end{aligned}$$

2. $|g_1(Y)| = |g_1(X)|$.

   Demostración:

$$g_1(Y) = \frac{m_3(Y)}{S_y^3} = \frac{a^3 m_3(X)}{|a|^3 S_x^3} = \frac{a}{|a|} g_1(X) = \begin{cases} g_1(X) & \text{si } a > 0 \\ -g_1(X) & \text{si } a < 0 \end{cases}$$

3. $g_2(Y) = g_2(X)$.

   Demostración:

$$g_2(Y) = \frac{m_4(Y)}{S_y^4} - 3 = \frac{a^4 m_4(X)}{|a|^4 S_x^4} - 3 = g_2(X)$$

2.5.4 Variables centradas y tipificadas

Una **variable centrada** es aquella cuya media vale 0. Se dice que es **tipificada** si además su varianza vale 1.

Toda variable estadística, X, se puede transformar en una variable centrada o tipificada. A esta transformación se le denomina centrar o tipificar la variable.

Si $\overline{x}$ es la media de X y S_x su desviación típica:

$$C_x = X - \overline{x}$$

es una variable centrada, dado que $\overline{c}_x = 0$, y

$$T_x = \frac{1}{S_x} C_x = \frac{X - \overline{x}}{S_x}$$

es una variable tipificada dado que $\overline{t}_x = 0$ y $S_{t_x}^2 = 1$.

Para ver esto, basta con observar que tanto C_x como T_x son transformaciones lineales de la variable X, por tanto podemos calcular sus medias y varianzas a partir de las de X, siguiendo las expresiones vistas en las secciones anteriores.

Si $C_x = X - \overline{x}$, se tiene que $\overline{c}_x = \overline{x} - \overline{x} = 0$. Por otra parte si

$$T_x = \frac{1}{S_x} X - \frac{\overline{x}}{S_x}$$

su media es

$$\overline{t}_x = \frac{\overline{x}}{S_x} - \frac{\overline{x}}{S_x} = 0$$

y su varianza es

$$S^2_{t_x} = \left(\frac{1}{S_x}\right)^2 S^2_x = 1$$

A veces es difícil comparar dos magnitudes por no estar medidas en la misma escala. Una posibilidad es compararlas en términos relativos. Veamos en relación a este tema el siguiente ejemplo.

Ejemplo 2.10 La longitud de los varones recién nacidos en un hospital es una variable estadística, X, de media 50 cm. y desviación 1.6 cm., mientras que la altura de los varones de entre 18 y 28 años es una variable estadística, Y, de media 175 cm. y desviación 6.7 cm. Seleccionamos un bebé que al nacer ha medido 54 cm. y un muchacho que mide 190 cm. y nos preguntamos, en términos relativos a su colectivo, quién de los dos es más alto.

Para dar respuesta a esta pregunta tipificamos los valores de las variables correspondientes y comparamos dichos valores tipificados, esto es:

$$T_x = \frac{54 - 50}{1.6} = 2.5 > T_y = \frac{190 - 175}{6.7} = 2.23$$

La altura del bebé es mayor que la media de su colectivo en 2.5 veces la desviación típica, mientras que la del muchacho lo es en 2.23 veces. Luego el bebé es más alto en relación a su colectivo.

Capítulo 3

Medidas de concentración de una distribución

3.1 Concepto de concentración. Relación con dispersión

Al realizar estudios económicos sobre una determinada población, es habitual preguntarse por el nivel de concentración de alguna de las variables de estudio. Por ejemplo, podemos pensar en el colectivo formado por los empleados en una empresa y en la variable salario. Si sumamos el total de los salarios obtendremos la masa salarial total que se reparte entre los empleados. Ante un determinado reparto nos podemos formular preguntas del tipo: ¿es el reparto de la masa salarial equitativo?, ¿qué grado de concentración hay en el reparto de la masa salarial en este colectivo?

En Estadística se entiende por **concentración** de una distribución el grado de equidad en el reparto del total de valores de la variable (masa salarial en el ejemplo anterior) entre los individuos del colectivo estudiado. En este capítulo estudiaremos dos estadísticos que miden el grado de concentración de una distribución: un gráfico (**curva de Lorenz**) y un índice asociado (**índice de Gini**).

Como vimos en el capítulo anterior, el grado de **dispersión** de una distribución se refiere a la variabilidad de los valores de la variable (hay poca dispersión cuando los valores de la variable están próximos entre sí).

Por tanto, a pesar de que en lenguaje coloquial concentración y dispersión son términos opuestos, esto no es así en el lenguaje estadístico. En estadística, concentración y dispersión encierran conceptos diferentes pero no tienen significados opuestos. Así, es fácil observar que un reparto equitativo (poca concentración) corresponde a una media muy representativa, y por tanto a una dispersión pequeña.

3.2 Curva de Lorenz

Consideremos un colectivo de tamaño N y una variable X, objeto de análisis, atendiendo a la siguiente notación.

- $\{x_1 < x_2 < \ldots < x_k\}$: los k valores distintos que toma la variable estadística X.
- $\{n_1, n_2, \ldots, n_k\}$: frecuencias absolutas asociadas. Por tanto,

$$\sum_{i=1}^{N} x_i = \sum_{i=1}^{k} x_i n_i = M$$

resulta ser la **masa total** (masa salarial, renta, etc.) que se reparte en el colectivo.

- $\{f_1, f_2, \ldots, f_k\}$: frecuencias relativas.
- q_i: proporción de masa que corresponde a los miembros de la clase i-ésima; es decir,

$$q_i = \frac{x_i n_i}{M} = \frac{x_i n_i}{\sum_{j=1}^{k} x_j n_j} = \frac{x_i f_i}{\sum_{j=1}^{k} x_j f_j} = \frac{x_i f_i}{\overline{x}}$$

- $F_i = \sum_{j \leq i} f_j$, representa la frecuencia relativa acumulada y
- $Q_i = \sum_{j \leq i} q_j$, la masa salarial acumulada en tanto por uno.

Ejemplo 3.1 Consideremos una empresa de 50 trabajadores en la que la clasificación según sus salarios se ajusta a la Tabla 3.1

Tabla 3.1: Reparto de salarios en cientos de euros anuales.

x_i	n_i	f_i	q_i	F_i	Q_i
80	10	0.20	0.10	0.20	0.10
150	20	0.40	0.375	0.60	0.475
200	15	0.30	0.375	0.90	0.85
240	5	0.10	0.15	1	1

En las dos últimas columnas leemos que, ordenados los trabajadores de menor a mayor salario, el 20% se reparte un 10% de la masa salarial; el 60% se reparte un 47.5%, el 90% un 85%, y, por supuesto, el total de trabajadores se reparte el total de la masa salarial.

Para visualizar el grado de uniformidad del reparto representamos la **curva de Lorenz**.

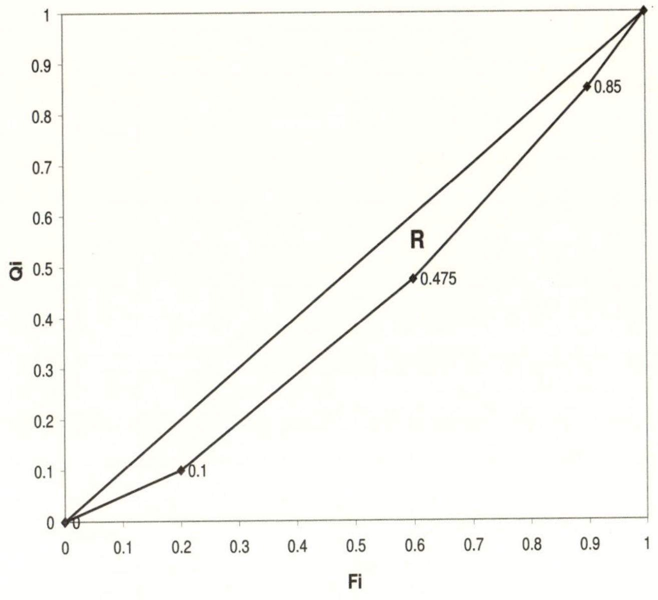

Figura 3.1: Curva de Lorenz.

En ella, se representan los puntos (F_i, Q_i). Se unen estos puntos entre sí (cada dos consecutivos) y el primero de ellos con el origen de coordenadas. La curva de Lorenz correspondiente al Ejemplo 3.1 aparece representada en la Figura 3.1.

Observamos que la diagonal principal del cuadrado ([0,1] $\times$ [0,1]) representa la equidad total, un reparto totalmente uniforme, al corresponder a puntos donde a cada proporción de colectivo, F_i, le corresponde una proporción de masa salarial $Q_i = F_i$, $\forall i = 1, ..., k$. Esto es, el 50% de los individuos recibe el 50% de la masa, el 75% recibe el 75% y así sucesivamente.

Por otra parte, una cercanía a los lados inferior y derecho del cuadrado representa mayor concentración en el reparto, dado que puntos situados así indican que una gran parte del colectivo se reparte muy poca proporción de masa salarial.

La curva de Lorenz es convexa, es decir, las pendientes de los diferentes segmentos que la forman van aumentando:

$$\frac{q_1}{f_1} < \frac{q_2}{f_2} < \ldots < \frac{q_k}{f_k} \tag{3.1}$$

Esto es siempre así porque los diferentes valores de la variable se ordenan de menor a mayor y la pendiente de cada segmento es igual a:

$$\frac{q_i}{f_i} = \frac{\frac{x_i n_i}{M}}{\frac{n_i}{N}} = x_i \frac{N}{M} \qquad \forall i = 1, \ldots, k$$

Por tanto,

$$x_1 \frac{N}{M} < x_2 \frac{N}{M} < \ldots < x_k \frac{N}{M}$$

es decir, se cumple la expresión (3.1).

3.3 Indice de Gini

Basado en la curva de Lorenz y en que la concentración se puede visualizar en términos del área que queda entre ella y la diagonal (área R en la Figura 3.1), la definición del **índice de Gini** es la siguiente:

$$I_G = \frac{\text{área R}}{\text{área } \Delta} \tag{3.2}$$

donde Δ representa el triángulo bajo la diagonal principal.

El índice de Gini, así definido, toma siempre un valor mayor o igual que cero y menor que uno. Un valor del índice cercano a cero indica un reparto equitativo o poco concentrado, mientras que un valor cercano a uno indica alta concentración o un reparto poco equitativo. Sin embargo, hay que señalar que este valor no crece linealmente con el grado de concentración. De hecho, valores del índice de 0.3 o superiores se consideran asociados a un grado alto de concentración.

En general, se puede calcular el valor exacto de este índice mediante la siguiente fórmula[1]:

$$I_G = 2 \sum_{i=1}^{k} q_i F_i^* - 1 \tag{3.3}$$

donde $F_i^* = F_i - f_i/2$.

[1] La demostración de la obtención de la fórmula (3.3) puede encontrarse en [Ferreira et al., 1997]

Ejemplo 3.2 En la siguiente tabla, se presentan los cálculos necesarios para el cómputo del índice de Gini correspondiente a los datos del Ejemplo 3.1.

x_i	n_i	f_i	F_i	q_i	$F_i^* = F_i - f_i/2$
80	10	0.20	0.20	0.10	0.10
150	20	0.40	0.60	0.375	0.40
200	15	0.30	0.90	0.375	0.75
240	5	0.10	1	0.15	0.95

El índice de Gini resultante es:

$$I_G = 2\sum_{i=1}^{4} q_i F_i^* - 1 = 0.167$$

En este caso, consideraremos que el grado de concentración es bajo y por tanto el reparto de la masa salarial en este colectivo resulta bastante equitativo.

Ejemplo 3.3 A continuación realizamos el estudio sobre un ejemplo con datos reales. El colectivo lo forman los municipios de la CAV, donde estudiamos el reparto de centros extrahospitalarios. Los datos detallados están descritos en la Tabla 3.2.

Para dibujar la curva de Lorenz asociada, así como para el cálculo del índice de Gini, construimos la Tabla 3.3.

En la Figura 3.2 se observa que la curva de Lorenz se aleja de la diagonal principal. Además, utilizando la fórmula (3.3) obtenemos que, para este caso, el índice de Gini toma el valor 0.5975. Es decir, la concentración de centros extrahospitalarios es muy alta. Un alto porcentaje de estos centros se concentra en unos pocos municipios.

Eustat

Centros extrahospitalarios C.A.V. por municipios

	Total
Euskal AE / C.A. de Euskadi	**444**
Municipios	
Abadiño	3
Abaltzisketa	-
Abanto y Ciérvana-Abanto Zierber	3
Aduna	-
Aia	1
Aizarnazabal	-
Ajangiz	-
Albiztur	-
Alegia	1
Alegría-Dulantzi	1
Alkiza	-
Alonsotegi	1
Altzaga	-
Altzo	-
Amezketa	2
Amorebieta-Etxano	2
Amoroto	1
Amurrio	2
Andoain	2
Anoeta	1
Antzuola	1
Añana	1
Arakaldo	-
Arama	-
Aramaio	1
Arantzazu	-
Arcentales	1
Areatza	1
Aretxabaleta	1
Armiñón	-
Arraia-Maeztu	1
Arrankudiaga	1
Arrasate/Mondragón	3
Arratzu	-
Arrazua-Ubarrundia	1
Arrieta	1
Arrigorriaga	1
Artea	1
Artziniega	1
Asparrena	1
Asteasu	1
Astigarraga	1
Ataun	2
Atxondo	1
Aulesti	1
Ayala/Aiara	1
Azkoitia	2
Azpeitia	3
Bakio	1
Baliarrain	-
Balmaseda	2
Baños de Ebro/Mañueta	-
Barakaldo	13
Barrika	-
Barrundia	1
Basauri	10
Beasain	3
Bedia	1
Beizama	-
Belauntza	-
Berango	1
Berantevilla	1
Berastegi	1
Bergara	5
Bermeo	5
Bernedo	1
Berriatúa	1
Bérriz	1
Berrobi	-
Bidegoyan	1
Bilbao	44
Busturia	1
Campezo/K	1
Carranza	1
Deba	2
Derio	1
Dima	1
Donostia-Sa	23
Durango	6
Ea	1
Eibar	9
Elantxobe	1
Elburgo/Bur	-
Elciego	1
Elduain	-
Elgeta	1
Elgoibar	4
Elorrio	1
Elvillar/Bilar	1
Erandio	3
Ereño	1
Ermua	3
Errezil	1
Errigoiti	1
Eskoriatza	1
Etxebarri, A	2
Etxebarria	-
Ezkio-Itsaso	1
Forua	1
Fruiz	1
Gabiria	1
Gaintza	-
Galdakao	7
Galdames	1
Gamiz-Fika	1
Garay	-
Gatika	1
Gautegiz Ar	1
Gaztelu	-
Gernika-Lun	6
Getaria	1
Getxo	7
Gordexola	1
Górliz	1
Güeñes	2
Guizaburuag	-
Harana/Valle	-
Hernani	2
Hernialde	-
Hondarribia	1
Ibarra	1
Ibarrangelu	1
Idiazabal	1
Igorre	2
Ikaztegieta	-
Irun	5
Iruña Oka/Iruñ	1
Irura	1
Iruraiz-Gauna	-
Ispaster	1
Itsasondo	1
Iurreta	2
Izurtza	-
Kortezubi	-
Kripan	-
Kuartango	1
Labastida	1
Lagrán	-
Laguardia	1
Lanciego/Lant	1
Lanestosa	1
Lantarón	2
Lapuebla de L	1
Larrabetzu	2
Larraul	-
Lasarte-Oria	2
Laukiz	1
Lazkao	1
Leaburu	-
Legazpi	2
Legorreta	1
Legutiano	1
Leintz-Gatzag	-
Leioa	2
Lekeitio	2
Lemoa	1
Lemoiz	2
Leza	1
Lezama	1
Lezo	1
Lizartza	1
Llodio	6
Loiu	-
Mallabia	1
Mañaria	1
Markina-Xeme	2
Maruri/Jatabe	-
Mendaro	1
Mendata	1
Mendexa	-
Meñaka	-
Moreda de Ala	1
Morga	-
Mundaka	1
Mungia	2
Munitibar-Arba	1
Murueta	-
Muskiz	1
Mutiloa	1
Mutriku	1
Muxika	1
Nabarniz	-
Navaridas	-
Oiartzun	1
Okondo	1
Olaberria	1
Ondarroa	4
Oñati	1
Ordizia	2
Orduña	1
Orendain	-
Orexa	-
Orio	1
Ormaiztegi	1
Orozko	1
Ortuella	3
Otxandio	1
Oyón-Oion	1
Pasaia	5
Peñacerrada-U	1
Plentzia	2
Portugalete	6
Rentería	6
Ribera Alta	1
Ribera Baja/Err	1
Salvatierra/Agu	1
Samaniego	-
San Millán/Don	-
Santurtzi	5
Segura	1
Sestao	5
Sondika	1
Sopelana	1
Sopuerta	1
Soraluze-Place	1
Sukarrieta	-
Tolosa	4
Trucios-Turtzio	1
Ubide	1
Ugao-Miraballe	1
Urdúliz	1
Urkabustaiz	1
Urnieta	1
Urretxu	-
Usurbil	1
Valdegovía	2
Valle de Trápag	2
Villabona	2
Villabuena de A	1
Vitoria-Gasteiz	33
Yécora	1
Zaldibar	1
Zaldibia	1
Zalduondo	-
Zalla	4
Zambrana	1
Zamudio	2
Zaratamo	1
Zarautz	4
Zeanuri	1
Zeberio	1
Zegama	1
Zerain	1
Zestoa	1
Zierbena	-
Zigoitia	1
Zizurkil	-
Zuia	1
Zumaia	1
Zumarraga	3

Tabla 3.2: Número de centros extrahospitalarios en la CAV por municipios.

Tabla 3.3: Tabla de trabajo asociada al Ejemplo 3.3.

Xi	ni	qi	fi	Fi	Qi	F*i
0	54	0.0000	0.2160	0.2160	0.0000	0.1080
1	135	0.3041	0.5400	0.7560	0.3041	0.4860
2	28	0.1261	0.1120	0.8680	0.4302	0.8120
3	9	0.0608	0.0360	0.9040	0.4910	0.8860
4	5	0.0450	0.0200	0.9240	0.5360	0.9140
5	6	0.0676	0.0240	0.9480	0.6036	0.9360
6	5	0.0676	0.0200	0.9680	0.6712	0.9580
7	2	0.0315	0.0080	0.9760	0.7027	0.9720
9	1	0.0203	0.0040	0.9800	0.7230	0.9780
10	1	0.0225	0.0040	0.9840	0.7455	0.9820
13	1	0.0293	0.0040	0.9880	0.7748	0.9860
23	1	0.0518	0.0040	0.9920	0.8266	0.9900
33	1	0.0743	0.0040	0.9960	0.9009	0.9940
44	1	0.0991	0.0040	1.0000	1.0000	0.9980

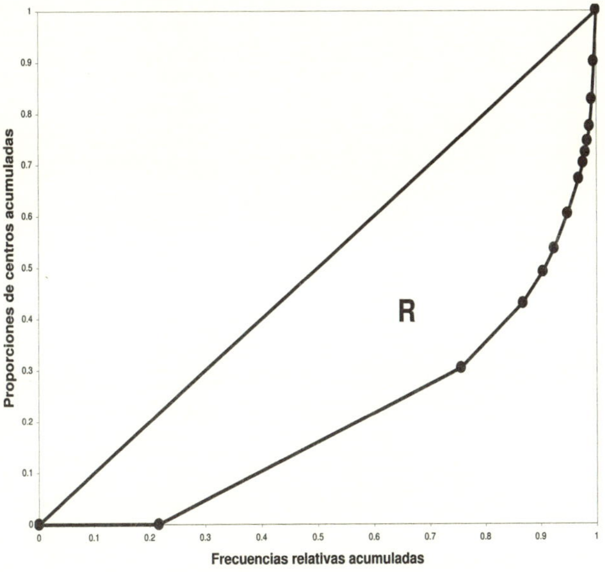

Figura 3.2: Concentración del reparto de los centros extrahospitalarios de la CAV.

Capítulo 4

Variables estadísticas bidimensionales

Cuando estudiamos simultáneamente dos características, X e Y, en un mismo colectivo tenemos una variable bidimensional (X, Y). Por ejemplo, cuando analizamos la esperanza de vida (X) y el porcentaje de PIB dedicado a la agricultura (Y) para un colectivo de países (datos recogidos en la Tabla 5.1, pág. 65). Denotaremos (x_i, y_i), $i = 1, ..., N$, al valor que toma la variable (X, Y) para el i-ésimo individuo del colectivo. En el ejemplo anterior, el par (76,2) es el valor de la variable (X, Y) correspondiente a Bélgica.

Cuando el colectivo es muy numeroso y/o los valores de la variable (X, Y) se repiten mucho, los datos suelen ordenarse en una tabla de doble entrada o tabla de contingencia, tal y como veremos a continuación.

4.1 Distribuciones bidimensionales de frecuencias

Denominaremos distribución bidimensional de frecuencias al conjunto de valores de una variable estadística bidimensional con sus frecuencias (absolutas o relativas) respectivas. Generalmente se representa mediante una tabla de doble entrada, que se denomina **tabla de contingencia**. Esta tabla se puede expresar en términos de frecuencias absolutas:

$X \backslash Y$	y_1	y_2	$\cdots$	y_j	$\cdots$	y_l	$n_{i\bullet}$
x_1	n_{11}	n_{12}	$\cdots$	n_{1j}	$\cdots$	n_{1l}	$n_{1\bullet}$
x_2	n_{21}	n_{22}	$\cdots$	n_{2j}	$\cdots$	n_{2l}	$n_{2\bullet}$
$\vdots$		$\vdots$			$\vdots$		$\vdots$
x_i	n_{i1}	n_{i2}	$\cdots$	n_{ij}	$\cdots$	n_{il}	$n_{i\bullet}$
$\vdots$		$\vdots$			$\vdots$		$\vdots$
x_k	n_{k1}	n_{k2}	$\cdots$	n_{kj}	$\cdots$	n_{kl}	$n_{k\bullet}$
$n_{\bullet j}$	$n_{\bullet 1}$	$n_{\bullet 2}$	$\cdots$	$n_{\bullet j}$	$\cdots$	$n_{\bullet l}$	N

o bien, en términos de frecuencias relativas:

$X \backslash Y$	y_1	y_2	$\cdots$	y_j	$\cdots$	y_l	$f_{i\bullet}$
x_1	f_{11}	f_{12}	$\cdots$	f_{1j}	$\cdots$	f_{1l}	$f_{1\bullet}$
x_2	f_{21}	f_{22}	$\cdots$	f_{2j}	$\cdots$	f_{2l}	$f_{2\bullet}$
$\vdots$		$\vdots$			$\vdots$		$\vdots$
x_i	f_{i1}	f_{i2}	$\cdots$	f_{ij}	$\cdots$	f_{il}	$f_{i\bullet}$
$\vdots$		$\vdots$			$\vdots$		$\vdots$
x_k	f_{k1}	f_{k2}	$\cdots$	f_{kj}	$\cdots$	f_{kl}	$f_{k\bullet}$
$f_{\bullet j}$	$f_{\bullet 1}$	$f_{\bullet 2}$	$\cdots$	$f_{\bullet j}$	$\cdots$	$f_{\bullet l}$	1

donde utilizamos la siguiente notación:

- x_i, $i = 1, ..., k$: valores distintos de la variable X.

- y_j, $j = 1, ..., l$: valores distintos de la variable Y.

  Las variables X e Y pueden ser de cualquier tipo, tanto cualitativas como cuantitativas (discretas o continuas). Si una variable es continua se divide su recorrido en un determinado número de intervalos; entonces, las marcas de clase de los intervalos representan los distintos valores de la variable x_i ó y_j.

- n_{ij}, $i = 1, ..., k$; $j = 1, ..., l$: número de individuos del colectivo cuyo valor de X es x_i y cuyo valor de Y es y_j. Es la **frecuencia absoluta conjunta** asociada al valor (x_i, y_j). Por tanto:

$$\sum_{i,j} n_{ij} = \sum_{i=1}^{k} \sum_{j=1}^{l} n_{ij} = \sum_{j=1}^{l} \sum_{i=1}^{k} n_{ij} = N$$

- $f_{ij} = \dfrac{n_{ij}}{N}$, $i = 1, ..., k$, $j = 1, ..., l$: **frecuencia relativa conjunta** asociada al valor (x_i, y_j). Es el valor de la frecuencia expresado en términos relativos de tanto por uno. Por lo tanto:

$$\sum_{i,j} f_{ij} = \sum_{i=1}^{k}\sum_{j=1}^{l} f_{ij} = \sum_{j=1}^{l}\sum_{i=1}^{k} f_{ij} = 1$$

Representaremos gráficamente una distribución bidimensional mediante un **diagrama de dispersión** o **nube de puntos**, en el que sobre cada valor de la variable, (x_i, y_j), se pinta un punto de mayor grosor cuanto mayor sea su frecuencia.

El centro de gravedad de una nube de puntos es siempre el punto de medias, de coordenadas $(\overline{x}, \overline{y})$.

Ejemplo 4.1 Analizadas 100 pequeñas y medianas empresas (PYMES) se ha obtenido la siguiente tabla de contingencia en relación a las variables: número de horas trabajadas por semana (X), y número de trabajadores en la empresa (Y). Si mostramos la información en términos absolutos (n_{ij}):

Y / X	(0,20] $y_1 = 10$	(20,50] $y_2 = 35$	(50,100] $y_3 = 75$	(100,150] $y_4 = 125$	$n_{i\bullet}$
x_1=35	1	3	5	5	14
x_2=45	5	6	10	5	26
x_3=55	10	15	25	10	60
$n_{\bullet j}$	16	24	40	20	100

En la tabla anterior, el valor n_{23}, por ejemplo, indica el número de elementos en el colectivo, en los que $X = x_2$ e $Y \in (50, 100]$. En nuestro caso, hay 10 empresas que tienen entre 50 y 100 trabajadores y cada uno de ellos trabaja 45 horas semanales. De este modo se observa que la suma de todos los valores de la tabla (n_{ij}) es el total de empresas (N=100).

La misma información se puede expresar en términos relativos (utilizando frecuencias relativas, f_{ij}). La tabla en este caso, presenta la forma:

Y / X	(0,20] $y_1 = 10$	(20,50] $y_2 = 35$	(50,100] $y_3 = 75$	(100,150] $y_4 = 125$	$f_{i\bullet}$
x_1=35	0.01	0.03	0.05	0.055	0.14
x_2=45	0.05	0.06	0.1	0.05	0.26
x_3=55	0.1	0.15	0.25	0.1	0.6
$f_{\bullet j}$	0.16	0.24	0.4	0.2	1

Ahora, f_{23} indica el tanto por uno de elementos en el colectivo, en los que $X = x_2$ e $Y \in (50, 100]$. Expresado en tanto por ciento,

Figura 4.1: Nube de puntos que representa los datos del Ejemplo 4.1.

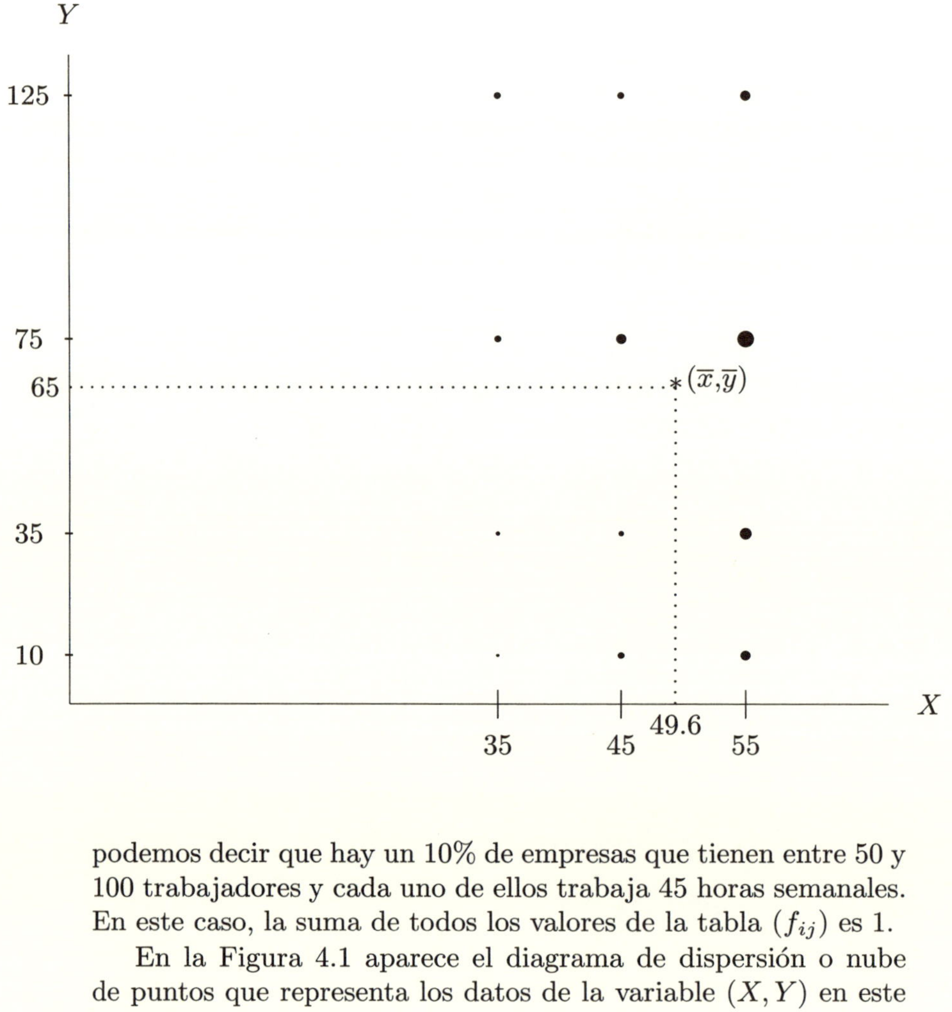

podemos decir que hay un 10% de empresas que tienen entre 50 y 100 trabajadores y cada uno de ellos trabaja 45 horas semanales. En este caso, la suma de todos los valores de la tabla (f_{ij}) es 1.

En la Figura 4.1 aparece el diagrama de dispersión o nube de puntos que representa los datos de la variable (X, Y) en este colectivo.

4.2 Distribuciones marginales

A partir de la distribución conjunta de la variable (X, Y), es posible obtener dos distribuciones unidimensionales por separado (de X y de Y) que se denominan ahora **distribuciones marginales**, por provenir de una distribución de mayor dimensión.

Estas distribuciones contienen las frecuencias con las que se presentan los valores de una de las variables independientemente del valor que tome la otra.

Geométricamente, se obtienen proyectando ortogonalmente los puntos del diagrama de dispersión sobre cada eje.

Si volvemos a los márgenes de las tablas de frecuencias conjuntas anteriores, observamos lo siguiente:

- Para la variable X, los valores son $x_i, i = 1, ..., k$, y las **frecuencias absolutas marginales** se definen como:

  $n_{i\bullet}$: número de individuos en el colectivo cuyo valor de la variable X es x_i. Es decir:

$$n_{i\bullet} = \sum_{j=1}^{l} n_{ij} = n_{i1} + ... + n_{il}$$

  y por tanto

$$\sum_{i=1}^{k} n_{i\bullet} = N$$

  Equivalentemente, definimos las **frecuencias relativas marginales** como:

$$f_{i\bullet} = \frac{n_{i\bullet}}{N} = \sum_{j=1}^{l} f_{ij} = f_{i1} + ... + f_{il}$$

  y satisfacen

$$\sum_{i=1}^{k} f_{i\bullet} = 1$$

- Análogamente, para la variable Y, los valores son $y_j, j = 1, ..., l$, y las **frecuencias absolutas marginales** se definen como:

  $n_{\bullet j}$: número de individuos en el colectivo cuyo valor de la variable Y es y_j. Es decir:

$$n_{\bullet j} = \sum_{i=1}^{k} n_{ij} = n_{1j} + ... + n_{kj}$$

  y por tanto, satisfacen

$$\sum_{j=1}^{l} n_{\bullet j} = N$$

Definimos las **frecuencias relativas marginales** para la variable Y, como:

$$f_{\bullet j} = \frac{n_{\bullet j}}{N} = \sum_{i=1}^{k} f_{ij} = f_{1j} + \ldots + f_{kj}$$

satisfaciendo, por tanto

$$\sum_{j=1}^{l} f_{\bullet j} = 1$$

Ejemplo 4.2 Para los datos del Ejemplo 4.1, la distribución marginal de la variable X es:

X	$n_{i\bullet}$	$f_{i\bullet}$
x_1=35	14	0.14
x_2=45	26	0.26
x_3=55	60	0.60
	100	1

Indicando, por ejemplo, que hay 14 empresas en las que se trabaja 35 horas por semana ($n_{1\bullet} = 14$); en términos relativos, en un 14% de las empresas consideradas ($f_{1\bullet} = 0.14$).

Mientras que la distribución marginal de la variable Y es:

Y	$n_{\bullet j}$	$f_{\bullet j}$
(0,20]	16	0.16
(20,50]	24	0.24
(50,100]	40	0.4
(100,150]	20	0.2
	100	1

Indicando, por ejemplo, que hay 24 empresas que tienen entre 20 y 50 trabajadores ($n_{\bullet 2} = 24$); en términos relativos, en un 24% de las empresas consideradas ($f_{\bullet 2} = 0.24$).

4.3 Distribuciones condicionadas. Independencia en distribución

Como hemos visto, a partir de la distribución conjunta de dos variables podemos extraer la distribución univariante de cada una de ellas por separado; es decir, la distribución marginal.

La distribución marginal indica cómo se distribuyen los valores de cada una de las variables, sin tener en cuenta la otra.

Sin embargo, también es interesante conocer la distribución de una de las variables tomando como fijo el valor de la otra. Surgen así, las que denominaremos **distribuciones condicionadas**. Veámoslo en el siguiente ejemplo.

Ejemplo 4.3 Sea X la edad de los votantes e Y el partido político al que votan en unas elecciones municipales realizadas en la Comunidad Autónoma Vasca (CAV). La distribución conjunta de (X, Y) en cierta localidad es la que aparece en la siguiente tabla.

X \ Y	PNV-EA	EH	IU	PP	PSOE	Otros	$n_{i\bullet}$
$[18, 28)$	3214	3612	719	560	3489	197	11881
$[28, 40)$	4011	1615	1024	1396	4749	254	13049
$[40, 57)$	3229	487	1117	3420	2013	336	10602
$[57, 95)$	840	675	1194	4957	6368	707	14741
$n_{\bullet j}$	11294	6389	4054	10333	16619	1584	50273

Fijémonos en la columna del PSOE. Ahora el colectivo de interés es más pequeño, se reduce a los 16619 votantes del PSOE. Nuestra intención es observar cómo se distribuyen estos votantes socialistas según la edad. Los valores de la variable de interés, son valores de la variable X, es decir, la edad de los votantes.

Esta distribución es la que denominaremos distribución de X condicionada a que Y=PSOE. A continuación, daremos una definición formal de este concepto.

Dada la variable bidimensional (X, Y), las distribuciones condicionadas son distribuciones unidimensionales que se obtienen manteniendo fijo el valor de una de las variables y considerando los valores que toma la otra con sus frecuencias. Pueden considerarse distribuciones condicionadas del tipo $X|Y = y_j$, (es decir, distribución de X condicionada a que Y tome el valor y_j), o bien, $Y|X = x_i$ (distribución de Y condicionada a que X tome el valor x_i).

Distribución condicionada $X|Y = y_j$

Sus valores son los que toma la variable X en el subconjunto formado por los $n_{\bullet j}$ individuos, para los que la variable Y toma el valor y_j.

La **frecuencia absoluta condicionada** de cada valor x_i la denotaremos por $n_{i|Y=y_j} = n_{ij}$, $i = 1, ..., k$. Como en cualquier distribución de frecuencias, su suma es el total del colectivo que, en este caso, es $n_{\bullet j}$.

$$\sum_{i=1}^{k} n_{i|Y=y_j} = \sum_{i=1}^{k} n_{ij} = n_{\bullet j}$$

La **frecuencia relativa condicionada**, que denotaremos por $f_{i|Y=y_j}$, es la frecuencia conjunta dividida por el número total de individuos $n_{\bullet j}$. Es decir:

$$f_{i|Y=y_j} = \frac{n_{i|Y=y_j}}{n_{\bullet j}} = \frac{n_{ij}}{n_{\bullet j}}$$

satisfaciendo

$$\sum_{i=1}^{k} f_{i|Y=y_j} = \sum_{i=1}^{k} \frac{n_{ij}}{n_{\bullet j}} = 1$$

Para cada valor de Y que fijemos, aparece una distribución condicionada distinta. En cada caso, las frecuencias relativas condicionadas nos dan el perfil de X para cada valor de Y.

Ejemplo 4.4 A partir de la distribución conjunta de las variables (X, Y) del Ejemplo 4.1, es posible obtener, por ejemplo la distribución condicionada de $X|Y \in (20, 50]$. Esta distribución clasificará a las empresas que tienen entre 20 y 50 trabajadores, según el número de horas trabajadas por semana. La tabla que se obtiene en este caso es:

$X\|Y \in (20, 50]$	$n_{i\|Y\in(20,50]}$	$f_{i\|Y\in(20,50]}$
x_1=35	3	0.125
x_2=45	6	0.25
x_3=55	15	0.625
	$n_{\bullet 2}$=24	1

Ejemplo 4.5 Volvamos a los datos del Ejemplo 4.3. Otra posibilidad habría sido fijarnos, por ejemplo, en la primera fila de frecuencias de la tabla, y analizar entonces, cómo se reparte el voto por partidos entre los más jóvenes.

Ahora los valores de la variable de interés son los de Y, es decir, los distintos partidos políticos. Al fijarnos en la primera fila, estamos fijando el valor de la variable X.

La distribución objeto de estudio es, en este caso, la que denominaremos distribución de Y condicionada a que $X \in [18, 28)$.

Distribución condicionada $Y|X = x_i$

Sus valores son los que toma la variable Y en el subconjunto formado por los $n_{i\bullet}$ individuos cuyo valor de la variable X es x_i.

La **frecuencia absoluta condicionada** de cada valor y_j, la denotaremos por $n_{j|X=x_i} = n_{ij}$, $j = 1, ..., l$. Estas frecuencias verifican que:

$$\sum_{j=1}^{l} n_{j|X=x_i} = \sum_{j=1}^{l} n_{ij} = n_{i\bullet}$$

La **frecuencia relativa condicionada**, que denotaremos por $f_{j|X=x_i}$, es la frecuencia conjunta dividida por el número total de individuos, que en este caso es la frecuencia absoluta marginal del valor x_i, $n_{i\bullet}$. Es decir:

$$f_{j|X=x_i} = \frac{n_{j|X=x_i}}{n_{i\bullet}} = \frac{n_{ij}}{n_{i\bullet}} \tag{4.1}$$

Estas frecuencias verifican que:

$$\sum_{j=1}^{l} f_{j|X=x_i} = \sum_{j=1}^{l} \frac{n_{ij}}{n_{i\bullet}} = 1$$

y nos dan el perfil de Y, fijo el valor de X en x_i.

Ejemplo 4.6 Vamos a obtener ahora, a partir de la distribución conjunta de la variable (X, Y) del Ejemplo 4.1, la distribución condicionada de $Y|X = x_1$; es decir, la clasificación de las empresas cuyos empleados trabajan 35 horas por semana, según el número de empleados de las mismas.

$Y\|X = x_1$	$n_{j\|X=x_1}$	$f_{j\|X=x_1}$
(0,20]	1	0.07
(20,50]	3	0.21
(50,100]	5	0.36
(100,150]	5	0.36
	$n_{1\bullet}$=14	1

Independencia en distribución

Hemos visto que ante una tabla de contigencia, existe la posibilidad de estudiar la distribución condicionada de una variable, fijo algún valor de la otra. Sin embargo, todavía podemos plantearnos algunas otras cuestiones.

Consideremos, por ejemplo, los datos del Ejemplo 4.3. Podemos preguntarnos si, en ese colectivo, el voto a un determinado partido depende de la edad del votante. En el caso del Ejemplo 4.1, podemos estudiar si el número de horas trabajadas por semana depende del tamaño de la empresa.

En otras palabras, nos preguntamos si existe dependencia entre las variables objeto de estudio, o si por el contrario estas son independientes. Para dar respuesta a este tipo de cuestiones, introduciremos el concepto de independencia, en la distribución de dos variables estadísticas.

Se dice que la variable Y se distribuye de manera independiente a X, si las distribuciones de Y condicionadas a cada valor de X coinciden entre sí. Es decir,

$$f_{j|X=x_1} = ... = f_{j|X=x_i} = ... = f_{j|X=x_k}, \quad \forall j = 1, ..., l \tag{4.2}$$

o equivalentemente, usando la igualdad (4.1),

$$\frac{n_{1j}}{n_{1\bullet}} = ... = \frac{n_{ij}}{n_{i\bullet}} = ... = \frac{n_{kj}}{n_{k\bullet}} = \frac{\sum_{i=1}^{k} n_{ij}}{\sum_{i=1}^{k} n_{i\bullet}} = \frac{n_{\bullet j}}{N} = f_{\bullet j}, \quad \forall j = 1, ..., l \tag{4.3}$$

es decir, si dichas distribuciones condicionadas coinciden entre sí, coinciden también con la distribución marginal de la variable Y.

Las igualdades (4.3), se pueden escribir de forma más compacta:

$$\frac{n_{ij}}{n_{i\bullet}} = \frac{n_{\bullet j}}{N}, \quad \forall i = 1, ..., k;\ j = 1, ..., l \tag{4.4}$$

o equivalentemente

$$\frac{n_{ij}}{n_{\bullet j}} = \frac{n_{i\bullet}}{N}, \quad \forall i = 1, ..., k;\ j = 1, ..., l \tag{4.5}$$

que escrito en términos de frecuencias relativas es:

$$f_{i|Y=y_j} = f_{i\bullet}, \quad \forall i = 1, ..., k;\ j = 1, ..., l \tag{4.6}$$

es decir, también coinciden entre sí las distribuciones de X condicionadas a cada valor de Y, y coinciden con la distribución marginal de X.

Luego, decir que la variable Y se distribuye de manera independiente a X es equivalente a decir que la variable X se distribuye de manera independiente a Y. Diremos, por lo tanto, que las distribuciones de las variables X e Y son independientes, o que ambas variables son independientes.

Proposición 4.1 *Una condición necesaria y suficiente para que dos variables X e Y se distribuyan de forma independiente, viene dada por la expresión:*

$$f_{ij} = f_{i\bullet} f_{\bullet j}, \quad \forall i = 1, ..., k;\ j = 1, ..., l \tag{4.7}$$

Demostración:

Basta escribir la ecuación (4.7) en términos absolutos:

$$f_{ij} = f_{i\bullet} f_{\bullet j} \quad \forall i,j \quad \Leftrightarrow \quad \frac{n_{ij}}{N} = \frac{n_{i\bullet}}{N}\frac{n_{\bullet j}}{N} \quad \forall i,j$$

$$\Leftrightarrow \quad \frac{n_{ij}}{n_{\bullet j}} = \frac{n_{i\bullet}}{N} \quad \forall i,j \qquad -\text{ condiciones } (4.5)-$$

$$\Leftrightarrow \quad \frac{n_{ij}}{n_{i\bullet}} = \frac{n_{\bullet j}}{N} \quad \forall i,j \qquad -\text{ condiciones } (4.4)-$$

Es decir, para todas las casillas de la tabla de contingencia la frecuencia conjunta debe ser igual al producto de las marginales, en términos relativos.

Ejemplo 4.7 Siguiendo con el Ejemplo 4.1, podemos comprobar si las variables X e Y son independientes, es decir, si el número de horas trabajadas por semana es independiente del número de trabajadores de una empresa, para el colectivo estudiado. Si lo queremos ver a partir de las distribuciones condicionadas, tendremos que obtener todas las distribuciones condicionadas del tipo $X|Y = y_j$ y ver si coinciden entre sí y además con la distribución marginal de X.

	$f_{i\|Y\in(0,20]}$	$f_{i\|Y\in(20,50]}$	$f_{i\|Y\in(50,100]}$	$f_{i\|Y\in(100,150]}$	$f_{i\bullet}$
x_1=35	0.0625	0.125	0.125	0.25	0.14
x_2=45	0.3125	0.25	0.25	0.25	0.26
x_3=55	0.625	0.625	0.625	0.5	0.6

Las distribuciones condicionadas dadas en las columnas $f_{i|Y\in(20,50]}$ y $f_{i|Y\in(50,100]}$ son iguales entre sí pero difieren de las restantes, por tanto, las variables X e Y se distribuyen de forma dependiente. Es decir, la distribución del número de horas trabajadas por semana en una empresa depende del número de trabajadores que tenga. En concreto, se observa que en las empresas con menor número de trabajadores, se trabaja más horas a la semana. El porcentaje de trabajadores que trabajan menos horas, 35 horas, es menor en las empresas pequeñas (6.25%) que en las empresas grandes (25%) y el procentaje que trabaja más horas es mayor en las empresas pequeñas.

Otra forma de comprobarlo hubiera sido obtener todas las distribuciones condicionadas de $Y|X = x_i$ y ver si todas ellas coinciden entre sí y con la distribución marginal de Y.

Dependiendo de la información que nos den, otra posibilidad es utilizar la condición necesaria y suficiente de independencia,

Tabla 4.1: Nacimientos producidos en la Comunidad Autónoma Vasca.

Eustat

Nacimientos por meses, según el tipo de nacido.

	Araba / Alava			Bizkaia			Gipuzkoa		
	Total	Vivo	Muerto	Total	Vivo	Muerto	Total	Vivo	Muerto
1996									
Diciembre	173	173	-	651	649	2	453	452	1
1997 (a)									
Enero	196	196	-	685	679	6	482	482	-
Febrero	152	152	-	680	675	5	444	443	1
Marzo	192	191	1	691	685	6	501	497	4
Abril	204	202	2	753	750	3	483	482	1
Mayo	224	223	1	788	786	2	512	511	1
Junio	167	167	-	699	697	2	470	467	3
Julio	201	201	-	737	735	2	524	523	1
Agosto	158	158	-	641	638	3	491	488	3
Septiembre	166	165	1	639	636	3	459	458	1
Octubre	198	196	2	639	637	2	454	454	-
Noviembre	156	156	-	659	654	5	461	461	-
Diciembre	**200**	**198**	**2**	**680**	**679**	**1**	**447**	**447**	**-**
1986	2.711	2.693	18	11.066	10.981	85	6.455	6.420	35
1987	2.589	2.572	17	10.215	10.148	67	5.892	5.873	19
1988	2.591	2.577	14	9.793	9.724	69	5.743	5.720	23
1989	2.399	2.389	10	9.096	9.024	72	5.618	5.611	7
1990	2.299	2.290	9	8.782	8.724	58	5.357	5.347	10
1991	2.284	2.276	8	8.605	8.557	48	5.402	5.395	7
1992	2.234	2.221	13	8.631	8.587	44	5.451	5.442	9
1993	2.247	2.239	8	8.256	8.203	53	5.388	5.359	29
1994	2.029	2.024	5	8.036	7.991	45	5.292	5.269	23
1995	2.093	2.082	11	7.914	7.879	35	5.390	5.361	29
1996	2.257	2.249	8	8.188	8.148	40	5.615	5.590	25
1997 (a)	2.214	2.205	9	8.291	8.251	40	5.728	5.713	15

(a) Datos provisionales

Fuente: EUSTAT. Estadística de Nacimientos.

expresión (4.7). En la tabla de doble entrada de la pág. 47, es fácil ver que existe al menos un par $(i, j) = (1, 1)$, tal que

$$f_{11} = 0.01 \neq f_{1\bullet} f_{\bullet 1} = 0.14 \cdot 0.16 = 0.0224$$

Ejemplo 4.8 En la Tabla 4.1 aparecen los datos de los nacimientos que se produjeron en la Comunidad Autónoma Vasca (CAV) entre los años 1986 a 1997, desglosados por territorios históricos (TH).

A partir de esta tabla, se puede extraer una más pequeña con los datos correspondientes a los nacimientos producidos en cada provincia de la CAV entre los años 1989 y 1994.

Año T.H.	Araba	Bizkaia	Gipuzkoa	$n_{i\bullet}$
1989	2399	9096	5618	17113
1990	2299	8782	5357	16438
1991	2284	8605	5402	16291
1992	2234	8631	5451	16316
1993	2247	8256	5388	15891
1994	2029	8036	5292	15357
$n_{\bullet j}$	13492	51406	32508	N=97406

Esta tabla de contingencia corresponde a la distribución conjunta de la variable (X, Y), donde X es el año de nacimiento e Y es la provincia de la CAV donde se ha producido el nacimiento. Dicha distribución está expresada en términos de frecuencias absolutas, de manera que $n_{32} = 8605$, nos dice que esos fueron exactamente los nacidos en Bizkaia en 1991.

Si queremos estudiar el grado de independencia entre las variables X e Y, podemos hacerlo a partir de la condición necesaria y suficiente, analizando si $f_{ij} = f_{i\bullet} f_{\bullet j}$, $\forall i, j$.

Para realizar la comprobación en cada casilla de la tabla, necesitamos la distribución de la variable en términos de frecuencias relativas.

Año T.H.	Araba	Bizkaia	Gipuzkoa	$f_{i\bullet}$
1989	0.0246	0.0934	0.0577	0.1757
1990	0.0236	0.0902	0.0550	0.1688
1991	0.0235	0.0883	0.0554	0.1672
1992	0.0229	0.0886	0.0560	0.1675
1993	0.0231	0.0848	0.0553	0.1631
1994	0.0208	0.0825	0.0543	0.1577
$f_{\bullet j}$	0.1385	0.5278	0.3338	1

Casilla por casilla, podemos comprobar que aunque no hay una igualdad exacta, es bastante aproximada en la mayoría de los casos (por ejemplo, $f_{11} = 0.0246 \approx 0.1757 \cdot 0.1385 = f_{1\bullet} f_{\bullet 1}$). Por tanto, podemos decir que hay casi independencia en distribución.

Sin embargo, la presentación de los datos puede hacerse de otras formas. Una posibilidad es dar la distribución de la variable (X) año de nacimiento desglosada por provincias, esto es, las distribuciones condicionadas $X|Y =$ Araba, $X|Y =$ Bizkaia y $X|Y =$ Gipuzkoa.

Año	$f_{i\|Y=\text{Araba}}$	$f_{i\|Y=\text{Bizkaia}}$	$f_{i\|Y=\text{Gipuzkoa}}$	$f_{i\bullet}$
1989	0.1778	0.1769	0.1709	0.1757
1990	0.1704	0.1708	0.1630	0.1688
1991	0.1693	0.1674	0.1644	0.1672
1992	0.1656	0.1679	0.1659	0.1675
1993	0.1665	0.1606	0.1639	0.1631
1994	0.1504	0.1563	0.1610	0.1577

Para analizar la independencia a partir de esta tabla bastaría ver que las distribuciones dadas en las tres primeras columnas son prácticamente iguales entre sí (fila a fila tienen similares valores), e igual a la distribución marginal de X, $f_{i\bullet}$. Por tanto, la distribución según el año de nacimiento es prácticamente independiente del territorio histórico en el que nos encontremos.

Alternativamente, podemos considerar las distribuciones según la provincia de nacimiento, desglosadas por años, es decir, las distribuciones condicionadas $Y|X = 1989$,..., $Y|X = 1994$. La siguiente tabla presenta estas distribuciones en porcentajes:

T.H.	Araba	Bizkaia	Gipuzkoa
$f_{j\|X=1989}(\%)$	14	53	33
$f_{j\|X=1990}(\%)$	14	53	33
$f_{j\|X=1991}(\%)$	14	53	33
$f_{j\|X=1992}(\%)$	14	52	34
$f_{j\|X=1993}(\%)$	13	52	35
$f_{j\|X=1994}(\%)$	14	53	33
$f_{\bullet j}(\%)$	14	53	33

Al igual que en el caso anterior, para afirmar que las variables X e Y se distribuyen de manera prácticamente independiente basta con comprobar que las filas de esta tabla son muy parecidas entre sí y muy parecidas a la distribución marginal de la variable Y ($f_{\bullet j}$). Independientemente del año, aproximadamente el 14% de los nacimientos se da en Araba, el 53% en Bizkaia y el 33% en Gipuzkoa.

Capítulo 5

Valores típicos de variables estadísticas bidimensionales

Al estudiar conjuntamente dos variables estadísticas es interesante conocer el grado de relación entre ambas. Es decir, conocer si la información que podamos tener sobre una de ellas es útil en el conocimiento de los valores que toma la otra. La cuantificación del grado de relación entre variables requiere en primer lugar definir qué tipo de relación queremos medir. El propósito de este capítulo es llegar a medir el grado de relación lineal entre dos variables cuantitativas.

Para este objetivo veremos primero las definiciones de momentos para dos variables, que nos proporcionan instrumentos de cálculo útiles para el cómputo de los valores típicos de interés.

5.1 Momentos en $\mathbf{R}^2$

Consideremos una variable bidimensional (X, Y), donde X toma los valores distintos $x_1 < x_2 < \ldots < x_k$, e Y los valores $y_1 < y_2 < \ldots < y_l$. Estudiamos estas variables dentro de un colectivo de tamaño N.

En general, el cómputo de un momento bidimensional se puede realizar respecto de cualquier punto en $\mathbf{R}^2$, análogamente a los unidimensionales. Nos centraremos en el estudio de los más relevantes, los momentos ordinarios (respecto del origen) y los centrales (respecto de la media).

5.1.1 Momentos ordinarios

Definición 5.1 *Llamamos momento ordinario de orden $h = h_1 + h_2$, de la variable bidimensional (X, Y), al valor representado por*

$$a_{h_1h_2} = \frac{1}{N}\sum_{i=1}^{k}\sum_{j=1}^{l} x_i^{h_1} y_j^{h_2} n_{ij} = \sum_{i=1}^{k}\sum_{j=1}^{l} x_i^{h_1} y_j^{h_2} f_{ij} \tag{5.1}$$

La expresión (5.1) es apropiada cuando trabajamos con una tabla de contingencia o de doble entrada.

También podemos calcular estos momentos en términos de todos los valores; es decir, tomando los pares (x_i, y_i) que se han obtenido para cada uno de los individuos del colectivo. Así, obtenemos con esa notación,

$$a_{h_1h_2} = \frac{1}{N}\sum_{i=1}^{N} x_i^{h_1} y_i^{h_2} \tag{5.2}$$

Para $h = 1$ obtenemos los siguientes momentos ordinarios:

$$\begin{aligned}
a_{10} &= \frac{1}{N}\sum_{i=1}^{k}\sum_{j=1}^{l} x_i n_{ij} = \frac{1}{N}\sum_{i=1}^{k} x_i n_{i\bullet} \\
&= a_1(x) = \overline{x} = \frac{1}{N}\sum_{i=1}^{N} x_i \\
a_{01} &= \frac{1}{N}\sum_{i=1}^{k}\sum_{j=1}^{l} y_j n_{ij} = \frac{1}{N}\sum_{j=1}^{l} y_j n_{\bullet j} \\
&= a_1(y) = \overline{y} = \frac{1}{N}\sum_{i=1}^{N} y_i
\end{aligned}$$

Para $h = 2$ obtenemos tres momentos, definidos como:

$$\begin{aligned}
a_{20} &= \frac{1}{N}\sum_{i=1}^{k}\sum_{j=1}^{l} x_i^2 n_{ij} = \frac{1}{N}\sum_{i=1}^{k} x_i^2 n_{i\bullet} \\
&= a_2(x) = \frac{1}{N}\sum_{i=1}^{N} x_i^2 \\
a_{02} &= \frac{1}{N}\sum_{i=1}^{k}\sum_{j=1}^{l} y_j^2 n_{ij} = \frac{1}{N}\sum_{j=1}^{l} y_j^2 n_{\bullet j}
\end{aligned}$$

$$
\begin{aligned}
&= a_2(y) = \frac{1}{N}\sum_{i=1}^{N} y_i^2 \\
a_{11} &= \frac{1}{N}\sum_{i=1}^{k}\sum_{j=1}^{l} x_i y_j n_{ij} = \frac{1}{N}\sum_{i=1}^{N} x_i y_i
\end{aligned}
$$

Para $h = 1$ y $h = 2$, únicamente el momento ordinario a_{11} aporta alguna información sobre la distribución conjunta de las variables. El resto reproducen momentos ya obtenidos desde un análisis unidimensional.

5.1.2 Momentos centrales o respecto a la media

Definición 5.2 *Llamamos momento central de orden $h = h_1 + h_2$, de la variable bidimensional (X, Y), al valor representado por*

$$
\begin{aligned}
m_{h_1 h_2} &= \frac{1}{N}\sum_{i=1}^{k}\sum_{j=1}^{l}(x_i - \overline{x})^{h_1}(y_j - \overline{y})^{h_2} n_{ij} \\
&= \sum_{i=1}^{k}\sum_{j=1}^{l}(x_i - \overline{x})^{h_1}(y_j - \overline{y})^{h_2} f_{ij}
\end{aligned}
$$

Análogamente a la expresión (5.2) podemos escribir,

$$
m_{h_1 h_2} = \frac{1}{N}\sum_{i=1}^{N}(x_i - \overline{x})^{h_1}(y_i - \overline{y})^{h_2} \qquad (5.3)
$$

Para $h = 1$ obtenemos los siguientes momentos centrales:

$$
\begin{aligned}
m_{10} &= \frac{1}{N}\sum_{i=1}^{k}\sum_{j=1}^{l}(x_i - \overline{x}) n_{ij} = \frac{1}{N}\sum_{i=1}^{k}(x_i - \overline{x}) n_{i\bullet} \\
&= m_1(x) = \frac{1}{N}\sum_{i=1}^{N}(x_i - \overline{x}) = 0 \\
m_{01} &= \frac{1}{N}\sum_{i=1}^{k}\sum_{j=1}^{l}(y_j - \overline{y}) n_{ij} = \frac{1}{N}\sum_{j=1}^{l}(y_j - \overline{y}) n_{\bullet j} \\
&= m_1(y) = \frac{1}{N}\sum_{i=1}^{N}(y_i - \overline{y}) = 0
\end{aligned}
$$

Para $h = 2$ obtenemos tres momentos, definidos como:

$$
m_{20} = \frac{1}{N}\sum_{i=1}^{k}\sum_{j=1}^{l}(x_i - \overline{x})^2 n_{ij} = \frac{1}{N}\sum_{i=1}^{k}(x_i - \overline{x})^2 n_{i\bullet}
$$

$$
\begin{aligned}
&= m_2(x) = S_x^2 = \frac{1}{N}\sum_{i=1}^{N}(x_i - \overline{x})^2 \\
m_{02} &= \frac{1}{N}\sum_{i=1}^{k}\sum_{j=1}^{l}(y_j - \overline{y})^2 n_{ij} = \frac{1}{N}\sum_{j=1}^{l}(y_j - \overline{y})^2 n_{\bullet j} \\
&= m_2(y) = S_y^2 = \frac{1}{N}\sum_{i=1}^{N}(y_i - \overline{y})^2 \\
m_{11} &= \frac{1}{N}\sum_{i=1}^{k}\sum_{j=1}^{l}(x_i - \overline{x})(y_j - \overline{y})n_{ij} = \frac{1}{N}\sum_{i=1}^{N}(x_i - \overline{x})(y_i - \overline{y})
\end{aligned}
$$

De nuevo, para $h = 1$ y $h = 2$, únicamente hay un momento central, m_{11}, que aporta alguna información sobre la distribución conjunta de las variables. Este momento es de especial importancia y mide la relación existente entre la variación de X y la variación de Y, por lo que es definido como un valor típico denominado covarianza.

5.2 Covarianza. Coeficiente de correlación

Llamamos **covarianza** entre dos variables estadísticas X e Y, medidas en un colectivo de tamaño N, al valor típico definido como el momento central m_{11}. La notación que utilizaremos habitualmente será $\text{Cov}(X,Y)$ ó S_{xy}.

Así,

$$
\begin{aligned}
S_{xy} = \text{Cov}(X,Y) &= \frac{1}{N}\sum_{i=1}^{k}\sum_{j=1}^{l}(x_i - \overline{x})(y_j - \overline{y})n_{ij} \\
&= \sum_{i=1}^{k}\sum_{j=1}^{l}(x_i - \overline{x})(y_j - \overline{y})f_{ij} \\
&= \frac{1}{N}\sum_{i=1}^{N}(x_i - \overline{x})(y_i - \overline{y}) \qquad (5.4)
\end{aligned}
$$

Presenta ventajas para el cálculo práctico de la covarianza utilizar su expresión en términos de momentos ordinarios.

$$S_{xy} = a_{11} - \overline{x}\,\overline{y} \qquad (5.5)$$

La demostración de la igualdad anterior sigue a continuación.

$$
S_{xy} = \frac{1}{N}\sum_{i=1}^{N}(x_i - \overline{x})(y_i - \overline{y}) = \frac{1}{N}\sum_{i=1}^{N}(x_i y_i - \overline{x}y_i - \overline{y}x_i + \overline{x}\,\overline{y})
$$

$$
\begin{aligned}
&= \frac{1}{N}\sum_{i=1}^{N} x_i y_i - \overline{x}\frac{1}{N}\sum_{i=1}^{N} y_i - \overline{y}\frac{1}{N}\sum_{i=1}^{N} x_i + \overline{x}\,\overline{y}\frac{1}{N}\sum_{i=1}^{N} 1 \\
&= a_{11} - \overline{x}\,\overline{y} - \overline{x}\,\overline{y} + \overline{x}\,\overline{y} = a_{11} - \overline{x}\,\overline{y}
\end{aligned}
$$

El uso de la expresión (5.5) requiere menos operaciones que el de la expresión (5.4), ya que no hay que centrar previamente todos los valores de las variables.

Para ilustrar la interpretación de la covarianza analizamos el siguiente ejemplo.

Ejemplo 5.1 En la Tabla 5.1, pág. 65, aparecen 132 países clasificados por su esperanza media de vida (X) y el porcentaje de PIB obtenido en agricultura[1] (Y). Al representar la nube de puntos, y situando el origen de coordenadas en el centro de gravedad $(\overline{x}, \overline{y})$, obtenemos la Figura 5.1 donde la nube aparece dividida en cuatro cuadrantes.

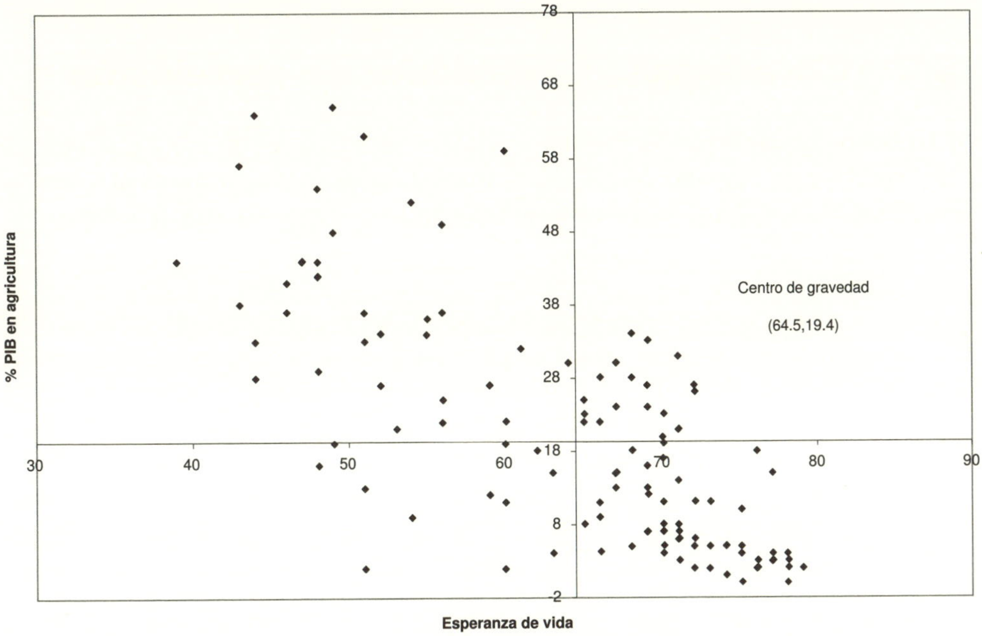

Figura 5.1: Nube de puntos

Gráficamente se observa en la nube una tendencia decreciente (cuando una de las variables aumenta, la otra disminuye). Es

[1] Fuente: Banco Mundial. Datos tomados de [Peña et al., 1997]

decir, países con mayor valor de X suelen tener menor valor de Y. Cuando esto ocurre se dice que entre las variables X e Y existe una relación inversa o negativa. Además, la tendencia es lineal, es decir, los puntos de la nube parecen situarse en torno a una recta con pendiente negativa. Por todo ello, decimos que entre las variables X e Y existe una relación lineal inversa o negativa.

Como podemos observar en la nube, hay más puntos en los cuadrantes segundo y cuarto, correspondientes a valores tales que $(x_i - \overline{x})$ e $(y_i - \overline{y})$ tienen signos contrarios y, por tanto, los productos $(x_i - \overline{x})(y_i - \overline{y})$ tienen signo negativo. Los cuadrantes con menos datos son el primero y tercero, que corresponden a valores tales que $(x_i - \overline{x})$ e $(y_i - \overline{y})$ tienen el mismo signo y donde los productos $(x_i - \overline{x})(y_i - \overline{y})$ tienen signo positivo. Por tanto, según la expresión (5.4), en este ejemplo el signo de la covarianza será negativo.

Para comprobarlo calculamos la covarianza usando, por ejemplo, la expresión (5.5). Realizando los cálculos oportunos con los datos de la Tabla 5.1, pág. 65, se obtienen los siguientes resultados:

$$\overline{x} = 64.59 \qquad \overline{y} = 19.37 \qquad a_{11} = 1128.89$$

y obtenemos que en este ejemplo $S_{xy} = -122.6$. Efectivamente, la covarianza en este caso es negativa. Este resultado indica que entre las variables existe una relación inversa, como ya se observaba en la nube de puntos.

Si el signo de la covarianza es positivo, indica que la relación entre las variables es **directa o positiva**; es decir, en general las dos crecen o decrecen a la vez. Si es negativo, la relación es **inversa o negativa** y cuando una crece, la otra tenderá a decrecer. Si la covarianza es cero, no podemos establecer ninguna de las relaciones anteriores y diremos que entre las variables no existe relación lineal. El signo de la covarianza indica qué tipo de relación lineal existe entre las variables.

De la definición de covarianza observamos que sus unidades son el producto (unidades de X)$\times$(unidades de Y). Es decir, la magnitud de la covarianza se ve afectada por las unidades de medida de las variables, con lo que el valor numérico no permite una clara interpretación del grado de relación lineal entre las variables.

Para evitar este efecto y permitir evaluar si el grado de relación lineal entre las variables es alto o bajo, se define el **coeficiente de correlación**, que denotaremos por r, o r_{xy} si necesitamos identificar qué variables estamos analizando.

Tabla 5.1: Esperanza de vida y porcentaje del PIB obtenido en agricultura para 132 países.

Paises	Esp(vida)	%PIB(agricola)
Albania	73	2
Alemania	76	2
Arabia Saud	69	7
Argelia	67	15
Argentina	71	6
Armenia	70	20
Australia	77	3
Austria	77	3
Azerbaijan	71	31
Bangladesh	55	34
Belarus	71	21
Bélgica	76	2
Benin	51	37
Bhutan	48	42
Bolivia	60	2
Botswana	68	5
Brasil	66	11
Bulgaria	71	14
Burquina-Fa	48	44
Burundi	48	54
Camerún	56	22
Canadá	78	4
Colombia	69	16
Congo	51	13
Corea	71	8
Costa de Ma	56	37
Costa Rica	76	18
Chad	47	44
Chile	72	5
China	69	27
Dinamarca	75	4
Ecuador	67	13
El Salvador	66	9
EmiratosAra	72	2
Eslovenia	73	5
España	77	15
Estados Uni	77	3
Estonia	70	17
Etiopía	49	48
Fed Rusa	69	13
Filipinas	65	22
Finlandia	75	5
Francia	77	3
Gabón	54	9
Georgia	72	27
Ghana	56	49
Grecia	77	4
Guatemala	65	25
Guinea	44	33
Guinea-Bisa	39	44
Holanda	77	4
Honduras	66	22
Hong Kong	78	0
Hungría	69	7
India	61	32
Indonesia	60	19
Irlanda	75	10
Israel	76	2
Italia	77	3
Jamaica	74	5
Japón	79	2
Jordania	70	7
Kazakhstan	68	28
Kenia	59	27
Lao PDR	51	2
Latvia	69	24
Lesotho	60	11
Lituania	71	21
Madagascar	51	33
Malasia	71	7
Malawi	44	28
Mali	48	42
Marruecos	63	15
Mauricia	70	11
Mauritania	48	29
México	70	8
Moldavia	68	34
Mongolia	64	30
Mozambique	44	64
Myanmar	60	59
Namibia	59	12
Nepal	54	52
Nicaragua	67	30
Níger	46	37
Nigeria	52	27
Noruega	77	3
Nueva Zelan	76	2
Omán	70	4
Pakistán	59	27
Panamá	73	11
Papua Nueva	56	25
Paraguay	67	24
Perú	65	8
Polonia	70	7
Portugal	74	5
Puerto Rico	74	1
Reino Unido	76	3
Rep Centro-	47	44
Rep Checa	72	6
Rep Egipto	62	18
Rep Eslovac	71	6
Rep Iran	65	23
Rep Kyrgyz	66	28
Rep Siria	67	30
Rep-Dominic	68	18
Ruanda	46	41
Rumanía	70	19
Senegal	49	19
Sierra Leon	43	38
Singapur	75	0
Somalia	49	65
Sri-Lanka	72	26
Sudáfrica	63	4
Sudán	52	34
Suecia	78	2
Suiza	78	3
Tajikistan	69	33
Tanzania	51	61
Thailandia	69	12
Togo	55	36
Trinidad-To	71	3
Túnez	68	18
Turkmenista	66	4.2
Turquia	67	15
Ucrania	70	23
Uganda	43	57
Uruguay	72	11
Uzbekistan	69	33
Venezuela	70	5
Yemen	53	21
Zambia	48	16
Zimbabwe	60	22

El **coeficiente de correlación** se define como

$$r = r_{xy} = \frac{S_{xy}}{S_x S_y}$$

Como vemos directamente de la definición, el coeficiente de correlación mantiene el mismo signo que la covarianza y carece de unidades de medida. Además, toma siempre valores entre -1 y 1, lo que demostraremos en el Capítulo 6. Valores cercanos a 1 indican un alto grado de correlación directa o positiva, valores cercanos a -1 un alto grado de correlación inversa o negativa y valores cercanos a cero indican poca correlación entre las variables. Para medir el grado de relación lineal en términos absolutos se puede utilizar el **coeficiente de determinación**, que está definido como el cuadrado del coeficiente de correlación, es decir, r^2 y que siempre toma valores entre 0 y 1.

En el Ejemplo 5.1 el coeficiente de correlación es igual a -0.745 ($S_x^2 = 107.03$, $S_y^2 = 252.97$), y por tanto el coeficiente de determinación es 0.5547, lo que indica un apreciable grado de correlación lineal entre estas dos variables en el colectivo estudiado.

5.3 Efectos de las transformaciones lineales

Al igual que hicimos para valores típicos unidimensionales, vamos a analizar qué sucede con la covarianza y el coeficiente de correlación cuando realizamos transformaciones lineales en las variables.

Consideremos las transformaciones:

$$\begin{aligned} U &= aX + b \\ V &= cY + d \end{aligned}$$

donde a, b, c, d son parámetros reales. Los parámetros a y c indican cambios de escala mientras que b y d suponen traslaciones o cambios de origen.

Es decir, los valores que toman las variables transformadas son:

$$\begin{aligned} u_i &= ax_i + b \\ v_i &= cy_i + d \end{aligned}$$

para $i = 1, \ldots, N$.

Aplicando los resultados obtenidos en el Capítulo 2 para transformaciones univariantes tenemos que:

$$\overline{u} = a\overline{x} + b$$

$$\begin{aligned} \overline{v} &= c\overline{y}+d \\ S_u^2 &= a^2S_x^2 \\ S_v^2 &= c^2S_y^2 \end{aligned}$$

Veamos ahora qué ocurre con la covarianza.

$$\begin{aligned} S_{uv} &= \frac{1}{N}\sum_{i=1}^{N}(u_i-\overline{u})(v_i-\overline{v}) \\ &= \frac{1}{N}\sum_{i=1}^{N}\left[ax_i+b-(a\overline{x}+b)\right]\left[cy_i+d-(c\overline{y}+d)\right] \\ &= \frac{1}{N}\sum_{i=1}^{N}a(x_i-\overline{x})c(y_i-\overline{y}) = acS_{xy} \end{aligned}$$

Es decir, a la covarianza le afectan los cambios de escala pero no las traslaciones de las variables.

Para el coeficiente de correlación obtenemos

$$\begin{aligned} r_{uv} &= \frac{S_{uv}}{S_uS_v} = \frac{acS_{xy}}{|a|S_x|c|S_y} = \frac{ac}{|ac|}r_{xy} = \\ &= \begin{cases} r_{xy} & \text{si } ac>0 \\ -r_{xy} & \text{si } ac<0 \end{cases} \end{aligned}$$

Es decir, si los cambios de escala son del mismo signo, el coeficiente de correlación no cambia ante una transformación lineal de las variables.

En cualquier caso, el valor de r_{uv}^2 es siempre igual a r_{xy}^2.

A continuación, se presenta un ejemplo práctico en el que las transformaciones lineales son de utilidad para simplificar cálculos.

Ejemplo 5.2 Consideremos los datos de dos variables según la siguiente tabla:

X^Y	1.735	1.740	1.745	$n_{i\bullet}$
239	7	9	9	25
243	8	7	5	20
247	11	9	10	30
251	4	7	14	25
$n_{\bullet j}$	30	32	38	100

Si realizamos los cambios de variable:

$$U = \frac{X - 243}{4} \qquad V = \frac{Y - 1.740}{0.005}$$

la tabla se convierte en:

U \ V	-1	0	1	$n_{i\bullet}$
-1	7	9	9	25
0	8	7	5	20
1	11	9	10	30
2	4	7	14	25
$n_{\bullet j}$	30	32	38	100

con lo que los cálculos resultan más fáciles. Así, obtenemos los valores típicos asociados a la variable (U, V):

$$\begin{aligned}
\overline{u} &= \frac{1}{100}\sum_{i=1}^{4} u_i n_{i\bullet} = 0.55 \\
\overline{v} &= \frac{1}{100}\sum_{j=1}^{3} v_j n_{\bullet j} = 0.08 \\
S_u^2 &= a_2(u) - \overline{u}^2 = \frac{1}{100}\sum_{i=1}^{4} u_i^2 n_{i\bullet} - \overline{u}^2 = 1.2475 \\
S_v^2 &= a_2(v) - \overline{v}^2 = \frac{1}{100}\sum_{j=1}^{3} v_j^2 n_{\bullet j} - \overline{v}^2 = 0.6736 \\
S_{uv} &= a_{11} - \overline{u}\,\overline{v} = \frac{1}{100}\sum_{i,j} u_i v_j n_{ij} - \overline{u}\,\overline{v} = 0.126 \\
r_{uv} &= \frac{S_{uv}}{S_u S_v} = 0.137
\end{aligned}$$

y a partir de ellos, teniendo en cuenta que:

$$X = 4U + 243 \qquad Y = 0.005V + 1.740$$

los estadísticos asociados a la distribución de la variable (X, Y) son:

$$\begin{aligned}
\overline{x} &= 4\overline{u} + 243 = 245.2 \\
\overline{y} &= 0.005\overline{v} + 1.740 = 1.7404
\end{aligned}$$

$$
\begin{aligned}
S_x^2 &= 16S_u^2 = 19.96 \\
S_y^2 &= 0.005^2 S_v^2 = 0.00001609 \\
S_{xy} &= 4 \cdot 0.005 S_{uv} = 0.00252 \\
r_{xy} &= r_{uv} = 0.137
\end{aligned}
$$

5.3.1 Caso de variables centradas y tipificadas

Estudiamos el caso particular en el que las transformaciones lineales son las que centran o tipifican las variables.

Consideremos primero, el caso de centrar las variables, es decir,

$$C_x = X - \overline{x} \qquad C_y = Y - \overline{y}$$

La aplicación directa de las propiedades anteriores nos lleva a que:

$$
\begin{aligned}
S_{c_x c_y} &= S_{xy} \\
r_{c_x c_y} &= r_{xy}
\end{aligned}
$$

Es decir, centrar las variables no afecta a la covarianza ni al coeficiente de correlación.

Consideremos ahora el caso de tipificar las variables, es decir,

$$T_x = \frac{X - \overline{x}}{S_x} \qquad T_y = \frac{Y - \overline{y}}{S_y}$$

En este caso, aplicando las propiedades anteriores obtenemos que:

$$
\begin{aligned}
S_{t_x t_y} &= \frac{1}{S_x}\frac{1}{S_y} S_{xy} = r_{xy} \\
r_{t_x t_y} &= r_{xy}
\end{aligned}
$$

Este resultado nos dice que la covarianza entre variables tipificadas coincide con la correlación (siendo ésta última igual entre variables originales o tipificadas).

5.3.2 Efectos de la combinación lineal de variables

A veces nos interesan otro tipo de combinaciones como son la suma de dos variables $(X + Y)$, la diferencia $(X - Y)$ u otro tipo de combinación más general de la forma $U = aX + bY$.

Propiedades:

1) La variable $U = aX + bY$ tendrá como estadísticos principales, media y varianza:

$$\overline{u} = a\overline{x} + b\overline{y} \tag{5.6}$$

$$S_u^2 = a^2 S_x^2 + b^2 S_y^2 + 2abS_{xy} \tag{5.7}$$

Demostración:

$$\begin{aligned}
\overline{u} &= \frac{1}{N}\sum_{i=1}^{N} u_i = \frac{1}{N}\sum_{i=1}^{N}(ax_i + by_i) \\
&= \frac{1}{N}\sum_{i=1}^{N} ax_i + \frac{1}{N}\sum_{i=1}^{N} by_i = a\overline{x} + b\overline{y} \\
S_u^2 &= \frac{1}{N}\sum_{i=1}^{N}(u_i - \overline{u})^2 = \frac{1}{N}\sum_{i=1}^{N}\left[ax_i + by_i - (a\overline{x} + b\overline{y})\right]^2 \\
&= \frac{1}{N}\sum_{i=1}^{N}\left[a(x_i - \overline{x}) + b(y_i - \overline{y})\right]^2 \\
&= \frac{1}{N}\sum_{i=1}^{N}\left[a^2(x_i - \overline{x})^2 + b^2(y_i - \overline{y})^2 + 2ab(x_i - \overline{x})(y_i - \overline{y})\right] \\
&= a^2 S_x^2 + b^2 S_y^2 + 2abS_{xy}
\end{aligned}$$

En el caso particular de la **suma** de dos variables ($a = b = 1$) tenemos que:

$$\begin{aligned}
\overline{x + y} &= \overline{x} + \overline{y} \\
\mathrm{Var}(X + Y) = S_{x+y}^2 &= S_x^2 + S_y^2 + 2S_{xy}
\end{aligned}$$

Análogamente, obtenemos para la **diferencia** entre dos variables ($a = 1$ y $b = -1$):

$$\begin{aligned}
\overline{x - y} &= \overline{x} - \overline{y} \\
\mathrm{Var}(X - Y) = S_{x-y}^2 &= S_x^2 + S_y^2 - 2S_{xy}
\end{aligned}$$

2) La covarianza entre una variable y la combinación lineal de otras es la combinación lineal de las covarianzas. Es decir:

$$\mathrm{Cov}(Z, aX + bY) = S_{z,ax+by} = aS_{zx} + bS_{zy} \tag{5.8}$$

Demostración:

Para simplificar la demostración, consideramos inicialmente que las variables están centradas. Por tanto,

$$\begin{aligned} \text{Cov}(Z, aX + bY) &= \frac{1}{N}\sum_{i=1}^{N} z_i(ax_i + by_i) \\ &= a\frac{1}{N}\sum_{i=1}^{N} z_i x_i + b\frac{1}{N}\sum_{i=1}^{N} z_i y_i \\ &= aS_{zx} + bS_{zy} \end{aligned}$$

Así queda demostrada la propiedad (5.8) si las variables son centradas.

En el caso general en el que las variables no están centradas la propiedad (5.8) se sigue cumpliendo, ya que la covarianza no varía al centrar las variables.

También podemos establecer relaciones más generales entre variables que son a su vez combinaciones de otras. Así,

$$\begin{aligned} \text{Cov}(aX + bY, cZ + dU) &= ac\text{Cov}(X, Z) + bc\text{Cov}(Y, Z) \\ &+ \; ad\text{Cov}(X, U) + bd\text{Cov}(Y, U) \end{aligned}$$

Demostración:

Se reduce a utilizar la propiedad (5.8) dos veces.

5.4 Variables incorrelacionadas

Se dice que dos variables estadísticas están **incorrelacionadas** si la covarianza entre ellas es cero; o lo que es lo mismo, si el coeficiente de correlación es cero. A continuación, veremos algunas propiedades que tienen este tipo de variables.

Propiedad 1: En el caso de que X e Y sean dos variables incorrelacionadas es inmediato comprobar que si $U = aX + bY$ obtendremos, aplicando el resultado (5.7), que:

$$S_u^2 \;=\; S_{ax+by}^2 = a^2 S_x^2 + b^2 S_y^2$$

En el caso particular de la suma $X + Y$ $(a = b = 1)$ tenemos que:

$$S_{x+y}^2 \;=\; S_x^2 + S_y^2$$

Es decir, si dos variables estadísticas tienen covarianza nula, la varianza de su suma es igual a la suma de varianzas.

Propiedad 2: Si dos variables estadísticas cuantitativas se distribuyen de forma independiente, entonces están incorrelacionadas. Es decir,

$$\text{Independencia} \Rightarrow \text{Incorrelación} \tag{5.9}$$

mientras que, en general,

$$\text{Incorrelación} \not\Rightarrow \text{Independencia}$$

Este resultado indica que la condición de independencia es más fuerte que la condición de incorrelación, lo que tiene una intuición sencilla, que comprobaremos más adelante. La condición de independencia indica que no hay ningún tipo de relación entre las variables, mientras que la incorrelación indica que no hay relación **lineal** entre ellas. Por tanto, si hay independencia es claro que las variables están incorrelacionadas, mientras que lo contrario no tiene por qué darse; es decir, puede haber variables que no tengan relación lineal pero la tengan de otro tipo.

Demostración:

Para demostrar la implicación (5.9) basta comprobar que, para variables independientes, se cumple que $S_{xy} = 0$. Para ello, escribimos la covarianza de la forma

$$S_{xy} = \sum_{i=1}^{k}\sum_{j=1}^{l}(x_i - \overline{x})(y_j - \overline{y})f_{ij} \tag{5.10}$$

Recordemos que la condición de independencia se caracteriza por

$$f_{ij} = f_{i\bullet} f_{\bullet j}$$

para todo $i = 1, \ldots, k$ y $j = 1, \ldots, l$. Por tanto, sustituyendo en la expresión (5.10) obtenemos

$$\begin{aligned} S_{xy} &= \sum_{i=1}^{k}\sum_{j=1}^{l}(x_i - \overline{x})(y_j - \overline{y})f_{i\bullet} f_{\bullet j} \\ &= \sum_{i=1}^{k}(x_i - \overline{x})f_{i\bullet} \sum_{j=1}^{l}(y_j - \overline{y})f_{\bullet j} \\ &= m_1(x)m_1(y) = 0 \end{aligned}$$

ya que los momentos centrales de orden uno son nulos.

Propiedad 3: Si una variable está incorrelacionada con otras, está incorrelacionada con cualquier combinación lineal entre ellas.

Demostración:

Utilizando el resultado general (5.8), esta propiedad se demuestra directamente para el caso de dos variables. Es decir,

$$S_{xy} = S_{xz} = 0 \quad \Rightarrow \quad S_{x,ay+bz} = 0$$

La extensión al caso de trabajar con más variables se realiza directamente por recurrencia.

Capítulo 6

Regresión

6.1 Introducción

Ante un análisis estadístico en el que sean objeto de estudio dos o más variables, la covariación o variación conjunta de las mismas es de gran importancia, ya que sus similitudes o diferencias serán más frecuentemente consecuencia directa de la presencia o ausencia de relaciones funcionales que efecto de la casualidad.

Al tratar de analizar dicha covariación podemos utilizar dos tipos de técnicas:

1. Técnicas de regresión: mediante ellas trataremos de obtener una función matemática $Y = f(X_1, ..., X_n, a, b, ...)$ a través de la cual podamos calcular valores teóricos de la variable dependiente, Y, para valores dados de las variables independientes $X_1, ..., X_n$.

2. Técnicas de correlación: que nos permitirán obtener unos coeficientes, los cuales medirán la covariación entre las variables.

6.2 Regresión en R^2

En una distribución bidimensional de frecuencias, para una variable (X, Y), a cada valor de una variable le pueden corresponder varios de la otra. Véanse, por ejemplo, los datos de la Tabla 5.1, pág. 65; hay siete países cuyo porcentaje del PIB que procede del sector agrícola (valor de la variable Y) es del 2% y en la mayoría el valor de la esperanza de vida (variable X) es distinto. No obstante, una vez que tomemos una de las variables como independiente (por ejemplo, X) y estimemos una cierta relación funcional, $Y = f(X, a, b, ...)$, a cada valor de X le corresponderá un único valor de la variable dependiente Y.

Dicha función la obtendremos siguiendo un criterio de optimización y teniendo en cuenta el diagrama de dispersión o nube de puntos.

Pueden considerarse distintos métodos de regresión, de entre los que destacaremos:

1. Regresión de la media
2. Regresión mínimo cuadrática

   Regresión lineal

   Ajustes no lineales convertibles en lineales

Una vez efectuada la regresión, ésta nos servirá para predecir un valor de la variable dependiente dado otro de la variable independiente, siendo éste el fin último del análisis de la relación entre las variables.

Sea cual sea el método elegido, podemos efectuar dos regresiones distintas, la de Y con respecto a X o la de X con respecto a Y.

6.2.1 Regresión de la media

Si efectuamos la regresión de la media de Y con respecto a X, a cada valor x_i, $i = 1, ..., k$, le hacemos corresponder el valor medio $\overline{y}|x_i$ de la distribución condicionada $(Y|X = x_i)$. En este caso, para los distintos valores x_i, con $i = 1, ..., k$, los valores medios condicionados de la variable Y serán:

$$\begin{aligned} \overline{y}|x_1 &= \sum_{j=1}^{l} y_j f_{j|X=x_1} \\ \overline{y}|x_2 &= \sum_{j=1}^{l} y_j f_{j|X=x_2} \\ \vdots &= \quad \vdots \\ \overline{y}|x_k &= \sum_{j=1}^{l} y_j f_{j|X=x_k} \end{aligned}$$

Uniendo los puntos $(x_i, \overline{y}|x_i)$, $i = 1, ..., k$ se forma una **curva** llamada **de regresión de la media**.

6.2.2 Regresión mínimo cuadrática

Ante una nube de puntos para dos variables estadísticas (X e Y), podemos pensar en la existencia de una relación funcional entre ellas del tipo

$Y = f(X, a, b, ...)$, en cuyo caso X se denomina variable independiente, explicativa o regresor e Y variable dependiente, a explicar o regresando. Dependiendo de la forma de dicha nube tomaremos una función u otra como $f(X, a, b, ...)$.

La regresión mínimo cuadrática determina los parámetros (a, b, ...) de forma que sea mínima la expresión

$$\sum_{i=1}^{N}[y_i - f(x_i, a, b, ...)]^2$$

El caso más simple y no por ello menos práctico, es aquél en el que se selecciona una función lineal, $f(X, a, b) = a + bX$.

6.3 Regresión lineal mínimo cuadrática en $\mathbf{R}^2$

6.3.1 Recta de regresión mínimo-cuadrática

Dada la nube de puntos (x_i, y_i), $i = 1, ..., N$, donde están contados todos los pares repetidos o no, y elegida como función de ajuste $\hat{Y} = a + bX$, obtenemos para cada valor de X, x_i, dos valores de Y: el valor y_i observado en la nube de puntos y el valor estimado $\hat{y}_i$ que se obtiene al sustituir $X = x_i$ en la recta anterior, $\hat{y}_i = a + bx_i$ (véase la Figura 6.1).

Definición 6.1 *Se denomina* **error o residuo**, *y se denota por* e_i, *a la diferencia entre el valor observado* y_i *y el estimado* $\hat{y}_i$*; es decir,* $e_i = y_i - \hat{y}_i$, $i = 1, ..., N$.

El criterio mínimo cuadrático consiste en determinar a y b tales que minimicen la suma de los cuadrados de los residuos.

Por tanto, el problema que debemos resolver es:

$$\min_{a,b} \Phi(a, b) = \sum_{i=1}^{N} e_i^2 = \sum_{i=1}^{N}(y_i - \hat{y}_i)^2 = \sum_{i=1}^{N}(y_i - a - bx_i)^2 \tag{6.1}$$

La condición necesaria para que Φ tenga un mínimo, es que las primeras derivadas parciales respecto de cada uno de los parámetros a y b se anulen, es decir:

$$\frac{\partial \Phi}{\partial a} = 0 \quad \Rightarrow \quad -2\sum_{i=1}^{N}(y_i - a - bx_i) = 0 \Rightarrow$$

$$\Rightarrow \quad Na + b\sum_{i=1}^{N} x_i = \sum_{i=1}^{N} y_i \tag{6.2}$$

Figura 6.1: Representación gráfica del error de la regresión mínimo-cuadrática en $\mathbf{R}^2$

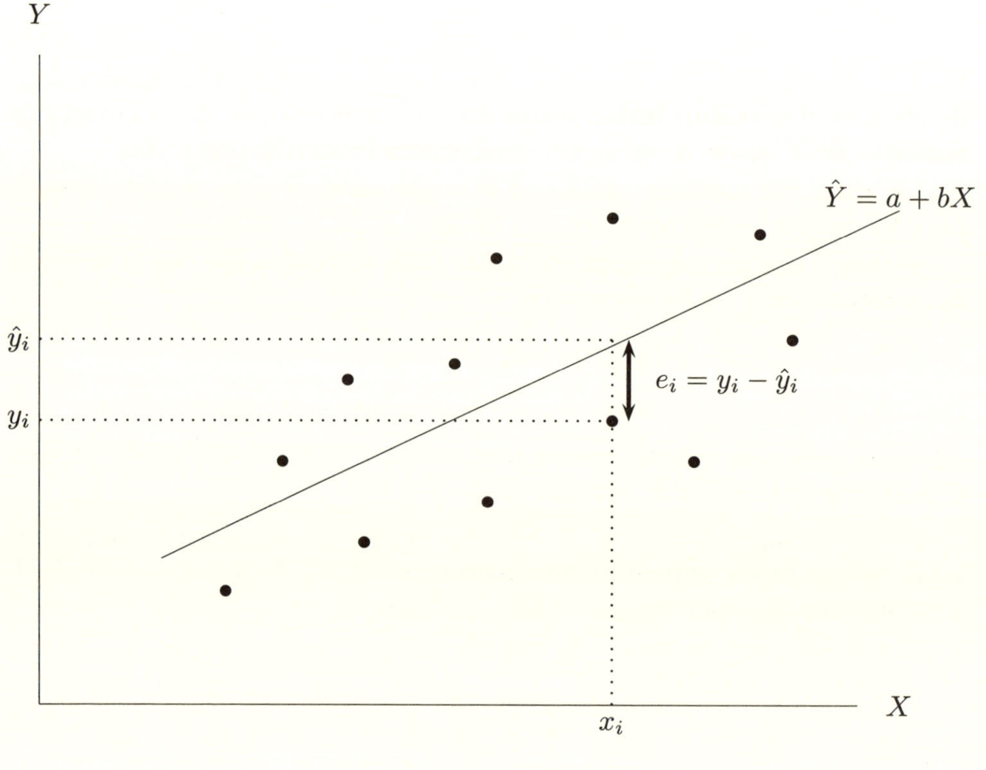

$$\frac{\partial\Phi}{\partial b} = 0 \quad\Rightarrow\quad -2\sum_{i=1}^{N}(y_i - a - bx_i)x_i = 0 \Rightarrow$$

$$\Rightarrow\quad a\sum_{i=1}^{N} x_i + b\sum_{i=1}^{N} x_i^2 = \sum_{i=1}^{N} x_i y_i \qquad (6.3)$$

Al sistema formado por las ecuaciones (6.2) y (6.3) se le suele denominar **sistema de ecuaciones normales.**

Resolviendo el sistema de ecuaciones normales, se obtienen los valores:

$$a = \bar{y} - b\bar{x} \qquad (6.4)$$

$$b = \frac{S_{xy}}{S_x^2} \qquad (6.5)$$

donde a es el **término independiente** y b, coeficiente de X en la recta de regresión de Y sobre X, es denominado **coeficiente de regresión.**

La condición suficiente para que Φ tenga un mínimo se cumple siempre para los valores obtenidos en (6.4) y (6.5).

Sustituyendo los valores de a y b obtenidos en (6.4) y (6.5) en la ecuación de la recta $\hat{Y} = a + bX$, llegamos a:

$$\hat{Y} - \overline{y} = \frac{S_{xy}}{S_x^2}(X - \overline{x}) \qquad (6.6)$$

expresión utilizada habitualmente para calcular la Regresión Lineal Mínimo Cuadrática (RLMC) de Y en función de X.

A continuación, veremos cómo obtener la RLMC de Y en función de X pero trabajando de forma matricial.

Si consideramos la matriz $\mathbf{X}$ definida como:

$$\begin{pmatrix} 1 & x_1 \\ 1 & x_2 \\ \vdots & \vdots \\ 1 & x_N \end{pmatrix}$$

y los vectores $\vec{b} = (a, b)^T$ e $\vec{y} = (y_1, ..., y_N)^T$, entonces se tiene que[1]:

$$\mathbf{X}^T\mathbf{X} = \begin{pmatrix} N & \sum x_i \\ \sum x_i & \sum x_i^2 \end{pmatrix} \quad \text{y} \quad \mathbf{X}^T\vec{y} = \begin{pmatrix} \sum y_i \\ \sum x_i y_i \end{pmatrix} \qquad (6.7)$$

[1]En adelante todos los sumatorios están extendidos desde 1 hasta N.

Sea $\vec{\hat{y}}$ el vector de valores estimados:

$$\vec{\hat{y}} = \begin{pmatrix} \hat{y}_1 \\ \hat{y}_2 \\ \vdots \\ \hat{y}_N \end{pmatrix} = \begin{pmatrix} a + bx_1 \\ a + bx_2 \\ \vdots \\ a + bx_N \end{pmatrix} = \mathbf{X}\vec{b}$$

Entonces, el vector de residuos $\vec{e}$ es igual a:

$$\vec{e} = \begin{pmatrix} e_1 \\ e_2 \\ \vdots \\ e_N \end{pmatrix} = \vec{y} - \vec{\hat{y}} = \vec{y} - \mathbf{X}\vec{b}$$

En estos términos, el problema (6.1) se expresa como

$$\min_{\vec{b}} \vec{e}^T\vec{e} = (\vec{y} - \mathbf{X}\vec{b})^T(\vec{y} - \mathbf{X}\vec{b}) = (\vec{y}^T\vec{y} - 2\vec{b}^T\mathbf{X}^T\vec{y} + \vec{b}^T\mathbf{X}^T\mathbf{X}\vec{b}) \tag{6.8}$$

y derivando vectorialmente respecto de $\vec{b}$ (véase Apéndice B, pág. 267), obtenemos:

$$\frac{\partial\vec{e}^T\vec{e}}{\partial\vec{b}} = -2\mathbf{X}^T\vec{y} + 2\mathbf{X}^T\mathbf{X}\vec{b} = \vec{0} \tag{6.9}$$

de donde

$$\mathbf{X}^T\mathbf{X}\vec{b} = \mathbf{X}^T\vec{y} \tag{6.10}$$

Esta expresión es igual al sistema formado por las ecuaciones normales (6.2) y (6.3) expresado matricialmente; como se comprueba si en (6.10) sustituimos $\mathbf{X}^T\mathbf{X}$ y $\mathbf{X}^T\vec{y}$ por su expresión dada en (6.7).

Si $\det(\mathbf{X}^T\mathbf{X}) \neq 0$, la solución del sistema (6.10) existe y es igual a:

$$\vec{b} = (\mathbf{X}^T\mathbf{X})^{-1}\mathbf{X}^T\vec{y} \tag{6.11}$$

Las componentes del vector $\vec{b}$ obtenido mediante la expresión (6.11) son idénticas a las obtenidas en (6.4) y (6.5). No existen ventajas en usar la expresión matricial (6.11) cuando se trabaja con sólo dos variables (como en el presente curso). Sin embargo, esta será la forma habitual de trabajar en cursos posteriores cuando se estudie la regresión para más de dos variables.

6.3.2 Propiedades de la RLMC

A continuación veremos interesantes propiedades de la regresión lineal mínimo cuadrática. En la sección anterior aparecen dos nuevas variables estadísticas: la variable estimada, $\hat{Y}$, y la variable error, e. Estas variables están relacionadas con las variables X e Y de la siguiente manera: $\hat{Y} = a + bX$ y $e = Y - \hat{Y}$. Las nuevas variables tendrán, como cualquier variable, sus valores típicos: medias ($\bar{\hat{y}}$, $\bar{e}$), varianzas ($S^2_{\hat{y}}$, S^2_e), etc. Algunas de las propiedades relacionan los valores típicos principales (medias, varianzas y covarianzas) para estas variables.

1. La recta de regresión pasa por el centro de gravedad de la nube, es decir, por el punto de medias $(\overline{x}, \overline{y})$.

   Demostración:

   Nótese que de la expresión (6.4) se deduce directamente que $\bar{y} = a + b\bar{x}$, es decir, el punto de medias $(\overline{x}, \overline{y})$ cumple la ecuación de la recta de regresión.

2. La media de los errores es cero: $\bar{e} = 0$

   Demostración:

   En la primera ecuación normal, expresión (6.2), obtuvimos que:

   $$\sum_{i=1}^{N}(y_i - a - bx_i) = 0 \Rightarrow \sum_{i=1}^{N}(y_i - \hat{y}_i) = 0 \Rightarrow \sum_{i=1}^{N} e_i = 0 \qquad (6.12)$$

3. La media de los valores estimados es igual a la de los observados: $\bar{\hat{y}} = \bar{y}$

   Demostración:

   Se deduce directamente de la propiedad anterior y de la definición de los errores.

4. La variable explicativa, X, y la variable error, e, están incorrelacionadas: $S_{xe} = 0$

   Demostración: En la segunda ecuación normal, expresión (6.3), obtuvimos que:

   $$\sum_{i=1}^{N}(y_i - a - bx_i)x_i = 0 \Rightarrow \sum_{i=1}^{N} e_i x_i = 0$$

   Puesto que los errores tienen media cero, $S_{xe} = \frac{1}{N}\sum_{i=1}^{N} x_i e_i = 0$.

5. La variable estimada $\hat{Y}$ y la variable error e están incorrelacionadas: $S_{\hat{y}e} = 0$

   Demostración:

   $S_{\hat{y}e} = S_{(a+bx)e} = bS_{xe} = 0$

6. Descomposición aditiva de la varianza: la **varianza total**, S_y^2, es igual a la suma de la **varianza estimada**, $S_{\hat{y}}^2$, y la **varianza residual**, S_e^2:

$$S_y^2 = S_{\hat{y}}^2 + S_e^2$$

   Demostración:

   Teniendo en cuenta que $Y = \hat{Y} + e$ y puesto que ambas variables $(\hat{Y}, e)$ están incorrelacionadas, sabemos que la varianza de la suma es la suma de las varianzas.

7. El coeficiente de determinación, r^2, es igual a la proporción de varianza explicada sobre la varianza total:

$$r^2 = \frac{S_{\hat{y}}^2}{S_y^2} \tag{6.13}$$

   Demostración:

$$\begin{aligned} S_{\hat{y}}^2 &= S_{bx+a}^2 = b^2 S_x^2 = \left(\frac{S_{xy}}{S_x^2}\right)^2 S_x^2 = \frac{S_{xy}^2}{S_x^2} \\ &= \frac{S_{xy}^2}{S_x^2 S_y^2} S_y^2 = r^2 S_y^2 \\ &\Rightarrow \quad r^2 = \frac{S_{\hat{y}}^2}{S_y^2} \end{aligned}$$

8. La varianza residual se puede obtener como:

$$S_e^2 = (1 - r^2) S_y^2 \tag{6.14}$$

   Por tanto, $(1 - r^2)$ indica el porcentaje de varianza residual.

   Demostración:

   Se deduce de las dos propiedades anteriores.

6.3.3 Coeficiente de determinación

Ahora resulta muy sencillo demostrar que efectivamente el cuadrado del coeficiente de correlación, r^2, está comprendido entre 0 y 1.

Demostración:

De la propiedad (6.14), y dado que las varianzas son siempre no negativas, se deduce que el término $(1 - r^2)$ ha de ser también no negativo, con lo que se tiene el resultado.

Por tanto, el coeficiente de correlación, r, está comprendido entre -1 y 1. Como hemos visto en la propiedad (6.13), su cuadrado, el coeficiente de determinación, se interpreta como la proporción de varianza explicada sobre la total.

Nótese que si queremos realizar la regresión de X sobre Y, el desarrollo es totalmente análogo al realizado anteriormente, intercambiando los papeles de las variables X e Y, de forma que ahora $\hat{X} = a + bY$.

En particular, el nuevo coeficiente b de esta regresión es $b = \dfrac{S_{xy}}{S_y^2}$ y la expresión de la recta de regresión es:

$$\hat{X} - \overline{x} = \frac{S_{xy}}{S_y^2}(Y - \overline{y}) \tag{6.15}$$

En caso de trabajar simultáneamente con ambas regresiones, es útil denotar por b_{xy} al coeficiente de regresión de X sobre Y, $\hat{X}(Y)$, y por b_{yx} al de Y sobre X, $\hat{Y}(X)$.

El coeficiente de regresión lineal es la pendiente de la recta de regresión. Así b_{yx} nos mide la tasa de incremento de Y para variaciones de X. Es decir, b_{yx} indica la variación de la variable Y para un incremento unitario de X.

Es inmediato comprobar que el coeficiente de determinación resulta del producto de ambos coeficientes de regresión:

$$b_{xy}b_{yx} = \frac{S_{xy}}{S_y^2}\frac{S_{xy}}{S_x^2} = r^2 \tag{6.16}$$

6.3.4 Estudio del signo del coeficiente de correlación y de los coeficientes de regresión. Bondad del ajuste

Dado que:

$$r_{xy} = r_{yx} = \frac{S_{xy}}{S_x S_y}, \qquad b_{xy} = \frac{S_{xy}}{S_y^2}, \qquad b_{yx} = \frac{S_{xy}}{S_x^2}$$

y debido a que tanto varianzas como desviaciones típicas son siempre positivas, estos coeficientes tendrán siempre el mismo signo que la covarianza entre las variables. Es decir, si la correlación (y por tanto la covarianza) es positiva, las pendientes de las dos rectas de regresión, $\hat{X}(Y)$ e $\hat{Y}(X)$, serán positivas. Análogamente sucederá en el caso de tener una covarianza negativa.

En términos del coeficiente de correlación, podemos realizar el siguiente análisis gráfico:

1. Si $r = -1 \Rightarrow S_{xy} = -S_x S_y$ y $S_e^2 = 0$.

   Ambas rectas coinciden, (es decir el ángulo formado es de 0º) y tienen pendiente negativa.

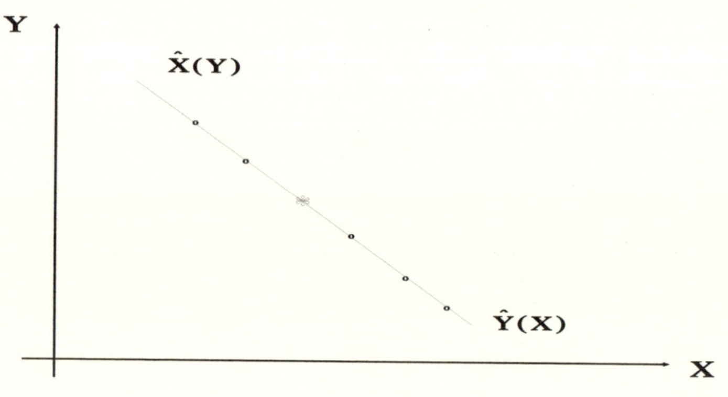

2. Si $r = 1 \Rightarrow S_{xy} = S_x S_y$ y $S_e^2 = 0$.

   Ambas rectas coinciden, (es decir el ángulo formado es de 0º) y tienen pendiente positiva.

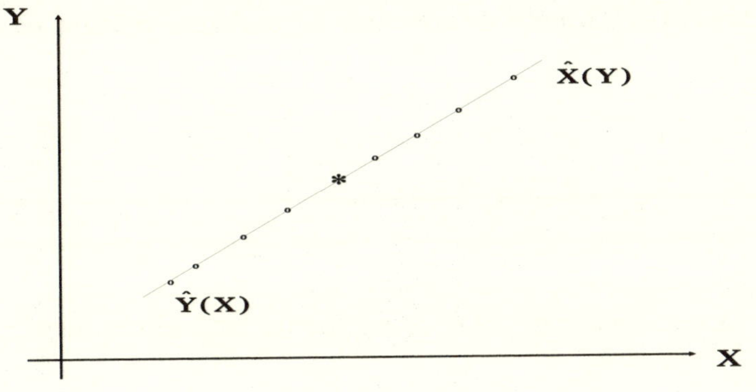

3. Si hay incorrelación ($r_{xy} = S_{xy} = 0$), la rectas obtenidas serán $\hat{Y} = \bar{y}$ y $\hat{X} = \bar{x}$, con lo que gráficamente se observa que son paralelas a los ejes y perpendiculares entre sí.

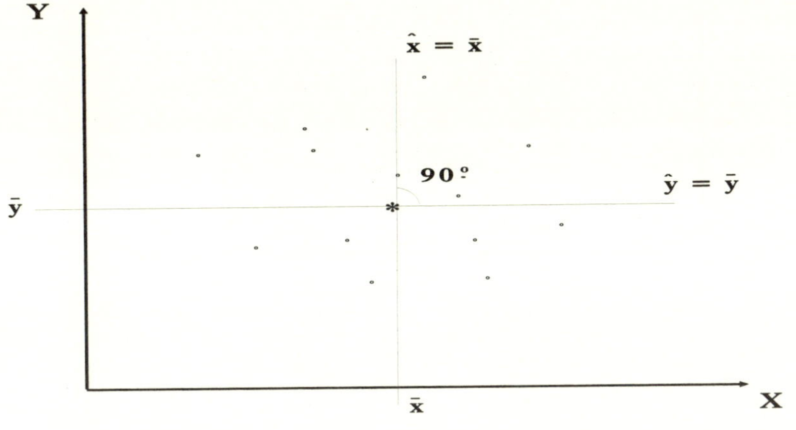

En este caso el ángulo formado por las rectas es igual a 90°. La variable X no explica linealmente a Y, y por lo tanto la varianza explicada, $S^2_{\hat{y}} = 0$, es nula.

Obsérvese que en los casos extremos $r = 1$ y $r = -1$ la correlación es total o perfecta, por lo que todos los puntos de la nube estarán sobre la recta de regresión, $y_i = \hat{y}_i$, $i = 1, ..., N$; en este caso decimos que el ajuste es perfecto.

Por tanto, la bondad del ajuste se puede determinar por el valor del r^2. Si este está cercano a uno, el ajuste será bueno, mientras que si su valor está cercano a cero, diremos que se trata de un mal ajuste. Nótese que, según vimos en la propiedad (6.13), r^2 mide la proporción de varianza explicada en ambas regresiones, $r^2 = \frac{S_{\hat{y}}^2}{S_y^2} = \frac{S_{\hat{x}}^2}{S_x^2}$.

Ahora podemos justificar la asociación de la covarianza, S_{xy}, y de los coeficientes r_{xy} y r_{xy}^2 a relación **lineal** entre las variables X e Y.

- S_{xy} indica el signo de la relación lineal pero no el grado o intensidad de esa relación.
- r_{xy} indica tanto el signo como el grado de relación lineal.
- r_{xy}^2 indica sólo el grado de relación lineal.

Ejemplo 6.1 En un estudio sobre el desarrollo agrícola de España en los años de posguerra se leen los datos siguientes sobre la *Superficie cultivada de trigo* (en 10^3 Ha.), X, y *Producción de trigo* (en 10^6 Qm.), Y:

	1946	1947	1948	1049	1950	1951	1952
X	50	51	52	54	58	63	64
Y	2	2.4	2.3	2.6	2.5	2.9	3.3

A partir de los datos de la tabla se calculan los siguientes estadísticos:

$$\begin{aligned} \overline{x} &= 56, \quad \overline{y} = 2.5714 \\ S_x^2 &= 28.2857, \quad S_y^2 = 0.1535, \quad S_{xy} = 1.9 \end{aligned}$$

Sustituyendo estos valores en la expresión general de la recta de RLMC, expresión (6.6), se obtiene su ecuación para estos datos:

$$(\hat{Y} - 2.5714) = \frac{1.9}{28.2857}(X - 56) \implies \hat{Y} = 0.0672X - 1.1902$$

En Figura 6.2 aparece representada esta recta en la nube de puntos.

El coeficiente de determinación nos indica la bondad del ajuste efectuado:

$$r^2 = (0.9119)^2 = 0.832$$

Figura 6.2: Recta de regresión lineal mínimo cuadrática (RLMC) de la producción en la superficie.

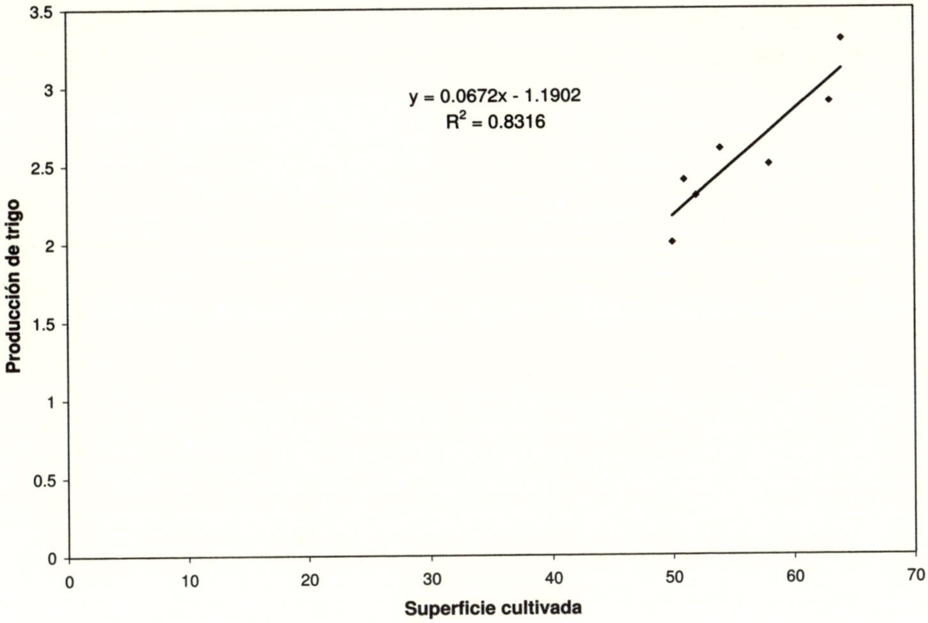

Se trata de un buen ajuste ya que consigue explicar un porcentaje alto, el 83.2%, de la variación de la producción de trigo en función de la superficie cultivada.

El valor estimado de la producción para 50000 Ha., según la regresión calculada, es:

$$\hat{Y}(50) = 0.0672(50) - 1.1902 = 2.17(10^6 \text{ Qm.})$$

Como se observa en la tabla la variable X toma el valor 50 para el año 1946, en ese año el valor real de Y fue 2, por tanto, el error de la estimación anterior es:

$$e(1946) = 2 - 2.17 = -0.17(10^6 \text{ Qm.})$$

Ejemplo 6.2 En el Ejemplo 5.1, pág. 63, habíamos analizado la covarianza y la correlación entre las variables X= esperanza media de vida e Y= % PIB en agricultura, en 132 países. Para estos datos, se obtienen los siguientes resultados:

$$\overline{x} = 64.5, \quad \overline{y} = 19.4$$

$$S_x^2 = 107.03, \quad S_y^2 = 252.97, \quad S_{xy} = -122.6$$

Vimos que había una correlación negativa fuerte, $r = -0.745$, entre estas dos variables. Ahora, podemos calcular la recta de regresión que recoge esa relación lineal inversa y permite estimar Y en función de X, aplicando la expresión (6.6):

$$\hat{Y} - 19.4 = \frac{-122.6}{107.03}(X - 64.5)$$

$$\hat{Y} = -1.1451X + 93.342$$

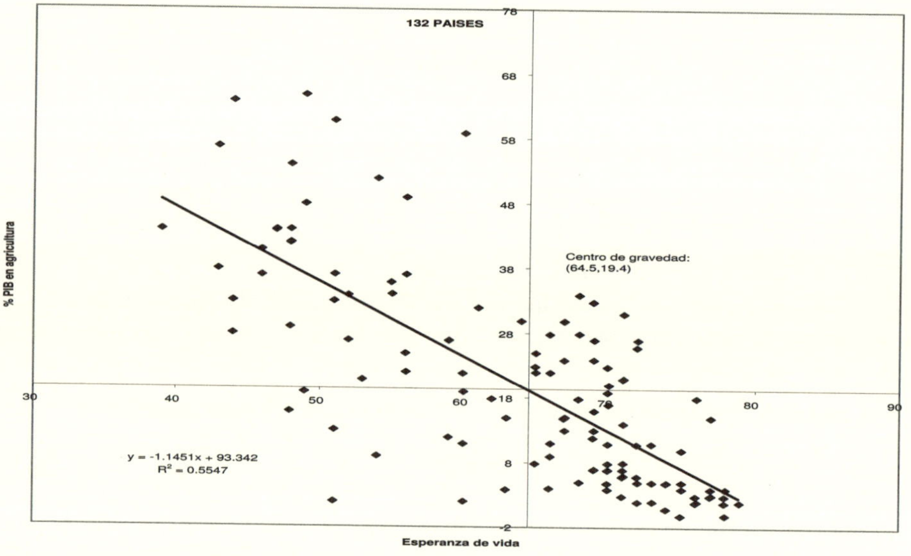

Figura 6.3: Nube de puntos y RRLMC.

En la Figura 6.3 representamos la nube de puntos junto con la recta de regresión. El valor del coeficiente de determinación aparece en la misma figura.

Figura 6.4: Ejemplos de funciones potenciales.

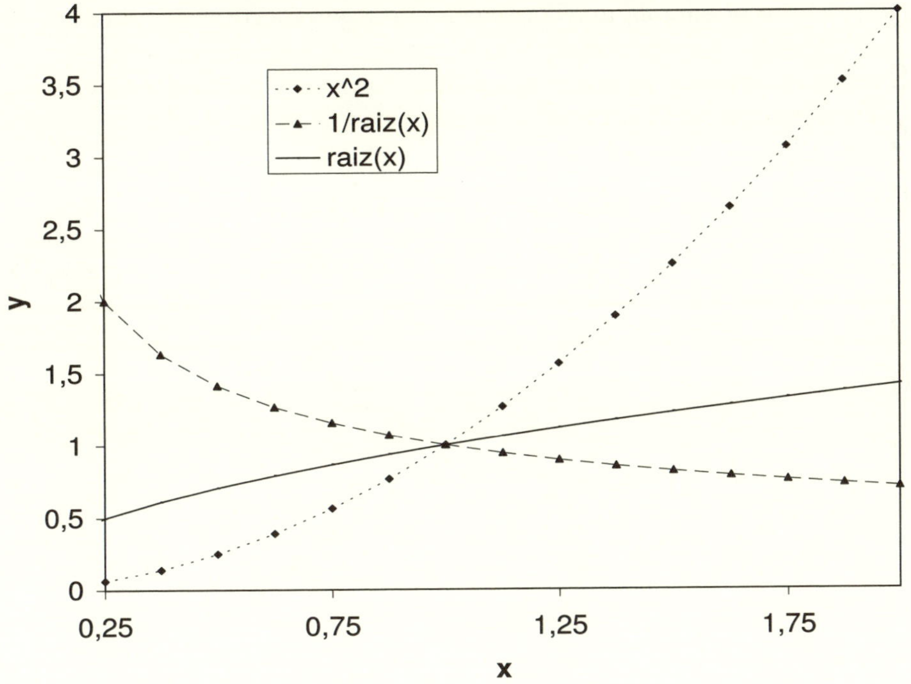

6.4 Ajustes no lineales convertibles en lineales

Según sea la forma de la nube de puntos, nos puede parecer apropiado ajustar un modelo lineal:

$$\hat{Y} = a + bX,$$

que es el que hemos estudiado hasta ahora, o bien algún otro no lineal como pueden ser los modelos potencial y exponencial.

Un **modelo potencial** se ajusta a la siguiente expresión general:

$$\hat{Y} = aX^b \tag{6.17}$$

En la Figura 6.4 se representan algunos ejemplos de funciones potenciales. La forma de la curva depende del valor del parámetro b.

La expresión general de un **modelo exponencial** es:

$$\hat{Y} = ae^{bX} \tag{6.18}$$

En la Figura 6.5 aparece representada una función exponencial.

Cuando se observa (en los datos o en la forma de la nube de puntos) que la relación estadística entre las variables en estudio queda mejor recogida

Figura 6.5: Ejemplo de función exponencial

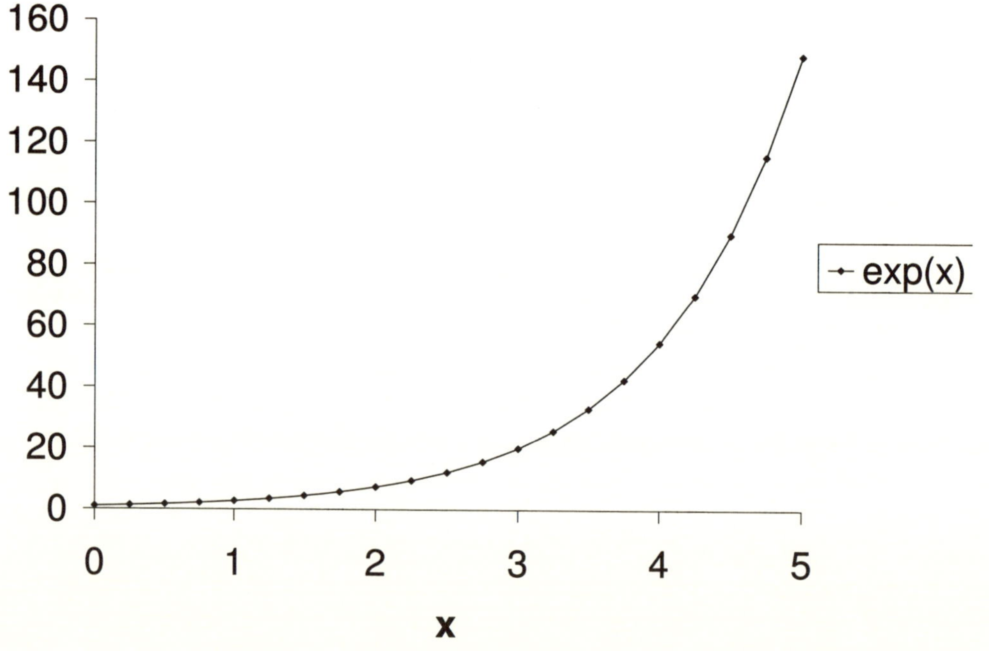

mediante una función potencial o exponencial, conviene ajustar este tipo de funciones. Estos ajustes no lineales pueden transformarse en lineales tomando logaritmos, tal y como se indica a continuación.

- **Modelo potencial.** Se trata de calcular el valor de los parámetros a y b de este modelo. Tomando logaritmos en la expresión (6.17) obtenemos[2]:

  $$\hat{Y} = aX^b \implies \ln \hat{Y} = \ln a + b \ln X \implies \ln \hat{Y} = a' + b \ln X$$

  donde la última expresión se corresponde con el ajuste lineal entre las variables tranformadas $\ln Y$ y $\ln X$, siendo el parámetro $a' = \ln a$. Entonces, aplicando las fórmulas propias del ajuste lineal para estas variables transformadas, podemos obtener el valor de los parámetros a' y b. A partir del valor de a' se obtiene el valor de parámetro a, como su antilogaritmo.

- **Modelo exponencial**. Tomando logaritmos en la expresión (6.18) obtenemos[3]:

  $$\hat{Y} = ae^{bX} \implies \ln \hat{Y} = \ln a + bX \implies \ln \hat{Y} = a' + bX$$

[2]Pueden utilizarse logaritmos neperianos, logaritmos en base 10 o en cualquier otra base.

[3]En este caso hay que utilizar logaritmos neperianos.

De nuevo, $a' = \ln a$ y la última expresión se corresponde con un ajuste lineal, pero ahora entre la variable tranformada $\ln Y$ y X. Con los valores de estas variables y mediante las fórmulas propias del ajuste lineal, podemos obtener el valor de los parámetros a' y b. Y, en consecuencia, obtener el valor del parámetro a a partir del valor de a'.

Ejemplo 6.3 Consideramos el modelo de crecimiento de Harrod-Domar[4]:

$$Y_t = y_0 e^{bt} \tag{6.19}$$

donde y_0 es la renta inicial, b es un parámetro, t representa la variable periodo de tiempo, e Y_t es el valor de la variable renta Y en el periodo t. Queremos ajustar este modelo, es decir, estimar el valor de los parámetros y_0 y b para los siguientes datos de 10 periodos:

t	1	2	3	4	5	6	7	8	9	10
Y_t	11	12.5	14	14.5	16	19	20	23	24.1	27

Tomando logaritmos en la expresión (6.19), se obtiene un modelo lineal del tipo $Z_t = a + bt$:

$$Y_t = y_0 e^{bt} \implies \ln Y_t = \ln y_0 + bt \implies Z_t = a + bt$$

donde $Z_t = \ln Y_t$ y $a = \ln y_0$.

A continuación, realizamos el ajuste mínimo-cuadrático del modelo lineal obtenido. Para ello, con los datos disponibles se obtienen los siguientes valores típicos para las variables $Z = \ln Y$ y t:

$$S_{zt} = 0.8145, \quad S_z^2 = 0.0811, \quad S_t^2 = 8.25, \quad \bar{t} = 5.5, \quad \bar{z} = 2.856$$

Entonces:

$$b = \frac{S_{zt}}{S_t^2} = 0.0987$$
$$a = \bar{z} - b\bar{t} = 2.313$$

Por tanto, la ecuación de la recta de ajuste es:

$$Z_t = 2.313 + 0.0987t$$

[4]Un ejemplo muy similar puede encontrarse en [Martín Pliego, 1994].

Bondad del ajuste:

$$r_{zt}^2 = \frac{S_{zt}^2}{S_z^2 S_t^2} = 0.991$$

Con el ajuste realizado se explica el 99.1% de la varianza total, por tanto, tenemos un ajuste casi perfecto.

A partir de la estimación del parámetro a, obtenemos el valor estimado de y_0:

$$a = \ln y_0 = 2.313 \Longrightarrow y_0 = 10.104$$

Entonces, la estimación del Modelo de Harrod-Domar para estos datos es:

$$\hat{Y}_t = 10.104e^{0.0987t}$$

El valor estimado de la renta para el periodo t=12, según este modelo, es:

$$\hat{Y}_{12} = 10.104e^{(0.0987)12} = 33.027$$

6.5 Correlación parcial

Consideremos la evolución conjunta de dos variables estadísticas, como pueden ser el salario de los sacerdotes y el precio del ron de Jamaica. Si por el motivo que fuere, calculásemos el coeficiente de correlación entre ambas, es probable que el resultado fuera un valor muy alto y positivo (ya que las dos variables han ido aumentando a lo largo del tiempo). ¿Querría esto decir que realmente hay una dependencia entre ellas?

¡A ningún economista se le ocurriría pensar que para conseguir una disminución del precio del ron de Jamaica lo que hay que hacer es bajarle el sueldo a los sacerdotes!

Esto nos lleva a distinguir lo que son correlaciones espurias, dadas por causas ajenas a las variables consideradas, y correlaciones causales, que reflejan una clara dependencia entre ellas. En este sentido la correlación obtenida en este primer ejemplo sería del primer tipo, debida a la interacción de una tercera variable (o de más) como pueda ser la inflación. Esta variable, por su parte, sí podría tener una correlación positiva con ambas y ser el reflejo de una relación causa efecto entre ambas. Es posible que si aumenta la inflación esto revierta en un aumento de precios y salarios.

En definitiva, nuestro interés en esta sección es definir un concepto de correlación que permita el control de los efectos de otras variables.

Tomemos como referencia un nuevo ejemplo.

Ejemplo 6.4 Un investigador trata de estudiar las causas de la tasa de criminalidad en algunas ciudades americanas. Para ello, considera los datos referentes a las cuatro variables siguientes:

X_1 : porcentaje de población de color.

X_2 : porcentaje de población con ingresos menores de 3000 dólares.

X_3 : tamaño de la ciudad.

X_4 : tasa de criminalidad.

Con dichos datos se ha obtenido la siguiente matriz de correlación[5]:

$$R = \begin{pmatrix} 1 & 0.51 & 0.41 & 0.36 \\ & 1 & 0.29 & 0.60 \\ & & 1 & 0.49 \\ & & & 1 \end{pmatrix} \qquad (6.20)$$

Se observa en la matriz anterior que hay una correlación positiva, aunque no muy alta, entre tasa de criminalidad (X_4) y porcentaje de población de color (X_1), $r_{14} = 0.36$. También se observan correlaciones positivas y más elevadas entre pobreza (X_2) y masificación de la ciudad (X_3) con X_4, a la vez que correlaciones positivas de esas mismas variables con X_1.

El investigador se pregunta hasta qué punto la correlación total observada entre criminalidad y población de color es real o bien es debida a la influencia de otras variables como X_2 y X_3. Para responder a esa pregunta, el investigador debe eliminar la influencia de estas últimas variables y analizar después los cambios en las correlaciones. Eliminar el efecto que una variable pueda tener en la relación de otras dos se conseguiría estudiando la relación entre ellas en un entorno donde la que queremos eliminar no tuviera niguna variación, o lo que es lo mismo, dicha variable permaneciera constante. Crear este entorno no es posible en la mayoría de los casos de estudio y por ello definimos el concepto de correlación parcial.

6.5.1 Correlación parcial en $\mathbf{R}^3$

Definición 6.2 *Se denomina* **correlación parcial** *entre X_1 y X_2 eliminando la influencia de X_3, y se denota por $r_{12\bullet 3}$, a la correlación total u observada entre los residuos de la regresión de cada una de las variables X_1 y X_2 en la variable X_3.*

[5]Véase el Apéndice B.4, pág. 265.

Es decir,

$$r_{12\bullet 3} = \text{Corr}(e_{1\bullet 3}, e_{2\bullet 3}) = \frac{\text{Cov}(e_{1\bullet 3}, e_{2\bullet 3})}{\sqrt{\text{Var}(e_{1\bullet 3})}\sqrt{\text{Var}(e_{2\bullet 3})}} \tag{6.21}$$

donde

$$\begin{aligned} e_{1\bullet 3} &= X_1 - \hat{X}_1(X_3) = (X_1 - \overline{x}_1) - \frac{S_{13}}{S_3^2}(X_3 - \overline{x}_3) \\ e_{2\bullet 3} &= X_2 - \hat{X}_2(X_3) = (X_2 - \overline{x}_2) - \frac{S_{23}}{S_3^2}(X_3 - \overline{x}_3) \end{aligned} \tag{6.22}$$

Por tanto, el coeficiente de correlación parcial así definido mide el grado de correlación lineal existente entre X_1 y X_2 después de haber eliminado sobre ambas la influencia lineal de X_3.

A partir de la definición (6.21) podemos obtener una expresión más sencilla en términos de las correlaciones totales r_{12}, r_{13}, r_{23}. Para ello, en primer lugar tengamos en cuenta que el coeficiente de correlación no varía por transformaciones lineales directas en las variables. En particular, podemos considerar que las variables están tipificadas. En este caso, las expresiones en (6.22) son:

$$\begin{aligned} e_{1\bullet 3} &= T_1 - r_{13}T_3 \\ e_{2\bullet 3} &= T_2 - r_{23}T_3 \end{aligned} \tag{6.23}$$

donde T_j denota la variable X_j tipificada.

Así,

$$\begin{aligned} \text{Cov}(e_{1\bullet 3}, e_{2\bullet 3}) &= \text{Cov}(T_1 - r_{13}T_3, T_2 - r_{23}T_3) \\ &= r_{12} - r_{13}r_{23} - r_{23}r_{13} + r_{13}r_{23} \\ &= r_{12} - r_{13}r_{23} \end{aligned} \tag{6.24}$$

$$\text{Var}(e_{1\bullet 3}) = \text{Var}(T_1 - r_{13}T_3) = 1 - r_{13}^2 \tag{6.25}$$

$$\text{Var}(e_{2\bullet 3}) = \text{Var}(T_2 - r_{23}T_3) = 1 - r_{23}^2 \tag{6.26}$$

Por último, sustituyendo (6.24), (6.25) y (6.26) en (6.21), obtenemos:

$$r_{12\bullet 3} = \frac{r_{12} - r_{13}r_{23}}{\sqrt{1-r_{13}^2}\sqrt{1-r_{23}^2}} \tag{6.27}$$

Ejemplo 6.5 Utilizando (6.27) adaptada a las variables del Ejemplo 6.4, podemos calcular la correlación entre X_1 y X_4 eliminando por separado la influencia de cada una de las otras variables estudiadas.

$$\begin{aligned} r_{14\bullet 2} &= \frac{r_{14} - r_{12}r_{24}}{\sqrt{1-r_{12}^2}\sqrt{1-r_{24}^2}} \\ &= \frac{0.36 - 0.60 \times 0.51}{\sqrt{1-(0.60)^2}\sqrt{1-(0.51)^2}} = 0.078 \end{aligned}$$

$$\begin{aligned} r_{14\bullet 3} &= \frac{r_{14} - r_{13}r_{34}}{\sqrt{1-r_{13}^2}\sqrt{1-r_{34}^2}} \\ &= \frac{0.36 - 0.41 \times 0.49}{\sqrt{1-(0.41)^2}\sqrt{1-(0.49)^2}} = 0.2 \end{aligned}$$

Con estos resultados, el investigador analiza la diferencia entre $r_{14} = 0.36$ y $r_{14\bullet 2} = 0.078$, deduciendo que gran parte de la correlación total que se observaba entre el porcentaje de población de color y la tasa de criminalidad puede ser debida a la influencia sobre ambas variables del porcentaje de población con bajos ingresos.

Siguiendo con este análisis, el investigador se plantea la posibilidad de eliminar la influencia de las dos variables, pobreza y masificación, simultáneamente.

6.5.2 Correlación parcial en $\mathbf{R}^n$

En este capítulo hemos visto cómo estimar una variable en función de otra, es decir, cómo calcular la regresión con un solo regresor. Así, prodríamos estimar, por ejemplo, el consumo familiar en función de la renta a partir de los datos de ambas variables. Sin embargo, sabemos que hay más variables que influyen en el consumo (número de hijos, lugar de residencia, etc.). Por tanto, sería más apropiado estimar el valor del consumo en función de las diferentes variables que tengan influencia sobre ella y no sólo en función de la renta. Esto es posible mediante la regresión multivariante $\hat{X}_1(X_2, ..., X_n)$ que permite estimar el valor de una variable X_1 a partir del valor de varios regresores X_2,...,X_n; es la generalización natural del caso bivariante $\hat{X}_1(X_2)$.

En la RLMC multivariante, al igual que en el caso bivariante, se pretende estimar los parámetros de la regresión de forma que se minimice la suma de los errores al cuadrado, es decir, minimizar la expresión[6]

$$\sum_{i=1}^{N}[x_{i1} - \hat{x}_{i1}]^2$$

Denotaremos $e_{1\bullet 2\cdots n} = X_1 - \hat{X}_1$ a la variable error o residuo de la regresión $\hat{X}_1(X_2, ..., X_n)$.

A continuación, se utilizan los errores de la RLMC multivariante para generalizar el concepto de correlación parcial a un número cualquiera n de variables.

Definición 6.3 *Se denomina* **correlación parcial** *entre X_1 y X_2 eliminando la influencia de $X_3, \ldots, X_n$, y se denota por $r_{12\bullet 3\cdots n}$, al coeficiente de correlación total entre los residuos de las regresiones de X_1 y X_2 sobre $X_3, \ldots, X_n$.*

Es decir:

$$r_{12\bullet 3\cdots n} = \text{Corr}(e_{1\bullet 3\cdots n}, e_{2\bullet 3\cdots n}) \tag{6.28}$$

El proceso que se sigue para eliminar la influencia o efecto de dos variables, X_3 y X_4 en la correlación observada entre X_1 y X_2, es equivalente a eliminar primero el de una de ellas, para después eliminar el efecto de la otra en los residuos obtenidos en la primera regresión. Es decir, se trata de un proceso recurrente.

Como es lógico, el resultado de este proceso es:

$$r_{12\bullet 34} = \frac{r_{12\bullet 3} - r_{14\bullet 3}r_{24\bullet 3}}{\sqrt{1 - r_{14\bullet 3}^2}\sqrt{1 - r_{24\bullet 3}^2}} \tag{6.29}$$

Claramente, el resultado sería exactamente el mismo si hubiéramos eliminado primero la influencia de X_4; es decir:

$$r_{12\bullet 34} = \frac{r_{12\bullet 4} - r_{13\bullet 4}r_{23\bullet 4}}{\sqrt{1 - r_{13\bullet 4}^2}\sqrt{1 - r_{23\bullet 4}^2}} \tag{6.30}$$

Este método recurrente, aunque sencillo, puede resultar excesivamente laborioso cuando aumenta el número de variables.

[6]La resolución de este problema y el estudio de la RLMC multivariante están fuera de los objetivos de este texto. Sin embargo, el lector puede encontrarlo en numerosos libros de Estadística y Econometría.

Ejemplo 6.6 Continuando con el Ejemplo 6.4, una forma de calcular el coeficiente de correlación parcial $r_{14\bullet 23}$ es:

$$\begin{aligned} r_{14\bullet 23} &= \frac{r_{14\bullet 2} - r_{13\bullet 2}r_{43\bullet 2}}{\sqrt{1-r_{13\bullet 2}^2}\sqrt{1-r_{43\bullet 2}^2}} = \\ &= \frac{0.078 - (0.3184 \times 0.4127)}{\sqrt{1-(0.3184)^2}\sqrt{1-(0.4127)^2}} = -0.061 \end{aligned}$$

Vemos así que en este colectivo, la correlación simple positiva entre porcentaje de población de color y tasa de criminalidad **no** parece debida a una interdependencia directa entre las variables, sino que puede provenir del hecho de que tanto masificación como pobreza, ésta en mayor medida, tienen una influencia directa sobre ambas.

Estos resultados nos hacen pensar que quizás, si realizamos un estudio paralelo con poblaciones de idéntico nivel de pobreza y masificación, no encontraremos correlación relevante entre tasa de criminalidad y población de color. Decimos "quizás" puesto que los resultados obtenidos sólo nos permiten analizar el colectivo estudiado, sin hacer extrapolaciones aventuradas.

Capítulo 7

Números índices

Los números índices constituyen un método de análisis que nos sirve para estudiar la evolución de una o más variables en función de uno de sus valores que tomamos como punto de comparación.

Los **índices simples** se utilizan para analizar la variación de una variable. Si se trata de estudiar la evolución de varias variables a la vez nos serviremos de los **índices complejos**.

Normalmente los números índices sirven para analizar la evolución a través del tiempo, aunque también pueden utilizarse para analizar variaciones en el espacio (por ejemplo, evolución del precio de un producto en distintas provincias).

En el desarrollo del presente capítulo, centraremos su utilización en el análisis de las variaciones temporales y llamaremos **base** al momento de tiempo que tomamos como punto de referencia.

7.1 Indices simples

El índice simple de una variable en un periodo, t, tomando como base un periodo 0 es el porcentaje (o el tanto por uno) del valor de la variable en t, x_t, en relación a su valor en el periodo base, x_0. Denotaremos $I_{t,0}$ al índice en porcentaje e $i_{t,0}$ al índice en tanto por uno:

$$I_{t,0} = \frac{x_t}{x_0}100 \qquad\qquad i_{t,0} = \frac{x_t}{x_0} \tag{7.1}$$

A través del cálculo de estos índices desaparece la unidad de medida de la variable y se puede comparar la variación de distintas variables expresadas originariamente en diferentes unidades de medida.

El valor que se tome como referencia, x_0, debe ser el correspondiente a un periodo de tiempo "normal" o no irregular. Por ejemplo, si tratamos de decir si una cosecha es buena o mala lo haremos comparando con otra que se considere "normal".

Se denomina **efecto multiplicativo de los índices simples** a la siguiente propiedad:

Un índice simple en tanto por uno cumple que:

$$i_{t,0} = \frac{x_t}{x_0} = \frac{x_t}{x_s} \times \frac{x_s}{x_0} = i_{t,s} i_{s,0}$$

donde s es un periodo de tiempo distinto de t y del periodo base.

Un **índice encadenado** indica la evolución de una variable para cada periodo respecto a su valor en el periodo anterior; es igual a:

$$I_{t,t-1} = \frac{x_t}{x_{t-1}} 100$$

Ejemplo 7.1 Se trata de analizar el crecimiento de la población en Araba, Bizkaia, Gipuzkoa y Nafarroa. Para ello contamos con los siguientes datos sobre el número de habitantes en los cuatro territorios históricos.

Tabla 7.1: Número de habitantes en los distintos territorios.

Años t	Araba X_1	Bizkaia X_2	Gipuzkoa X_3	Nafarroa X_4
1900	96385	311361	195850	307669
1910	97181	349932	226684	312235
1920	98668	409550	258557	329875
1930	104176	485205	302329	345883
1940	112876	511135	331753	369618
1950	118012	569188	374040	382932
1960	138934	754383	478337	402042
1970	204323	1043311	631003	464867
1980	258200	1179105	692586	507367
1990	272101	1153622	675529	527318

Representamos estos datos en la Figura 7.1, donde se observa el crecimiento absoluto de la población en cada territorio histórico.

A simple vista, podemos observar que en 1900 la población total en Nafarroa era similar a la de Bizkaia (habiendo sido mucho mayor en el siglo XIX).

Figura 7.1: Número de habitantes entre 1900 y 1990.

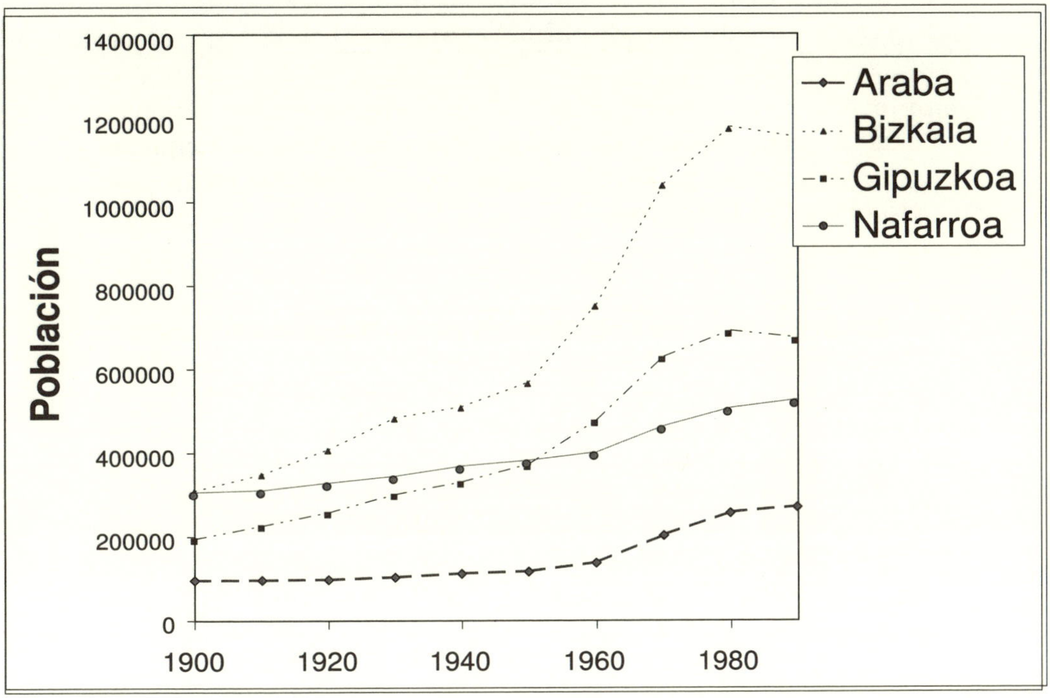

Tabla 7.2: Indices simples de la población en cada territorio.

t	I_{1t}	I_{2t}	I_{3t}	I_{4t}
1900	100.00	100.00	100.00	100.00
1910	100.83	112.39	115.74	101.48
1920	102.37	131.54	132.02	107.22
1930	108.08	155.83	154.37	112.42
1940	117.11	164.16	169.39	120.13
1950	122.44	182.81	190.98	124.46
1960	144.14	242.29	244.24	130.67
1970	211.99	335.08	322.19	151.09
1980	267.88	378.69	353.63	164.91
1990	282.31	370.51	344.92	171.39

A partir de estos datos se han calculado los índices simples que indican la evolución de la población en cada territorio por separado con base en 1900, I_{it}, $i = 1, ..., 4$; estos índices aparecen en la Tabla 7.2.

En la Figura 7.2 se representan las cuatro series de índices calculados (junto con otras dos series S_t y B_t a las que haremos referencia más adelante). Muestran el crecimiento relativo de la población respecto al año base 1900, para el cual cada población se supone igual a 100.

La trayectoria de los índices simples para Bizkaia y Gipuzkoa, I_{2t} e I_{3t}, es muy similar (el crecimiento de la población entre 1900 y 1970, en términos relativos, fue similar en ambas provincias) y diferente de la de los índices para Araba y Nafarroa, donde el crecimiento fue menor.

7.2 Tasa media acumulativa

La tasa de crecimiento en cada periodo t con respecto al anterior, α_t, aparece implícita en la siguiente expresión:

$$i_{t,t-1} = \frac{x_t}{x_{t-1}} = 1 + \alpha_t$$

Para su cálculo es necesario disponer de datos para cada periodo. Por ejemplo, si disponemos de datos anuales podemos calcular exactamente la tasa de crecimiento para cada año.

Figura 7.2: Indices simples para cada territorio histórico e índices complejos sin ponderar.

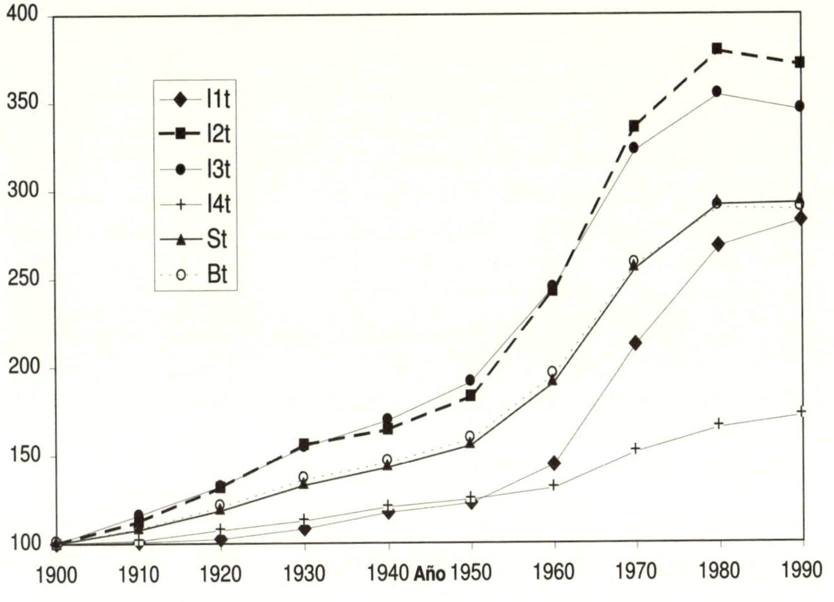

Sin embargo, bien por no disponer de los datos en cada periodo o bien por querer sintentizar esta información, se puede aproximar la tasa de crecimiento anual de la variable mediante la **tasa media acumulativa**, α, tal y como se indica a continuación.

Supongamos, por ejemplo, que disponemos de datos cada tres periodos. Es decir, conocemos el valor de una variable en un periodo t y el siguiente valor disponible es para el periodo $t+3$. Entonces:

$$\frac{x_{t+3}}{x_t} = \frac{x_{t+3}}{x_{t+2}} \times \frac{x_{t+2}}{x_{t+1}} \times \frac{x_{t+1}}{x_t} = (1+\alpha_{t+3})(1+\alpha_{t+2})(1+\alpha_{t+1})$$

Si suponemos que la tasa de crecimiento en cada uno de esos periodos ha sido constante e igual a una tasa de crecimiento medio acumulativa α, $\alpha_{t+3} = \alpha_{t+2} = \alpha_{t+1} = \alpha$, entonces:

$$\frac{x_{t+3}}{x_t} = (1+\alpha)^3 \Longrightarrow \alpha = \sqrt[3]{\frac{x_{t+3}}{x_t}} - 1$$

Por tanto, la tasa α indica la tasa media de crecimiento en cada periodo suponiendo que la variable haya crecido de forma constante en todos ellos.

En general, la tasa media acumulativa para una variable entre dos periodos t y $t+k$ es igual a:

$$\alpha = \sqrt[k]{\frac{x_{t+k}}{x_t}} - 1$$

Ejemplo 7.2 Siguiendo con los datos del Ejemplo 7.1, presentamos, en la siguiente tabla, las tasas anuales de crecimiento de la población en tanto por ciento:

$\alpha \times 100$	Araba	Bizkaia	Gipuzkoa	Nafarroa
1900-1910	0.08	1.17	1.47	0.15
1910-1920	0.15	1.59	1.32	0.55
1920-1930	0.54	1.71	1.58	0.47
1930-1940	0.81	0.52	0.93	0.67
1940-1950	0.45	1.08	1.21	0.35
1950-1960	1.65	2.86	2.49	0.49
1960-1970	3.93	3.30	2.80	1.47
1970-1980	2.36	1.23	0.94	0.88
1980-1990	0.52	-0.22	-0.25	0.39

En la Figura 7.3, representamos estas tasas de crecimiento, cuya trayectoria nos permite ver el crecimiento relativo dentro de cada década, en la que tomamos la tasa media anual.

Figura 7.3: Tasas anuales de crecimiento de la población en tanto por ciento, para cada territorio histórico.

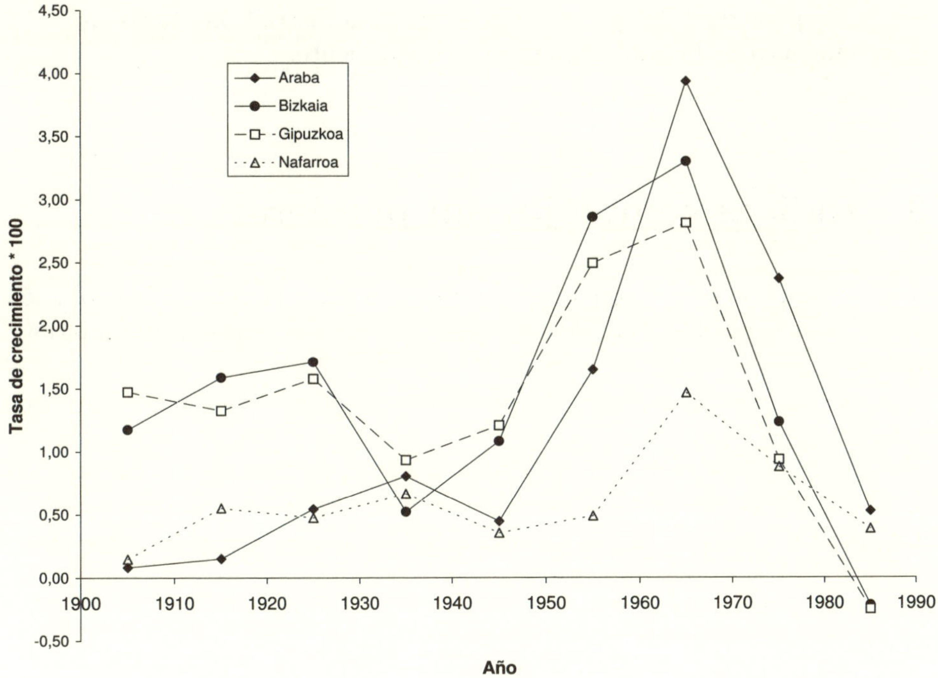

A Bizkaia y Gipuzkoa corresponden las mayores tasas de crecimiento con gran aceleración después de la década 1930-1940; justamente en esta década presentan un descenso, probablemente explicable en su mayor parte por la guerra de 1936.

Tanto en Araba como en Nafarroa las tasas de crecimiento son bastante bajas en la primera década; sin embargo, en la década 1930-1940 presentan un gran crecimiento, justo cuando en Bizkaia y Gipuzkoa decrecen, sobre todo por una fuerte desmigración durante la guerra civil. En la década 1940-1950 vuelven a decrecer las tasas de Araba y Nafarroa coincidiendo con un fuerte crecimiento en Bizkaia y Gipuzkoa; es una década en la que, sin duda, hubo una gran emigración de Araba y Nafarroa hacia Bizkaia y Gipuzkoa, donde el desarrollo industrial hacía crecer la demanda de mano de obra.

Observamos una gran aceleración en las décadas 1950-60 y 1960-70; en concreto, destaca el gran crecimiento de la tasa en Araba que tuvo su despliegue industrial en 1950 (en parte debido a la saturación que se produjo en Bizkaia y Gipuzkoa).

Por último, diremos que el desarrollo industrial en Nafarroa no comienza hasta 1964, año en que la Diputación Foral promulga el Plan de Desarrollo Industrial.

Después de 1970 y debido a la crisis industrial, las tasas de crecimiento de la población decaen nuevamente.

7.3 Indices complejos sin ponderar

Un índice complejo es un indicador sintético que trata de reflejar la evolución conjunta de n variables. Hay dos tipos de índices complejos: sin ponderar y ponderados.

Vamos a ver, en primer lugar, dos métodos de cálculo de índices complejos sin ponderar.

Tabla 7.3: Valor que toman n variables en T periodos de tiempo.

Periodo	X_1	X_2	...	X_i	...	X_n
0	x_{10}	x_{20}	...	x_{i0}	...	x_{n0}
1	x_{11}	x_{21}	...	x_{i1}	...	x_{n1}
$\vdots$	$\vdots$	$\vdots$	$\vdots$	$\vdots$	$\vdots$	$\vdots$
t	x_{1t}	x_{2t}	...	x_{it}	...	x_{nt}
$\vdots$	$\vdots$	$\vdots$	$\vdots$	$\vdots$	$\vdots$	$\vdots$
T	x_{1T}	x_{2T}	...	x_{iT}	...	x_{nT}

Disponemos del valor que toman n variables, $X_1, X_2, ..., X_n$, en T periodos de tiempo, ver Tabla 7.3. En dicha tabla, x_{it} denota el valor de la variable X_i en el periodo t. Por ejemplo, si estudiamos los precios de n bienes en T periodos de tiempo x_{it} será el precio de un bien i en un año t; si estudiamos las cantidades vendidas, x_{it} será la cantidad vendida de un producto i en t; en la Tabla 7.1, x_{it} es la población de la provincia i en t, etc.

A partir de estos datos de base o de los índices simples (que indican la evolución de cada variable por separado) podemos obtener un índice complejo sin ponderar que refleje la evolución conjunta de las n variables. A continuación, estudiamos dos métodos posibles: media aritmética simple y media agregativa simple.

7.3.1 Media aritmética simple

El índice complejo de la media aritmética simple, $S_{t,0}$, se calcula como la media aritmética de los índices simples de las n variables:

$$S_{t,0} = \frac{\sum_{i=1}^{n} I_{it}}{n} = \frac{\sum_{i=1}^{n} \frac{x_{it}}{x_{i0}} 100}{n} \tag{7.2}$$

donde I_{it} denota el índice simple de la variable X_i en el periodo t, x_{it} y x_{i0} son el valor de la variable X_i en el periodo t y base, respectivamente.

7.3.2 Media agregativa simple

A través de este método el índice se calcula sobre los agregados de los valores obtenidos para cada momento de tiempo. Es decir, de las n sucesiones de partida (ver Tabla 7.3) obtenemos una nueva sumando los valores correspondientes para cada momento de tiempo y, a continuación, obtenemos el índice como si se tratase de un índice simple sobre esa sucesión.

El índice complejo de la media agregativa simple, $B_{t,0}$, para un año t con base en un año 0, será igual a:

$$B_{t,0} = \frac{\sum_{i=1}^{n} x_{it}}{\sum_{i=1}^{n} x_{i0}} 100 \tag{7.3}$$

Evidentemente, este índice requiere para su utilización que todas las variables estén medidas en las mismas unidades, litros, kilos, euros, etc.

El índice de la media agregativa simple, $B_{t,0}$, también puede obtenerse como media de índices simples. En la expresión (7.3), sin más que multiplicar y dividir cada sumando del numerador por x_{i0}, se obtiene que:

$$B_{t,0} = \frac{\sum_{i=1}^{n} x_{it}}{\sum_{i=1}^{n} x_{i0}} 100 = \frac{\sum_{i=1}^{n} \frac{x_{it}}{x_{i0}} x_{i0}}{\sum_{i=1}^{n} x_{i0}} 100 = \frac{\sum_{i=1}^{n} I_{it} x_{i0}}{\sum_{i=1}^{n} x_{i0}}$$

Es decir, el índice $B_{t,0}$ puede calcularse como media aritmética de los índices simples, I_{it}, de las n variables, $i = 1, ..., n$. Pero en esta ocasión, es una media ponderada porque a cada índice simple se le da un peso o ponderación diferente igual a x_{i0} (valor de la variable X_i en el periodo base). Por ejemplo, si estudiamos la evolución de los precios de n bienes, I_{it} será el índice simple del precio del bien i en el periodo t y x_{i0} el precio del bien i en el periodo base.

Ejemplo 7.3 Con los datos del Ejemplo 7.1, se han calculado los índices complejos de la media aritmética simple $S_{t,1900}$ y de la media agregativa $B_{t,1900}$ que indican la evolución de la población en el conjunto de los cuatro territorios. Los resultados aparecen en la siguiente tabla:

t	$S_{t,1900}$	$\sum_{i=1}^{4} x_{it}$	$B_{t,1900}$
1900	100.00	911265	100.00
1910	107.61	986032	108.20
1920	118.28	1096650	120.34
1930	132.68	1237593	135.81
1940	142.70	1325364	145.44
1950	155.17	1444172	158.48
1960	190.34	1773696	194.64
1970	255.09	2343504	257.17
1980	291.28	2637258	289.41
1990	292.28	2628570	288.45

Estos índices se representaban, junto con las cuatro series de índices simples, en la Figura 7.2. En dicha figura se observa que los índices complejos $S_{t,1900}$ y $B_{t,1900}$ tienen una trayectoria similar, en este ejemplo, e intermedia a la de los índices simples para cada territorio por separado.

7.4 Indices complejos ponderados

Si estudiamos la evolución de los precios de n bienes de consumo mediante un índice complejo sin ponderar no tenemos en cuenta la cantidad consumida de los bienes. Sin embargo, a veces nos interesa dar más importancia a los precios de aquellos bienes de los que se consume mayor cantidad. Por ejemplo, si en un país se consume el doble de arroz que de trigo, al calcular un índice de precios en el que intervengan ambos artículos habrá que darle más importancia a las variaciones del precio del arroz que a las del trigo. Esto se consigue mediante los índices complejos ponderados que estudiamos a continuación.

La Tabla 7.4 recoge los precios y cantidades de n bienes a lo largo de T periodos de tiempo. Estos valores pueden corresponder, por ejemplo, a los precios y cantidades consumidas de n bienes de consumo, precios de venta y cantidades vendidas de los n productos que lanza al mercado una empresa, cantidades exportadas o importadas y precios de las mismas, etc.

En esta tabla, p_{it} y q_{it} denotan, respectivamente, el precio y la cantidad asociadas al bien i en el periodo de tiempo t.

Tabla 7.4: Tabla de precios y cantidades para n bienes en T periodos de tiempo.

Periodo	1	2	...	i	...	n
0	$p_{10}\ q_{10}$	$p_{20}\ q_{20}$	...	$p_{i0}\ q_{i0}$	...	$p_{n0}\ q_{n0}$
1	$p_{11}\ q_{11}$	$p_{21}\ q_{21}$	...	$p_{i1}\ q_{i1}$	...	$p_{n1}\ q_{n1}$
⋮	⋮	⋮	⋮	⋮	⋮	⋮
t	$p_{1t}\ q_{1t}$	$p_{2t}\ q_{2t}$	...	$p_{it}\ q_{it}$	...	$p_{nt}\ q_{nt}$
⋮	⋮	⋮	⋮	⋮	⋮	⋮
T	$p_{1T}\ q_{1T}$	$p_{2T}\ q_{2T}$	...	$p_{iT}\ q_{iT}$	...	$p_{nT}\ q_{nT}$

A partir de estos datos puede interesarnos estudiar la evolución de los precios, de las cantidades o del valor. El valor del bien i en el periodo t, v_{it}, es igual al producto del precio por la cantidad, $v_{it} = p_{it}q_{it}$.

El **índice de valor**, que refleja la evolución del valor de los n bienes en un periodo t en relación al valor en el periodo base, es igual a:

$$I_{t,0}^{v} = \frac{\sum_{i=1}^{n} v_{it}}{\sum_{i=1}^{n} v_{i0}} 100 = \frac{\sum_{i=1}^{n} p_{it}q_{it}}{\sum_{i=1}^{n} p_{i0}q_{i0}} 100$$

Un **índice complejo de precios ponderado por las cantidades** indica la evolución conjunta del precio de los n bienes pero teniendo en cuenta las cantidades. Por ejemplo, si son bienes de consumo el precio de un bien influirá más en el resultado final del índice cuanta mayor cantidad se consuma de él. Así, el precio de bienes como la gasolina o el pan, que tienen un alto consumo, tendrá más influencia en el índice final que el de otros bienes de menor consumo.

Para ello, se fija para cada bien i una cantidad q_i (más adelante veremos cómo) y el índice complejo de precios ponderado por las cantidades se calcula según la siguiente expresión:

$$I_{t,0}^{p} = \frac{\sum_{i=1}^{n} p_{it}q_i}{\sum_{i=1}^{n} p_{i0}q_i} 100 \tag{7.4}$$

Otra posibilidad es calcular el índice complejo $I_{t,0}^{p}$ como media ponderada de índices simples de precios. Si en la expresión (7.4) se multiplica y divide cada sumando del numerador por el precio de periodo base para cada bien

(p_{i0}):

$$I^p_{t,0} = \frac{\sum_{i=1}^n p_{it}q_i}{\sum_{i=1}^n p_{i0}q_i}100 = \frac{\sum_{i=1}^n \frac{p_{it}}{p_{i0}}p_{i0}q_i}{\sum_{i=1}^n p_{i0}q_i}100 = \frac{\sum_{i=1}^n I_{it}p_{i0}q_i}{\sum_{i=1}^n p_{i0}q_i} \quad (7.5)$$

En la expresión anterior, I_{it} es el índice simple del precio del bien i en el periodo t tomando como base el periodo 0: $I_{it} = (p_{it}/p_{i0})100$. Así, el último término es una media aritmética ponderada de los índices simples de precios. La ponderación o peso que se da a cada índice simple I_{it} es el producto del precio por la cantidad $p_{i0}q_i$, es decir, el valor de la cantidad q_i a precios del año base.

Hay dos formas posibles de fijar la cantidad q_i de las expresiones (7.4) y (7.5), dando lugar a dos tipos de índices complejos ponderados de precios:

- **índice de precios de Laspeyres**: fija la cantidad q_i en la correspondiente al periodo base, $q_i = q_{i0}$,

$$L^p_{t,0} = \frac{\sum_{i=1}^n p_{it}q_{i0}}{\sum_{i=1}^n p_{i0}q_{i0}}100 = \frac{\sum_{i=1}^n I_{it}p_{i0}q_{i0}}{\sum_{i=1}^n p_{i0}q_{i0}} \quad (7.6)$$

  Por ejemplo, si $L^p_{t,0}$ es un índice de precios de n bienes de consumo, el peso del índice simple de un bien i, I_{it}, es el valor de la cantidad consumida de ese bien en el año base, $p_{i0}q_{i0}$.

- **índice de precios de Paasche**: fija la cantidad q_i en la correspondiente al periodo t para el cual se quiere calcular el índice, $q_i = q_{it}$,

$$P^p_{t,0} = \frac{\sum_{i=1}^n p_{it}q_{it}}{\sum_{i=1}^n p_{i0}q_{it}}100 = \frac{\sum_{i=1}^n I_{it}p_{i0}q_{it}}{\sum_{i=1}^n p_{i0}q_{it}} \quad (7.7)$$

  En este caso, la ponderación o peso que se da a cada índice simple es $p_{i0}q_{it}$. Por tanto, las ponderaciones cambian de un periodo a otro, dependiendo del año t para el cual se calcule el índice. Esto no ocurre con el método de Laspeyres, sus ponderaciones $p_{i0}q_{i0}$ son las mismas para cualquier periodo t en el que se quiera calcular el índice.

Si con los datos de la Tabla 7.4 queremos construir un índice que refleje la evolución de las cantidades de los n bienes pero teniendo en cuenta los precios, debemos utilizar un **índice complejo de cantidades ponderado por los precios**. Por ejemplo, consideremos el caso de una empresa que vende n productos y desea calcular un indicador de la evolución de las ventas, en el que tenga mayor repercusión la variación de las cantidades vendidas de los productos más caros. Se fija para cada bien i un precio p_i y el índice complejo de cantidades ponderado por los precios es igual a:

$$I^q_{t,0} = \frac{\sum_{i=1}^n p_i q_{it}}{\sum_{i=1}^n p_i q_{i0}} 100 \tag{7.8}$$

El índice complejo $I^q_{t,0}$ también puede obtenerse como media ponderada de índices simples de cantidades. Si en la expresión (7.8) se multiplica y divide cada sumando del numerador por la cantidad de periodo base para cada bien (q_{i0}):

$$I^q_{t,0} = \frac{\sum_{i=1}^n p_i q_{it}}{\sum_{i=1}^n p_i q_{i0}} 100 = \frac{\sum_{i=1}^n p_i \frac{q_{it}}{q_{i0}} q_{i0}}{\sum_{i=1}^n p_i q_{i0}} 100 = \frac{\sum_{i=1}^n I_{it} p_i q_{i0}}{\sum_{i=1}^n p_i q_{i0}} \tag{7.9}$$

En la expresión anterior, I_{it} es el índice simple de la cantidad del bien i en el periodo t tomando como base el periodo 0: $I_{it} = (q_{it}/q_{i0})100$. Así, el último término es una media aritmética ponderada de los índices simples de cantidades.

Según se fije el precio p_i en el del periodo base, $p_i = p_{i0}$, o en el correspondiente al periodo t, $p_i = p_{it}$, se obtienen el **índice de cantidades de Laspeyres** o el de **Paasche**, respectivamente:

$$L^q_{t,0} = \frac{\sum_{i=1}^n p_{i0} q_{it}}{\sum_{i=1}^n p_{i0} q_{i0}} 100 = \frac{\sum_{i=1}^n I_{it} p_{i0} q_{i0}}{\sum_{i=1}^n p_{i0} q_{i0}} \tag{7.10}$$

$$P^q_{t,0} = \frac{\sum_{i=1}^n p_{it} q_{it}}{\sum_{i=1}^n p_{it} q_{i0}} 100 = \frac{\sum_{i=1}^n I_{it} p_{it} q_{i0}}{\sum_{i=1}^n p_{it} q_{i0}} \tag{7.11}$$

La elaboración del índice de Paasche es más costosa dado que es necesario conocer los precios para cada periodo t, mientras que el índice de Laspeyres requiere únicamente los precios del año base. Por ello se utilizan más los índices de Laspeyres.

Otro tipo de índice complejo ponderado es el de **Fisher** que se obtiene como media geométrica de los de Laspeyres y Paasche; es decir:

$$F^p_{t,0} = \sqrt{L^p_{t,0} P^p_{t,0}} \qquad F^q_{t,0} = \sqrt{L^q_{t,0} P^q_{t,0}}$$

Ejemplo 7.4 En un determinado país, los precios y cantidades para tres bienes en los años 1990 y 1994 han sido:

	Leche		Café		Trigo	
	p_{1t}	q_{1t}	p_{2t}	q_{2t}	p_{3t}	q_{3t}
1990	24	100	18	40	20	50
1994	32	80	12	40	40	70

El índice de precios de Laspeyres para el año 1994 con base en 1990, $L^p_{94,90}$, se obtiene de:

$$\sum_{i=1}^{3} p_{it}q_{i0} = (32 \times 100) + (12 \times 40) + (40 \times 50) = 5680$$

$$\sum_{i=1}^{3} p_{i0}q_{i0} = (24 \times 100) + (18 \times 40) + (20 \times 50) = 4120$$

$$\Rightarrow \quad L^p_{94,90} = \frac{5680}{4120}100 = 138$$

Según este índice, los precios de los bienes han aumentado alrededor de un 38% durante el periodo 1990-1994.

Indice de precios de Paasche:

$$\sum_{i=1}^{3} p_{it}q_{it} = (32 \times 80) + (12 \times 40) + (40 \times 70) = 5840$$

$$\sum_{i=1}^{3} p_{i0}q_{it} = (24 \times 80) + (18 \times 40) + (20 \times 70) = 4040$$

$$P^p_{94,90} = \frac{5840}{4040}100 = 144$$

Según el índice de Paasche, el aumento es de un 44%. El resultado obtenido con ambos índices no debe interpretarse como una medida exacta sino como dos indicadores diferentes de la evolución de los precios.

7.5 Indice de precios de consumo

Una de las aplicaciones más relevantes de los números índices es el índice de precios de consumo (IPC). Su objetivo fundamental es medir la evolución del nivel de precios de los bienes de consumo adquiridos o comprados en los hogares. No obstante, además de su utilización como indicador económico de la inflación, es decir, para medir los cambios en los precios de los bienes y servicios destinados al consumo, el IPC tiene múltiples aplicaciones en los terrenos económico, jurídico y social. Algunos ejemplos de estas aplicaciones son: en la revisión de los contratos de arrendamiento de inmuebles, como punto de referencia en la negociación salarial (tanto del sector público como del privado), fijación de pensiones, actualización de primas de seguros o la utilización de los índices parciales como deflactores de la contabilidad nacional.

El índice se calcula usando la fórmula de Laspeyres. Se denomina **cesta de la compra** a la muestra de artículos para los que se van a recoger precios mensualmente, y cuya evolución representa la de todos los precios de consumo de la economía.

La selección de los bienes y servicios que constituyen la cesta de la compra y el cuadro de ponderaciones se basa en la información facilitada por la Encuesta Continua de Presupuestos Familiares.

Los precios para el cálculo del IPC se recogen en una muestra representativa de establecimientos. La recogida de la mayor parte de los precios de los artículos de la cesta de la compra se realiza mediante las visitas mensuales a los establecimientos informantes que realiza la plantilla de agentes-entrevistadores que el Instituto Nacional de Estadística (INE) posee en sus 52 Delegaciones Provinciales.

El lector puede encontrar información detallada y actualizada sobre la elaboración de este índice en la página web del INE (*http://www.ine.es*).

7.6 Enlace y cambio de base

A menudo es necesario cambiar el periodo de tiempo que se toma como referencia en una serie de índices, es decir, la base de dicha serie. Veamos cómo hacerlo tanto con índices simples como complejos.

7.6.1 Cambio de base en índices simples

El cambio de base de una serie de índices simples se realiza mediante una sencilla regla de tres. Veamos esto con un ejemplo.

Ejemplo 7.5 En la siguiente tabla aparece un índice de cantidades vendidas de cierto artículo con base en 1990, $I_{t,1990}$.

Año	$I_{t,1990}$	$I_{t,2000}$
1990	100	36.4
1997	133.3	48.5
1998	166.7	60.5
1999	200	72.7
2000	275	100

Cada uno de los índices de esta serie indica la evolución en relación al valor en 1990. Por ejemplo, en 1997 se vendió un 33.3% más que en 1990. Pero si queremos ver cómo han variado las ventas de 1997 en relación a las del año 2000, tendremos que cambiar la base al año 2000. Los valores de la nueva serie $I_{t,2000}$ se obtienen aplicando una regla proporcional (cada valor de $I_{t,1990}$ lo multiplicamos por 100/275). Los resultados indican que en 1997 se vendió un 51.5% menos que en el año 2000.

7.6.2 Renovación y enlace en índices complejos

La renovación del índice complejo viene impuesta por los cambios en la producción, en la actividad y en los gastos.

Por ejemplo, en el caso del IPC ocurre que bienes de un gran uso en un momento dado pasan a un segundo plano al cabo del tiempo o incluso desaparecen, a su vez irrumpen nuevos productos que se van incorporando y haciéndose cada vez más usuales. Por lo tanto, el conjunto de bienes seleccionados no puede dejarse inalterado con el tiempo sino que hay que actualizarlo periódicamente (se eliminan aquellos bienes que han dejado de consumirse y se introducen otros nuevos).

Un cambio de base en el IPC lleva asociados cambios más profundos que el mero cambio del año que se toma como referencia. Se actualiza el conjunto de bienes de consumo que compone la cesta de la compra y se introducen las mejoras disponibles para el cálculo del índice. Por ello, a partir del nuevo año base se renueva el índice, es decir, se calcula de forma diferente a como se había hecho hasta entonces.

El Instituto Nacional de Estadística (INE) ha realizado varios cambios de base del IPC. En la tabla siguiente, se reproducen valores del IPC para algunos años, con base en 1983 y en 1992[1].

Año	$IPC_{t,83}$	$IPC_{t,92}$
1983	100	
1984	110.3	
1991	173.8	
1992	184.2	100
1993		105
1998		123.8
1999		126.6

Las dos series $IPC_{t,83}$ y $IPC_{t,92}$ no son directamente comparables pues se han obtenido con distintos bienes y ponderaciones, pero no existe otro recurso para dar continuidad al índice complejo. Un cambio de base supone inevitablemente una ruptura de la serie temporal. Pero no hay que olvidar

[1] Se reproducen, de forma aproximada, los datos proporcionados por el INE que pueden consultarse en *http://www.ine.es*. En dicha dirección, el lector puede encontrar información detallada sobre los cambios producidos en la elaboración del índice al cambiar la base del año 1992 al 2001.

que este índice no es una medida exacta sino un indicador de la evolución de un fenómeno.

La tabla anterior puede completarse y enlazarse ambas series aplicando una regla proporcional tal como lo hacíamos con los índices simples. Hay que proceder a igualar las dos series en el año para el cual se dispone de los dos índices, o sea, 1992. Si queremos completar la serie con base en 1983, nos fijamos que el 100 de 1992 se convierte en 184.2 multiplicándolo por 1.842; éste es el factor de conversión por el que hay que multiplicar cualquier índice con base en 1992 para ponerlo con base en 1983. Para completar la nueva serie con base en 1992 hay que dividir los índices con base 1983 por 1.842. Así, la tabla completada es:

Año	$IPC_{t,83}$	$IPC_{t,92}$
1983	100	54.3
1984	110.3	59.9
1991	173.8	94.3
1992	184.2	100
1993	193.4	105
1998	228	123.8
1999	233.2	126.6

7.7 Deflación de series estadísticas

El aumento de los precios a lo largo del tiempo (inflación) o, lo que es equivalente, la depreciación de la moneda genera lo que se conoce como **ilusión monetaria**. Por ejemplo, si a un trabajador le aumentan el sueldo en menor proporción que el aumento de los precios experimenta una disminución real de su poder adquisitivo y su " aumento de salario" es una mera ilusión.

Deflactar es una forma de corregir la distorsión que genera la ilusión monetaria, de forma que podamos comparar el valor de una magnitud en distintos momentos de tiempo. Vamos a distinguir dos conceptos distintos de valor:

- **Valor monetario, nominal o en euros corrientes**, $\sum_{i=1}^{n} p_{it}q_{it}$, es el valor a los precios de cada periodo t, $t = 0, 1, 2, ...$ Es el observado directamente, sin corregir la pérdida de valor de la moneda.

- **Valor real o en euros constantes**, $\sum_{i=1}^{n} p_{i0}q_{it}$, es el valor a los precios de un periodo determinado que se toma como referencia (período 0).

Deflactar consiste en pasar del valor monetario al real; es decir, calcular el valor que habrían tenido las cantidades de cada periodo si los precios no hubiesen cambiado, eliminando así la influencia de la inflación. Esto se consigue si dividimos el valor monetario por el índices de precios de Paasche en tanto por uno:

$$\frac{\sum_{i=1}^{n} p_{it}q_{it}}{P_{t,0}^{p}} = \frac{\sum_{i=1}^{n} p_{it}q_{it}}{\frac{\sum_{i=1}^{n} p_{it}q_{it}}{\sum_{i=1}^{n} p_{i0}q_{it}}} = \sum_{i=1}^{n} p_{i0}q_{it}$$

En la práctica, como normalmente no se dispone del índice de precios de Paasche, se utiliza el índice de precios disponible, generalmente del tipo Laspeyres. De esta forma se obtiene, aunque no de forma exacta sí aproximada, el valor real de la magnitud que estemos estudiando.

Ejemplo 7.6 Supongamos que, en un país imaginario, el salario de un individuo en los últimos años y el índice de precios para el mismo periodo de tiempo han sido:

Año	Salario mensual (valor monetario)	Indice de precios
1996	190000	100
1997	197000	105
1998	205000	110
1999	210000	120
2000	215000	130

Si deflactamos la serie del salario dividiendo, para cada año, el valor monetario por el índice de precios disponible (en tanto por uno) obtenemos:

Año	Salario mensual (valor monetario)	Indice de precios	Salario mensual (valor real)
1996	190000	100	190000
1997	197000	105	187619
1998	205000	110	186363
1999	210000	120	175000
2000	215000	130	165385

Entre 1996 y el año 2000, observamos que el salario de este trabajador ha aumentado en un 13.1% en términos monetarios pero en términos reales su poder adquisitivo ha disminuido en un 12.9%, aproximadamente.

Como conclusión, deflactar una serie de valores monetarios consiste en dividir dicha serie por un índice de precios, en tanto por uno. Así se obtiene la serie expresada en términos reales, en euros constantes de un año determinado (aquel que se toma como base en el índice utilizado para deflactar). Al índice elegido para efectuar dicha transformación se le denomina **deflactor**. El deflactor no será siempre el mismo, sino que habrá que elegir, entre los disponibles, el más adecuado a cada caso. Para deflactar una serie sobre valores corrientes de la producción agrícola debemos utilizar un índice de precios agrarios, sobre valores corrientes de la producción industrial un índice de precios industriales, si lo que queremos es deflactar una serie sobre el Producto Interior Bruto (PIB) nominal emplearíamos el "deflactor implícito" (un índice de precios que, a diferencia de los índices de precios ordinarios, no incluye la inflación -o deflación- importada), etc.

7.8 Ajustes mínimo-cuadráticos para una serie de números índices

Una **serie temporal o cronológica** está constituida por las observaciones de una variable recogidas en intervalos regulares y ordenados de tiempo; por ejemplo, datos anuales sobre el número de nacimientos, el volumen de las importaciones o exportaciones, el número de turistas, etc.. En Economía frecuentemente hay que utilizar y estudiar series de números índices (IPC, Indice de Producción Industrial, etc.). En este apartado, trabajaremos con series de este tipo; sin embargo, lo que aquí vemos es válido para cualquier serie temporal.

Uno de los componentes de una serie temporal es la **tendencia** que se define como su movimiento a largo plazo. En muchas series económicas se observa un crecimiento regular a largo plazo; por ejemplo, en la serie del número de parados en la CAV en las décadas de los 80 y 90; otras sufren un decrecimiento, como la serie del número de nacimientos en la CAV en las décadas de los 80 y 90, otras aparecen con variaciones ascendentes y descendentes.

Existen varios métodos para aproximar la tendencia de una serie. El más empleado es el método analítico que consiste en obtener una función matemática que se ajuste a los valores de la variable Y_t en función del tiempo t. La función se selecciona de forma que describa lo mejor posible los datos de la serie.

A continuación, veremos cómo ajustar una recta o función lineal, $\hat{Y}_t = a + bt$; lo cual es apropiado cuando se observa que la serie presenta una tendencia lineal.

Es una aplicación particular del ajuste lineal mínimo cuadrático visto en el Capítulo 6, en la que la variable independiente o regresor es el tiempo t y la variable a estimar el valor de la serie en cada momento de tiempo Y_t. Se trata de obtener el valor de los parámetros a y b tales que mediante la recta obtenida se aproxime lo mejor posible los valores de la serie (según el criterio mínimo cuadrático). Para ello, basta con aplicar las fórmulas estudiadas en el Capítulo 6 como se indica en el siguiente ejemplo.

Ejemplo 7.7 En la siguiente tabla aparecen los datos del Indice de Producción Industrial (IPI=Y_t) entre 1983 y 1991.

t	1983	1984	1985	1986	1987	1988	1989	1990	1991
Y_t	83.3	84.1	85.8	88.4	92.5	95.3	99.6	99.6	98.9

Figura 7.4: Valor del IPI entre 1983 y 1991.

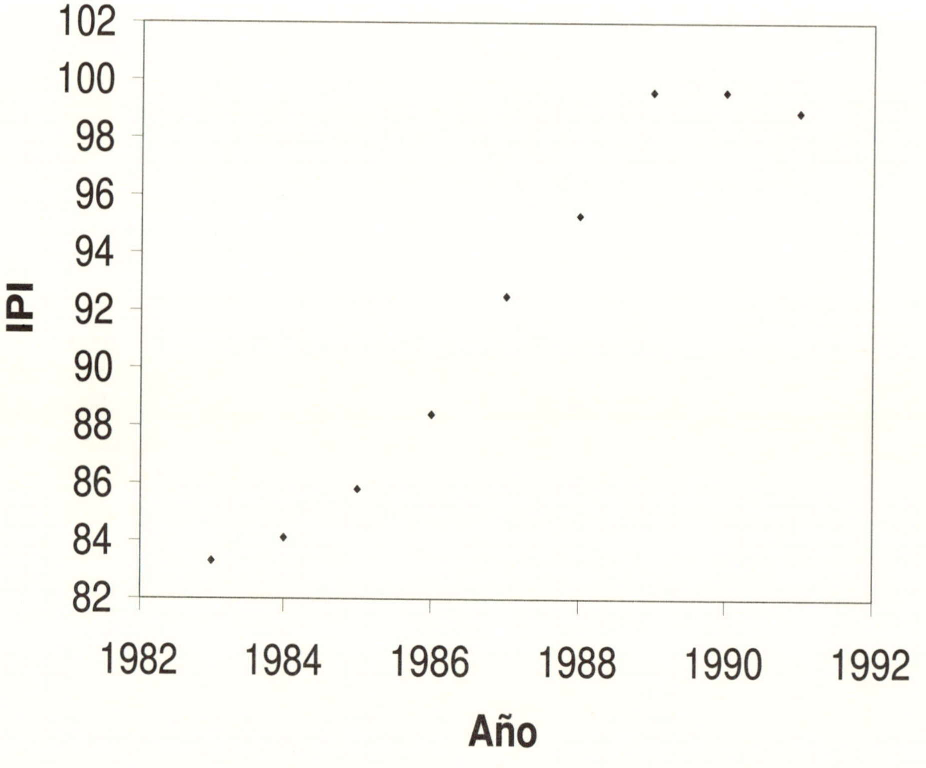

En la Figura 7.4 representamos gráficamente esta serie temporal. Observamos un crecimiento regular, una tendencia lineal creciente.

Vamos a ver cómo calcular la ecuación de la recta, $\hat{Y}_t = a + bt$, que mejor recoja el movimiento a largo plazo de esta serie.

Necesitamos las medias, varianzas y covarianzas del IPI (Y_t) y del tiempo t. El valor de estos estadísticos[2] para los datos de la tabla anterior es:

$$\overline{y} = 91.94 \qquad \overline{t} = 1987$$
$$S_y^2 = 41.23 \qquad S_t^2 = 6.67 \qquad S_{yt} = 15.93$$

Utilizando los resultados anteriores obtenemos:

$$b = \frac{S_{yt}}{S_t^2} = 2.39$$
$$a = \overline{y} - b\overline{t} = -4653.62$$

luego la ecuación de la recta que estábamos buscando es:

$$\hat{Y}_t = 2.39t - 4653.62$$

Según esta regresión, el valor estimado del IPI para el año 1992 sería: $\hat{Y}_{1992} = 2.39(1992) - 4653.62 = 107.26$.

Mediante este ajuste se logra estimar un 92% de la varianza total del IPI, $r_{yt}^2 = 0.92$. Es decir, es un ajuste de calidad alta, la recta se ajusta muy bien a la nube de puntos representada en la Figura 7.4.

Por lo general, los datos de una serie temporal guardan relación con los que les preceden o les siguen. Por ejemplo, en series de precios inmobiliarios, cotizaciones de bolsa, ventas anuales de un cierto artículo, etc., es de esperar que el valor en el periodo actual esté relacionado con el que había en periodos precedentes, sobre todo con los más próximos. Entonces, parece razonable tratar de estimar el valor de una variable en un periodo de tiempo, Y_t, en función del valor que tomaba esa misma variable en algún periodo anterior. En esto consiste el **Ajuste Autorregresivo**, en estimar el valor de Y_t en función de Y_{t-k}, es decir, en función del valor de esa variable retardada k periodos.

En esta sección, veremos cómo realizar un ajuste autoregresivo lineal mínimo cuadrático de Y_t en función de Y_{t-1}, $\hat{Y}_t = a + bY_{t-1}$; que permita estimar el valor de una variable en un periodo en función del valor tomado en el periodo anterior. Lo haremos usando los datos del IPI del ejemplo anterior.

[2] Los cálculos se simplifican mucho si se considera la transformación lineal de t, $t - 1987$; es decir, cada año menos el año que ocupa un lugar central en la serie.

Ejemplo 7.8 Actualizamos los datos del Ejemplo 7.7, añadiendo el valor del IPI en los años 1992 y 1993:

t	1983	1984	1985	1986	1987	1988
Y_t	83.3	84.1	85.8	88.4	92.5	95.3

t	1989	1990	1991	1992	1993
Y_t	99.6	99.6	98.9	96.1	91.6

Observamos que la estimación del IPI para el año 1992 obtenida en el Ejemplo 7.7 ($\hat{Y}_{1992} = 107.26$) es muy superior al valor real del IPI en ese año. Esto es debido a que a partir de 1991 hay un cambio de tendencia en la serie: hasta ese año el valor del IPI fue creciendo y a partir de 1991 decrece. Como se observa muy claramente en la Figura 7.5.

Figura 7.5: Valor del IPI entre 1983 y 1993.

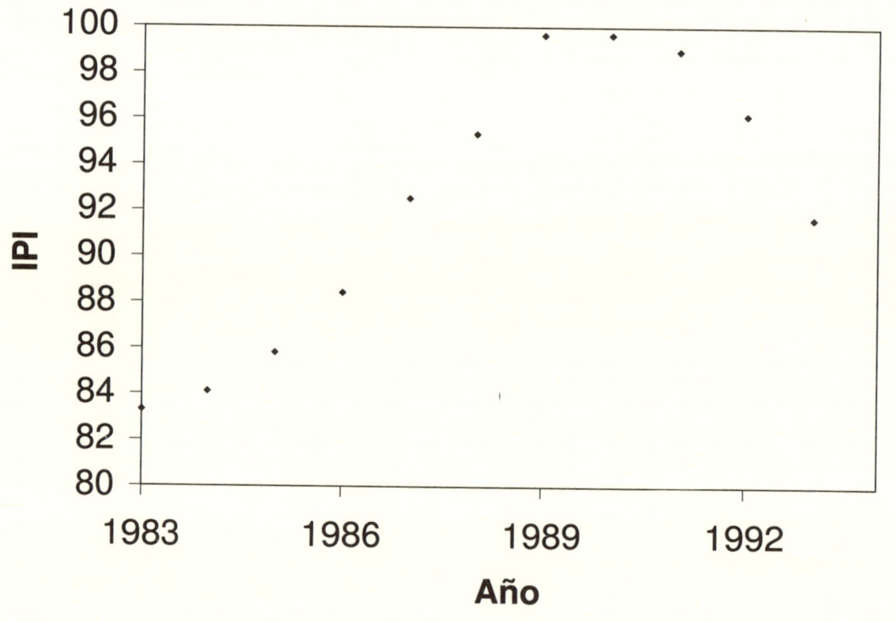

No es apropiado tratar de aproximar la tendencia de esta serie mediante un ajuste lineal, porque una recta no puede recoger el cambio de tendencia que hay a partir de 1991. En este caso, es más apropiado realizar un ajuste lineal autoregresivo como el que se presenta a continuación.

Tratamos de estimar los parámetros de la regresión $\hat{Y}_t = a + bY_{t-1}$. Tomamos como regresor la variable Y_t (IPI) retardada un periodo, Y_{t-1}. Los datos disponibles de las dos variables que participan en la regresión son ahora:

Y_t	84.1	85.8	88.4	92.5	95.3	99.6	99.6	98.9	96.1	91.6
Y_{t-1}	83.3	84.1	85.8	88.4	92.5	95.3	99.6	99.6	98.9	96.1

Como se puede observar tenemos que prescindir del año 1983 porque no disponemos del valor del IPI en 1982. Con los datos disponibles calculamos los siguientes estadísticos:

$$\overline{y}_t = 93.19 \qquad \overline{y}_{t-1} = 92.36$$
$$S^2_{y_t} = 29.08 \qquad S^2_{y_{t-1}} = 37.93 \qquad S_{y_t y_{t-1}} = 29.75$$

Utilizando los resultados anteriores obtenemos:

$$b = \frac{S_{y_t y_{t-1}}}{S^2_{y_{t-1}}} = 0.784$$
$$a = \overline{y}_t - b\overline{y}_{t-1} = 20.7$$

luego la ecuación de la recta que estábamos buscando es:

$$\hat{Y}_t = 0.784Y_{t-1} + 20.7$$

Según esta regresión, el valor estimado del IPI para el año 1994 sería: $\hat{Y}_{1994} = 0.784(91.6) + 20.7 = 92.51$.

El coeficiente de determinación del ajuste efectuado, $r^2_{y_t y_{t-1}} = 0.802$, indica que la calidad del ajuste es alta. El inconveniente es que tenemos que esperar a conocer el IPI de un año para estimar el del año siguiente.

Si hubiesemos realizado un ajuste lineal en función del año, la ecuación de la recta obtenida sería $\hat{Y}_t = 1.44t - 2770.43$, el valor estimado del IPI para el año 1994 sería: $\hat{Y}_{1994} = 1.44(1994) - 2770.43 \simeq 101$ y el coeficiente de determinación de este ajuste sería $r^2_{yt} = 0.599$. Como cabía esperar, la calidad del ajuste lineal es muy inferior a la del ajuste autoregresivo.

Para finalizar, decir que este tipo de estimaciones son muy utilizadas en el estudio de series temporales como ésta.

Capítulo 8

Análisis en componentes principales

8.1 Introducción

El Análisis en Componentes Principales (ACP) es un método de análisis factorial que permite estudiar una matriz de datos $\mathbf{X}$, de dimensiones $N \times n$, formada por los valores de n variables cuantitativas para N individuos[1].

En una matriz de datos de grandes dimensiones (que recoge, por ejemplo, los resultados de una encuesta) hay gran cantidad de información. Parte de ella es relevante, porque contiene rasgos básicos o esenciales del colectivo de estudio en relación a las variables estudiadas, el resto recoge fluctuaciones aleatorias y se denomina ruido.

El objetivo de los métodos de análisis factorial descriptivo es extraer la información básica que hay en los datos eliminando el ruido. Esto puede interpretarse como reducir la dimensionalidad de los datos originales encontrando un espacio de menor dimensión donde se refleje la información más relevante. Las técnicas de análisis factorial consiguen esta reducción aprovechando las relaciones que existan entre las variables originales para calcular unas nuevas variables denominadas **factores**. Así, mediante un número de factores menor que el número de variables originales (tanto menor cuanto mayor sea la relación entre las variables) puede recogerse la información más relevante contenida en los datos.

Los factores son variables incorrelacionadas entre sí y cada una se representa mediante un **eje factorial**. Representando gráficamente los planos factoriales formados por estos ejes se puede visualizar de forma sencilla la información más relevante.

[1] A lo largo de este capítulo se utilizarán las nociones sobre estadísticos matriciales y representaciones gráficas que aparecen en los Apéndices B y C, pág. 263 y 269, respectivamente.

Como se indica en el Apéndice C, una matriz de datos **X** puede representarse gráficamente como una nube de puntos individuo o variable. Dado que las matrices analizadas son normalmente de grandes dimensiones, estas nubes son, en realidad, imposibles de representar. Por tanto, se trata de aproximar la forma de esas nubes mediante las proyecciones de los puntos que las forman sobre los planos factoriales más relevantes.

Pensemos, por ejemplo, que disponemos de datos sobre 100 modelos de vehículos respecto a 20 variables que estudian sus diferentes características (motor, amortiguación, precio, equipamiento, garantía, servicio de reparación...). Con estos datos formaríamos una matriz 100×20 que nos ofrecería una información exhaustiva, aunque difícil de interpretar, a la hora de evaluar las diferencias y similitudes entre unos vehículos y otros. Por una parte, nos interesará comparar los individuos según sus valores respecto a las diferentes variables. Si pudiésemos representar la nube de puntos individuo descubriríamos enseguida qué vehículos se parecen entre sí (aquellos que se situen próximos). Pero una nube en R^{20} es imposible de representar. Sin embargo, es más que probable que para las 20 variables, haya relación entre algunas de ellas, relación que aprovecharemos para reducir la dimensionalidad de los datos.

De hecho, nuestro objetivo será poder reflejar (proyectar) la nube de puntos en un número reducido de dimensiones que nos permitan realizar representaciones gráficas manejables e interpretables.

Teniendo en cuenta el objetivo de reducción de la dimensionalidad, es inmediato pensar que reducir la información sobre dos variables no tiene mucho sentido, puesto que de por sí resulta una información manejable y representable directamente en un plano. Sin embargo, realizaremos este análisis por su interés pedagógico, de modo que facilite la comprensión del análisis general para n variables.

8.2 Análisis en $\mathbf{R}^2$. Recta de Ajuste Ortogonal

Nos proponemos analizar una matriz de datos **X** que contiene los valores de dos variables ($n = 2$) para N individuos. En las secciones 8.2.1 y 8.2.2, analizaremos las filas de esta matriz, representadas mediante la nube de puntos individuo. En la Sección 8.2.3, estudiaremos las columnas, es decir, la nube de puntos variable o nube dual. En la Sección 8.2.4 veremos que existen unas importantes relaciones entre los dos análisis anteriores, llamadas **relaciones de transición**. Estas relaciones permiten interpretar simultáneamente los resultados de los dos análisis y extraer los rasgos o componentes principales de la información contenida en **X**.

8.2.1 Planteamiento del problema

Comenzamos analizando la nube de puntos individuo. Pretendemos una reducción de la dimensionalidad de esta nube. Pasar de una nube en dos dimensiones (en un plano) a una nube en una sola dimensión (en una recta) manteniendo, en lo posible, la posición relativa de cada punto en relación a los demás; de forma que cuánto más próximos estén dos puntos en la nube original también lo estén en la nube reducida. Es decir, pretendemos reducir la dimensionalidad, manteniendo la forma principal de la nube.

La nube reducida se situará en una recta o primer eje que denominaremos **Recta de Ajuste Ortogonal (RAO)** y denotaremos F_1.

A partir de los datos originales formamos una nueva matriz con los datos centrados y reescalados, $\mathbf{X}_r = \frac{\mathbf{X}_c}{\sqrt{N}}$, esta transformación simplificará las relaciones matemáticas posteriores[2]. Además, como se explica en el Apéndice C, centrar y reescalar no altera la forma de la nube de puntos individuo; por tanto, esta operación no supondrá variación alguna en los resultados. Representando las filas de la matriz transformada $\mathbf{X}_r$ dibujamos la nube de puntos individuo centrada y reescalada, véase la Figura 8.1 donde $X_1 = \frac{C_1}{\sqrt{N}}$ y $X_2 = \frac{C_2}{\sqrt{N}}$. Un punto cualquiera de esta nube, $M_i = \vec{x}(i) = (x_{i1}, x_{i2})$, tiene por coordenadas los valores centrados y reescalados del i-ésimo individuo, es decir:

$$x_{i1} = \frac{c_{i1}}{\sqrt{N}} \qquad x_{i2} = \frac{c_{i2}}{\sqrt{N}}, \qquad \forall i = 1, \ldots, N$$

Al representar valores centrados, el centro de gravedad de la nube es el origen de coordenadas.

Previo a la obtención de la RAO definiremos la noción de inercia total o simplemente inercia de una nube de puntos.

Definición 8.1 *La* **inercia** *de la nube respecto de un punto cualquiera es la suma de las distancias al cuadrado de los puntos de la nube al punto de referencia.*

En nuestro caso, nos interesa la inercia respecto del origen o centro de gravedad, I, que es igual a (véase la Figura 8.1):

[2] En concreto, si consideramos $\mathbf{X}_r = \frac{\mathbf{X}_c}{\sqrt{N}}$ resulta que $\mathbf{X}_r^T \mathbf{X}_r = L$, siendo L la matriz de varianzas y covarianzas (véase Apéndice B).

Figura 8.1: Nube de puntos individuo centrada y reescalada.

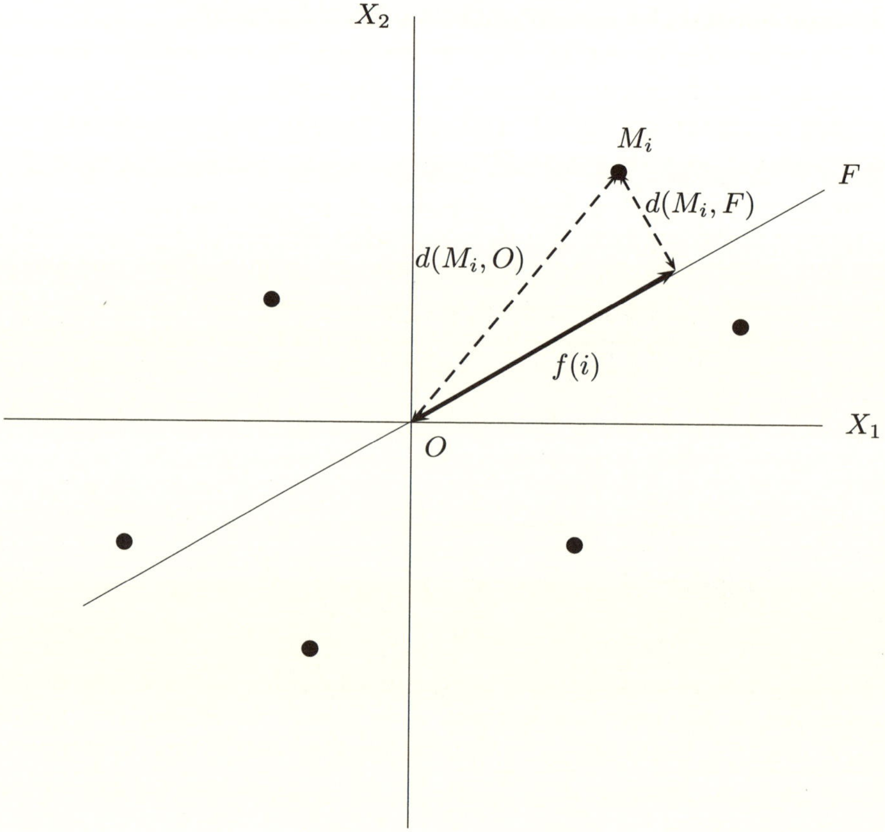

$$
\begin{aligned}
I &= \sum_{i=1}^{N} d^2(M_i, O) = \sum_{i=1}^{N} \|\vec{OM_i}\|^2 = \sum_{i=1}^{N} (x_{i1}^2 + x_{i2}^2) \\
&= \sum_{i=1}^{N} \left[\left(\frac{c_{i1}}{\sqrt{N}} \right)^2 + \left(\frac{c_{i2}}{\sqrt{N}} \right)^2 \right] = \frac{\sum_{i=1}^{N} c_{i1}^2}{N} + \frac{\sum_{i=1}^{N} c_{i2}^2}{N} \\
&= S_1^2 + S_2^2 = \mathrm{tr}L \qquad (8.1)
\end{aligned}
$$

donde $\mathrm{tr}L$ denota la traza de la matriz de varianzas y covarianzas $L = \mathbf{X}_r^T \mathbf{X}_r$; es decir, la suma de los elementos de su diagonal principal.

La inercia coincide con la suma de varianzas de las variables iniciales y, por tanto, constituye una medida de la dispersión de la nube respecto de su centro de gravedad. En este contexto, cuando hablamos de información contenida en la nube de puntos nos referimos a la dispersión existente en los datos.

Nuestro objetivo es encontrar la recta que mejor se ajuste a la nube; es decir, que esté lo más cerca posible de todos los puntos. Dado que los datos están centrados, la recta pasará por el origen, centro de gravedad de la nube.

Al proyectar cada punto de la nube sobre una recta cualquiera F, obtendremos un valor de la proyección $f(i)$, véase la Figura 8.1. A la vista de dicha figura y aplicando el Teorema de Pitágoras, obtenemos la relación:

$$d^2(M_i, O) = d^2(M_i, F) + f^2(i) \qquad \forall i = 1, ..., N$$

Por tanto, si consideramos la suma para todos los individuos, obtenemos que:

$$I = \sum_{i=1}^{N} d^2(M_i, O) = \sum_{i=1}^{N} d^2(M_i, F) + \sum_{i=1}^{N} f^2(i) \qquad (8.2)$$

Buscamos la recta que mejor se ajuste a la nube, es decir, que minimice la distancia de los puntos a la recta o, lo que es lo mismo, que minimice $\sum_{i=1}^{N} d^2(M_i, F)$. Dado que se cumple la igualdad (8.2) y que la inercia total (I) es constante, minimizar $\sum_{i=1}^{N} d^2(M_i, F)$ es equivalente a maximizar la suma de proyecciones al cuadrado, $\sum_{i=1}^{N} f^2(i)$.

Denominaremos **inercia proyectada**, I_F, a la suma de proyecciones al cuadrado, $I_F = \sum_{i=1}^{N} f^2(i)$. Por tanto, el problema a resolver es encontrar la recta que pasando por el origen maximice I_F.

8.2.2 Obtención de la recta de ajuste ortogonal

La recta que maximice I_F estará determinada una vez calculemos un vector director de la misma.

En general, si $\vec{u}$ es un vector director unitario de una recta F, la proyección de un punto individuo cualquiera $M_i = \vec{x}(i)$ sobre dicha recta, $f(i)$, se determina mediante el producto escalar $< \vec{x}(i), \vec{u} >= \vec{x}(i)^T\vec{u}$. Así, el vector $\vec{f}$ formado por las proyecciones de la nube de puntos individuo se obtiene como:

$$\vec{f} = \begin{pmatrix} f(1) \\ \vdots \\ f(i) \\ \vdots \\ f(N) \end{pmatrix} = \mathbf{X}_r\vec{u} \tag{8.3}$$

El problema que debemos resolver es encontrar el vector director unitario, $\vec{u}$, que nos maximiza $I_F = \sum_{i=1}^{N} f^2(i) = \vec{f}^T\vec{f} = \vec{u}^T\mathbf{X}_r^T\mathbf{X}_r\vec{u} = \vec{u}^T L\vec{u}$, es decir:

$$\begin{array}{ll} \max\limits_{\vec{u}} & \vec{u}^T L\vec{u} \\ \text{s.a.} & \vec{u}^T\vec{u} = 1 \end{array} \tag{8.4}$$

Se trata de una maximización de una forma cuadrática condicionada, por lo que formamos el lagrangiano

$$\mathcal{L} = \vec{u}^T L\vec{u} - \lambda(\vec{u}^T\vec{u} - 1) \tag{8.5}$$

y el problema consiste en encontrar el máximo de $\mathcal{L}$.

Mediante la derivación matricial, véase el Apéndice B.7 pág. 267, se obtienen las condiciones necesarias de máximo:

$$\frac{\partial\mathcal{L}}{\partial\vec{u}} = 2L\vec{u} - 2\lambda\vec{u} = \vec{0} \Rightarrow L\vec{u} = \lambda\vec{u} \tag{8.6}$$

$$\frac{\partial\mathcal{L}}{\partial\lambda} = -(\vec{u}^T\vec{u} - 1) = 0 \Rightarrow \vec{u}^T\vec{u} = 1 \tag{8.7}$$

Es decir, la solución ha de ser un vector propio unitario de la matriz de varianzas y covarianzas L. Como L es una matriz simétrica y semidefinida positiva, tenemos garantizada la existencia de dos valores propios reales y positivos, $\lambda_1 \geq \lambda_2 \geq 0$. Para saber a cuál de ellos está asociado el vector solución a nuestro problema, recordemos que ese vector ha de maximizar la inercia proyectada que es igual a:

$$I_F = \vec{u}^T L\vec{u} = \lambda\vec{u}^T\vec{u} = \lambda$$

Es decir, la inercia proyectada coincide con el valor propio al que esté asociado el vector propio que escojamos. Por tanto, escogeremos el vector propio $\vec{u}_1$

Figura 8.2: Recta de ajuste ortogonal o primer eje F_1, centrada y reescalada.

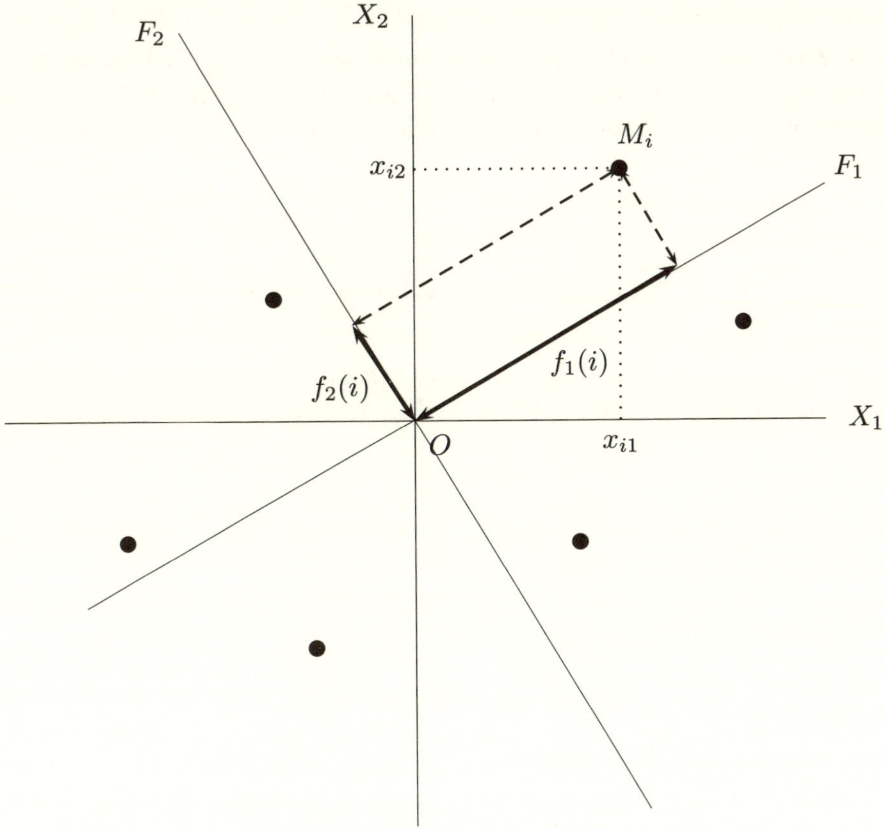

asociado al mayor valor propio λ_1. De esta forma, la dirección de la RAO, F_1, viene determinada por el vector propio $\vec{u}_1$.

La matriz L tiene otra dirección propia asociada al valor propio mínimo λ_2. Denotaremos $\vec{u}_2$ a un vector propio unitario de esta dirección ($\vec{u}_2^T\vec{u}_2 = 1$). Por ser L una matriz simétrica, este vector será ortogonal a $\vec{u}_1$ ($\vec{u}_2^T\vec{u}_1 = 0$) y definirá la recta F_2, ortogonal a F_1. Ambas rectas F_1 y F_2, véase la Figura 8.2, definen un sistema de nuevos ejes tal que sobre uno de ellos, F_1, queda proyectada el máximo posible de inercia.

La inercia total I, véase la expresión (8.2), se puede expresar como:

$$I \;=\; \sum_{i=1}^{N} d^2(M_i, F_1) + \sum_{i=1}^{N} f_1^2(i)$$

$$= \sum_{i=1}^{N} f_2^2(i) + \sum_{i=1}^{N} f_1^2(i)$$

donde $f_1(i)\ \forall i = 1, \ldots, N$ representan las proyecciones sobre la recta F_1. Los valores $f_2(i)$ coinciden con las proyecciones sobre la recta (F_2) y se pueden interpretar como las distancias de los puntos de la nube a la recta F_1, $f_2(i) = d(M_i, F_1)$.

Con la siguiente notación:

$$I_{F_1} = \sum_{i=1}^{N} f_1^2(i) = \lambda_1 \qquad I_{F_2} = \sum_{i=1}^{N} f_2^2(i) = \lambda_2 \tag{8.8}$$

tenemos que la inercia total de la nube se descompone aditivamente en inercia proyectada sobre F_1 e inercia proyectada sobre F_2:

$$I = I_{F_1} + I_{F_2} = \lambda_1 + \lambda_2$$

La inercia I_{F_2} se interpreta como la información que no se ha recogido en F_1.

Resumiendo, tenemos que:

$$\text{traza}(L) = S_1^2 + S_2^2 = I = I_{F_1} + I_{F_2} = \lambda_1 + \lambda_2 = \text{traza}(\Lambda)$$

donde Λ es la matriz diagonal formada por los valores propios de L.

Si denotamos por α y β las componentes del vector $\vec{u}_2$, $\vec{u}_2 = (\alpha, \beta)^T$, un vector unitario de la dirección propia F_1 es $\vec{u}_1 = (-\beta, \alpha)^T$, (la otra posibilidad[3] sería $(\beta, -\alpha)^T$). Las proyecciones o coordenadas de los N puntos de la nube sobre las rectas F_1 y F_2 se calculan de forma matricial como $\vec{f_1} = \mathbf{X}_r\vec{u}_1$ y $\vec{f_2} = \mathbf{X}_r\vec{u}_2$, respectivamente.

Propiedades

1. Las proyecciones son variables centradas.

   Demostración:

   Se deduce inmediatamente por ser ambas variables resultantes de la combinación lineal de variables centradas.

2. Las proyecciones son variables incorreladas entre sí.

   Demostración:

$$\vec{f_2}^T\vec{f_1} = \vec{u}_2^T\mathbf{X}_r^T\mathbf{X}_r\vec{u}_1 = \vec{u}_2^T\lambda_1\vec{u}_1 = \lambda_1\vec{u}_2^T\vec{u}_1 = 0 \Rightarrow S_{F_2F_1} = 0$$

[3] En realidad, para cada recta hay dos posibles vectores directores unitarios, uno y su opuesto.

3. La inercia proyectada sobre cada eje coincide con el valor propio asociado al eje (véase la expresión (8.8)).

Fidelidad de los ejes.

Definimos la fidelidad de cada eje en términos de proporción de inercia proyectada. Cuanto mejor se ajuste la RAO a la nube de puntos, mayor será la inercia proyectada sobre ella respecto de la total. Si el ajuste es perfecto (los puntos están alineados), la inercia proyectada será igual a la inercia total y la inercia proyectada sobre el otro eje será nula.

Definición 8.2 *La* **fidelidad** τ *se determina como la inercia proyectada entre la inercia total.*

Es decir,

$$\begin{aligned} \tau_1 &= \frac{I_{F_1}}{I} = \frac{\lambda_1}{S_1^2 + S_2^2} = \frac{\lambda_1}{\lambda_1 + \lambda_2} \\ \tau_2 &= \frac{I_{F_2}}{I} = \frac{\lambda_2}{S_1^2 + S_2^2} = \frac{\lambda_2}{\lambda_1 + \lambda_2} \end{aligned} \qquad (8.9)$$

En términos porcentuales, la suma de las fidelidades en ambos ejes es el 100%.

Ejemplo 8.1 En la Tabla 5.1, pág. 65, aparecían los datos para 132 paises sobre las variables Esperanza de vida (X_1) y Porcentaje del PIB que se obtiene en el sector agrícola (X_2).

Estos datos aparecían representados en la Figura 5.1, pág. 63, y con ellos obtuvimos, aproximadamente, los siguientes estadísticos:

$$L = \begin{pmatrix} 107 & -122.55 \\ & 253 \end{pmatrix} \qquad \overline{x}_1 = 64.6 \qquad \overline{x}_2 = 19.37$$

Se observa que entre las variables hay una relación lineal inversa, $r_{12} = -0.745$, que podemos aprovechar para reducir la dimensionalidad de la nube; es decir, para calcular la recta F_1 que permita representar la información bivariante que tenemos sobre los 132 paises en una sola dimensión[4].

Como hemos visto, para calcular la RAO centrada y reescalada tenemos que diagonalizar la matriz de covarianzas, es decir, obtener sus valores y vectores propios.

Los valores propios se obtienen al resolver la ecuación característica que resulta de igualar a cero el determinante $\mid L - \lambda\mathcal{I} \mid$

[4]En el Ejemplo 6.2, pág. 87, aprovechamos la relación lineal que hay entre estas variables para calcular la recta de regresión que permite estimar el valor de una de las variables, X_2, en función de la otra, X_1, $\hat{X}_2(X_1)$: $\hat{X}_2 = -1.1451X_1 + 93.342$.

(denotamos $\mathcal{I}$ a la matriz identidad):

$$\begin{vmatrix} 107-\lambda & -122.55 \\ -122.55 & 253-\lambda \end{vmatrix} = 0 \Longrightarrow \lambda^2 - 360\lambda + 12052.5 = 0$$

Las dos soluciones de esta ecuación[5] son $\lambda_1 = 322.64$ y $\lambda_2 = 37.35$.

A continuación, calculamos un vector propio unitario asociado al mayor valor propio, $\vec{u}_1$. Este vector debe cumplir que:

$$\begin{aligned} L\vec{u}_1 = \lambda_1\vec{u}_1 \quad &\Longrightarrow \quad (L-\lambda_1\mathcal{I})\vec{u}_1 = \vec{0} \\ &\Longrightarrow \quad \begin{bmatrix} 107-\lambda_1 & -122.55 \\ -122.55 & 253-\lambda_1 \end{bmatrix} \begin{bmatrix} u_{11} \\ u_{21} \end{bmatrix} = \begin{bmatrix} 0 \\ 0 \end{bmatrix} \end{aligned}$$

Así, obtenemos el siguiente sistema homogéneo de dos ecuaciones con dos incógnitas (u_{11} y u_{21}, las dos componentes del vector $\vec{u}_1$):

$$\begin{aligned} -215.64u_{11} - 122.55u_{21} &= 0 \\ -122.55u_{11} - \ 69.64u_{21} &= 0 \end{aligned}$$

donde una de las ecuaciones es una combinación lineal de la otra, por ser nulo el determinante $|L-\lambda_1\mathcal{I}|$. A partir de cualquiera de las dos ecuaciones anteriores, obtenemos la siguiente relación:

$$u_{21} = -1.76u_{11}$$

Cualquier vector cuyas componentes verifiquen la relación anterior será vector propio de L asociado a λ_1. Tal es el caso, por ejemplo, del vector $(1,-1.76)^T$; pero este vector no es unitario, su norma es $\sqrt{1+(-1.76)^2} = 2.02$. Si lo normalizamos obtenemos un vector propio unitario de L asociado a λ_1, es decir,

$$\vec{u}_1 = \begin{bmatrix} 1/2.02 \\ -1.76/2.02 \end{bmatrix} = \begin{bmatrix} 0.495 \\ -0.87 \end{bmatrix} = \begin{bmatrix} -\beta \\ \alpha \end{bmatrix}$$

Así la RAO centrada y reescalada, F_1, será la que pase por el origen y tenga como vector director $\vec{u}_1$. Esta recta aparece representada en la Figura 8.3; donde se puede comprobar que el opuesto de $\vec{u}_1$, es decir, el vector de componentes $(-0.495, 0.87)$, es otro vector unitario y director de F_1.

Por otro lado, un vector propio unitario asociado al menor valor propio, $\vec{u}_2$, puede obtenerse como:

$$\vec{u}_2 = \begin{bmatrix} -0.87 \\ -0.495 \end{bmatrix} = \begin{bmatrix} \alpha \\ \beta \end{bmatrix}$$

[5]En el caso bivariante, la ecuación característica es igual a: $\lambda^2 - (\mathrm{tr}L)\lambda + |L| = 0$.

Figura 8.3: Recta de ajuste ortogonal o primer eje F_1, centrada y reescalada.

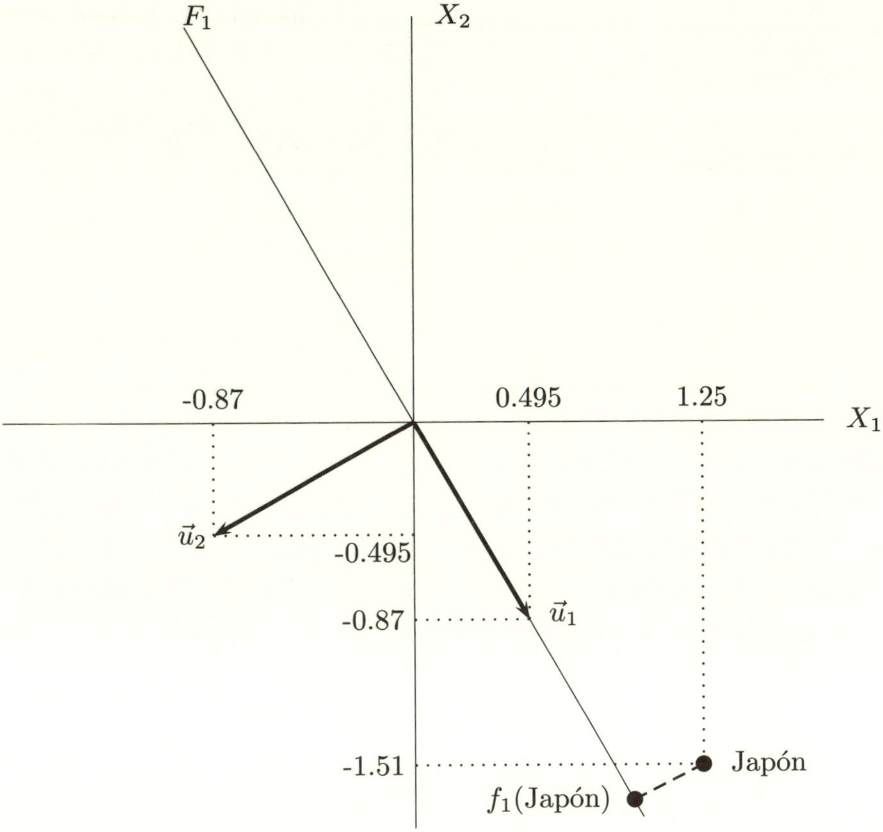

Este vector es ortogonal a la recta F_1 (véase la Figura 8.3).

Las proyecciones sobre la recta F_1 de los 132 paises ($f_1(i)$, $i = 1, ..., 132$) forman el vector $\vec{f_1}$ que se obtiene matricialmente como:

$$\vec{f_1} = \mathbf{X}_r \vec{u}_1 = \mathbf{X}_r \begin{bmatrix} 0.495 \\ -0.87 \end{bmatrix} = [\vec{x}_1 \vec{x}_2] \begin{bmatrix} 0.495 \\ -0.87 \end{bmatrix} \qquad (8.10)$$

donde $\mathbf{X}_r$ es la matriz de datos centrada y reescalada, de dimensión 132×2 en este ejercicio. Por ejemplo, la proyección de Japón (país donde la esperanza de vida es de 79 años, véase la Tabla 5.1 pág. 65, y un 2% de su PIB se obtiene en el sector agrícola) es igual a:

$$\begin{aligned} f_1(\text{Japón}) &= \left(\frac{79 - 64.6}{\sqrt{132}} \quad \frac{2 - 19.37}{\sqrt{132}} \right) \begin{bmatrix} 0.495 \\ -0.87 \end{bmatrix} = \\ &= (1.25 - 1.51) \begin{bmatrix} 0.495 \\ -0.87 \end{bmatrix} = 1.93 \end{aligned}$$

Esta proyección o coordenada sobre F_1 aparece representada en la Figura 8.3.

De forma similar, puede comprobarse que las proyecciones, por ejemplo, de Nepal y Alemania son -2.92 y 1.8, respectivamente.

Las proyecciones de unos individuos serán positivas (como las de Japón y Alemania) y otras negativas (como Nepal), indicando que unos individuos se proyectan sobre F_1 a un lado del origen y otros en el lado contrario[6]. Un individuo medio (es decir, un país cuyos valores de las variables estudiadas sean próximos a la media del conjunto) se situará próximo al origen o centro de gravedad de la nube, por tanto, su proyección sobre F_1 también será casi nula. La suma de las proyecciones de los 132 paises debe ser cero.

En la Figura 8.4 aparece representada la recta F_1 y las proyecciones o coordenadas sobre ella de Japón, Nepal y Alemania, denotadas $f_1(\text{J})$, $f_1(\text{N})$ y $f_1(\text{A})$, respectivamente. Si completásemos este gráfico representando las proyecciones de los 129 paises restantes tendríamos la mejor representación en una sola dimensión

[6] El signo de las proyecciones es arbitrario y depende del sentido del vector director $\vec{u}_1$ que tomemos. En este ejemplo, si en lugar de trabajar con $\vec{u}_1 = (0.495, -0.87)$ hubiésemos trabajado con su opuesto, $(-0.495, 0.87)$, hubiésemos obtenido las mismas proyecciones para Japón, Nepal y Alemania, pero con los signos cambiados; es decir, estas proyecciones hubiesen sido -1.93, 2.92 y -1.8, respectivamente. Ambos conjuntos de resultados son igualmente válidos porque sólo nos importa la proximidad de unas proyecciones respecto de otras.

Figura 8.4: Proyección sobre F_1 de Japón, Nepal y Alemania.

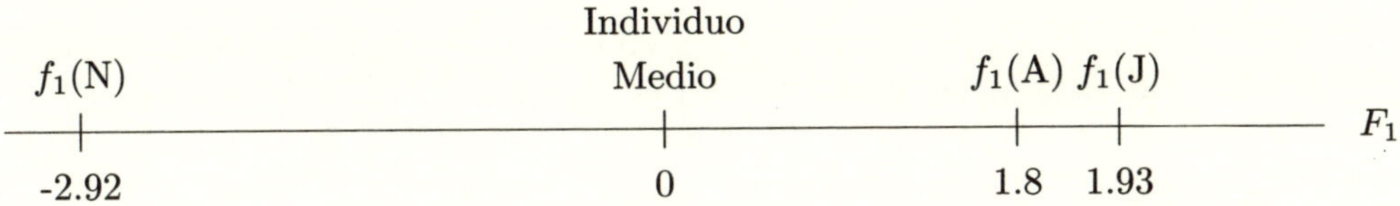

de sus principales similitudes y contraposiciones en relación al valor que toman para las variables estudiadas: Esperanza de vida (X_1) y Porcentaje del PIB que se obtiene en el sector agrícola (X_2).

Los paises similares se proyectarán próximos entre sí (como Japón y Alemania) y, por el contrario, paises con valores diferentes se situarán alejados (como Japón y Nepal). Pero, ¿por qué se contraponen Japón y Nepal? o ¿en qué se parecen Japón y Alemania? Para contestar a estas preguntas debemos interpretar el nuevo eje obtenido F_1.

Sobre esta recta se representa una nueva variable que es una combinación lineal de las variables X_1 y X_2; como se deduce de la expresión (8.10):

$$F_1 = 0.495X_1 - 0.87X_2 \tag{8.11}$$

Las variables X_1 y X_2 están centradas (y reescaladas), por tanto, su valor para un individuo será positivo, negativo o nulo según si el individuo toma un valor por encima, por debajo o igual a la media, respectivamente. En la expresión (8.11), el coeficiente de X_1 es positivo y el de X_2 negativo, por tanto, la nueva variable F_1 tomará valores más altos cuanto mayor sea el valor de X_1 y/o menor (más negativo) sea el valor de X_2. Es decir, el valor de F_1 para un país será tanto mayor cuanto más por encima de la media esté su esperanza de vida y/o más por debajo de la media esté la proporción del PIB obtenido en el sector agrícola.

En la siguiente sección, vamos a analizar la nube de puntos variable o nube dual de la misma forma que hemos analizado la nube de puntos individuo. Entre los resultados de ambos análisis hay unas importantes relaciones de transición que permiten llegar a la misma interpretación de F_1 que la que se deduce de la expresión (8.11).

8.2.3 Representación de la nube dual

Vamos a analizar la nube de puntos variable, o nube dual, del mismo modo que hemos analizado la nube de puntos individuo. El objeto de nuestro estudio es ahora las columnas de la matriz $\mathbf{X}_r$ (filas de la matriz $\mathbf{X}_r^T$), es decir, los puntos variable que son dos ($\vec{x}_1 = \frac{\vec{c}_1}{\sqrt{N}}$ y $\vec{x}_2 = \frac{\vec{c}_2}{\sqrt{N}}$) y están en $\mathbf{R}^N$. La inercia de esta nube dual es idéntica a la inercia de la nube de individuos:

$$I = \| \vec{x}_1 \|^2 + \| \vec{x}_2 \|^2 = \frac{\| \vec{c}_1 \|^2}{N} + \frac{\| \vec{c}_2 \|^2}{N} = S_1^2 + S_2^2$$

Este resultado no es extraño, ambas nubes provienen de la misma matriz de datos y contienen, por tanto, la misma información.

De nuevo, la recta que mejor se ajuste a esta nube, que denotaremos por G_1, será la que maximice la inercia proyectada. Las proyecciones de las variables sobre una recta cualquiera G, de vector director unitario $\vec{v}$, se obtendrán de forma vectorial como:

$$\vec{g} = \begin{bmatrix} g(1) \\ g(2) \end{bmatrix} = \begin{pmatrix} \vec{x}_1^T \\ \vec{x}_2^T \end{pmatrix} \vec{v} = \mathbf{X}_r^T \vec{v}$$

donde $g(1)$ y $g(2)$ indican la proyección de $\vec{x}_1$ y $\vec{x}_2$, respectivamente.

El problema de maximización se escribe ahora:

$$\begin{array}{ll} \max\limits_{\vec{v}} & \vec{v}^T \mathbf{X}_r \mathbf{X}_r^T \vec{v} \\ \text{s.a.} & \vec{v}^T \vec{v} = 1 \end{array} \tag{8.12}$$

y el lagrangiano asociado es

$$\mathcal{L} = \vec{v}^T \mathbf{X}_r \mathbf{X}_r^T \vec{v} - \lambda(\vec{v}^T \vec{v} - 1)$$

La situación es totalmente análoga a la anterior, salvo que ahora $\vec{v} \in \mathbf{R}^N$ y la matriz objeto de estudio es $\mathbf{X}_r \mathbf{X}_r^T$. Por tanto, obtenemos que la solución $\vec{v}_1$ ha de ser un vector propio unitario de la matriz $\mathbf{X}_r \mathbf{X}_r^T$, asociado al valor propio máximo. Este vector propio determina la recta G_1.

Ahora bien, si λ es un valor propio de $\mathbf{X}_r^T \mathbf{X}_r$,

$$\mathbf{X}_r^T \mathbf{X}_r \vec{u} = \lambda \vec{u} \quad \Rightarrow \quad \mathbf{X}_r \mathbf{X}_r^T (\mathbf{X}_r \vec{u}) = \lambda (\mathbf{X}_r \vec{u})$$

es decir, λ también es un valor propio de $\mathbf{X}_r \mathbf{X}_r^T$, y por tanto $\mathbf{X}_r \mathbf{X}_r^T$ tendrá los mismos valores propios no nulos que $\mathbf{X}_r^T \mathbf{X}_r$ ($\lambda_1 \geq \lambda_2 \geq 0$). Los $N-2$ valores propios restantes son nulos puesto que rango($\mathbf{X}_r\mathbf{X}_r^T$) = rango($\mathbf{X}_r^T\mathbf{X}_r$) = rango($\mathbf{X}_r$) ≤ 2.

Las proyecciones de la nube dual sobre G_1 se obtendrán como:

$$\vec{g}_1 = \mathbf{X}_r^T\vec{v}_1 = \begin{bmatrix} g_1(1) \\ g_1(2) \end{bmatrix} \tag{8.13}$$

donde $\vec{v}_1$ es vector propio unitario asociado a λ_1, respecto de la matriz $\mathbf{X}_r\mathbf{X}_r^T$. Sea $\vec{v}_2$ vector propio unitario asociado a λ_2. Denotemos por G_2 la recta determinada por este vector. Las proyecciones sobre G_2 serán

$$\vec{g}_2 = \mathbf{X}_r^T\vec{v}_2 = \begin{bmatrix} g_2(1) \\ g_2(2) \end{bmatrix}$$

Debido a que $\mathbf{X}_r\mathbf{X}_r^T$ es una matriz simétrica, los ejes obtenidos son ortogonales.

Propiedades

1. El producto escalar de los vectores de las proyecciones de las variables es cero.

   Demostración:

   $$\vec{g}_1^T\vec{g}_2 = \vec{v}_1^T\mathbf{X}_r\mathbf{X}_r^T\vec{v}_2 = \vec{v}_1^T\lambda_2\vec{v}_2 = \lambda_2\vec{v}_1^T\vec{v}_2 = 0$$

2. La inercia proyectada sobre cada eje, coincide con el valor propio asociado.

   Demostración:

$$\begin{aligned} I_{G_1} &= g_1^2(1) + g_1^2(2) = \vec{g}_1^T\vec{g}_1 = \vec{v}_1^T\mathbf{X}_r\mathbf{X}_r^T\vec{v}_1 = \vec{v}_1^T\lambda_1\vec{v}_1 = \lambda_1 \\ I_{G_2} &= g_2^2(1) + g_2^2(2) = \vec{g}_2^T\vec{g}_2 = \vec{v}_2^T\mathbf{X}_r\mathbf{X}_r^T\vec{v}_2 = \vec{v}_2^T\lambda_2\vec{v}_2 = \lambda_2 \end{aligned}$$

Vistas las expresiones anteriores es claro que las fidelidades de los ejes en la nube dual resultan iguales a las calculadas en la nube de los individuos. En la nube dual habría $N-2$ direcciones propias más, asociadas a valores propios nulos y por tanto son irrelevantes para nuestro análisis, ya que no recogen inercia alguna.

8.2.4 Relaciones de transición

A continuación, veremos las relaciones existentes entre las proyecciones y vectores directores de las dos nubes de puntos estudiadas.

Consideremos $\vec{v}_1$, vector propio unitario de $\mathbf{X}_r\mathbf{X}_r^T$ asociado al mayor valor propio, λ_1:

$$\mathbf{X}_r\mathbf{X}_r^T\vec{v}_1 = \lambda_1\vec{v}_1 \tag{8.14}$$

premultiplicando en (8.14) por $\mathbf{X}_r^T$, se sigue que:

$$\mathbf{X}_r^T\mathbf{X}_r\mathbf{X}_r^T\vec{v}_1 = \lambda_1\mathbf{X}_r^T\vec{v}_1$$

como además $\vec{g}_1 = \mathbf{X}_r^T\vec{v}_1$, obtenemos que:

$$\mathbf{X}_r^T\mathbf{X}_r\vec{g}_1 = \lambda_1\vec{g}_1 \tag{8.15}$$

De la relación anterior, vemos que $\vec{g}_1$ es un vector propio de la matriz de covarianzas ($L = \mathbf{X}_r^T\mathbf{X}_r$) asociado al valor propio λ_1, con lo que estará en la dirección de $\vec{u}_1$. Como además $\| \vec{g}_1 \| = \sqrt{\lambda_1}$, tendremos que $\vec{g}_1 = \sqrt{\lambda_1}\vec{u}_1$. Análogamente, obtenemos la relación de $\vec{g}_2$ con $\vec{u}_2$, y así las primeras relaciones de transición serán:

$$\begin{aligned} \vec{g}_1 &= \sqrt{\lambda_1}\vec{u}_1 \\ \vec{g}_2 &= \sqrt{\lambda_2}\vec{u}_2 \end{aligned} \tag{8.16}$$

Consideremos ahora $\vec{u}_1$, vector propio de $\mathbf{X}_r^T\mathbf{X}_r$:

$$\mathbf{X}_r^T\mathbf{X}_r\vec{u}_1 = \lambda_1\vec{u}_1 \tag{8.17}$$

premultiplicando en (8.17) por $\mathbf{X}_r$, se sigue que:

$$\mathbf{X}_r\mathbf{X}_r^T\mathbf{X}_r\vec{u}_1 = \lambda_1\mathbf{X}_r\vec{u}_1$$

como además $\vec{f}_1 = \mathbf{X}_r\vec{u}_1$, obtenemos que:

$$\mathbf{X}_r\mathbf{X}_r^T\vec{f}_1 = \lambda_1\vec{f}_1 \tag{8.18}$$

Tenemos, por tanto, que $\vec{f}_1$ es un vector propio de la matriz $\mathbf{X}_r\mathbf{X}_r^T$, asociado al valor propio λ_1 y habrá de estar en la dirección de $\vec{v}_1$. Como el módulo de $\vec{f}_1$ es $\| \vec{f}_1 \| = \sqrt{\lambda_1}$ resulta que $\vec{f}_1 = \sqrt{\lambda_1}\vec{v}_1$. De un desarrollo análogo obtenemos la relación para $\vec{f}_2$ y así, las segundas relaciones de transición serán:

$$\begin{aligned} \vec{f}_1 &= \sqrt{\lambda_1}\vec{v}_1 \\ \vec{f}_2 &= \sqrt{\lambda_2}\vec{v}_2 \end{aligned} \tag{8.19}$$

Con la notación utilizada $\vec{u}_1 = (-\beta, \alpha)^T$ y $\vec{u}_2 = (\alpha, \beta)^T$ tenemos que las proyecciones de las variables se obtienen inmediatamente como:

$$\vec{g}_1 = \sqrt{\lambda_1}\begin{pmatrix} -\beta \\ \alpha \end{pmatrix}; \qquad \vec{g}_2 = \sqrt{\lambda_2}\begin{pmatrix} \alpha \\ \beta \end{pmatrix}$$

8.2.5 Representación simultánea e interpretación

Los resultados obtenidos al estudiar ambas nubes poseen fundamentalmente la misma significación; incluso si se expresan en términos de individuos para una y en términos de variables para otra.

Tomemos por ejemplo $\vec{f_1}$, de las relaciones de transición (8.16) obtenemos que: $\vec{u}_1 = \frac{1}{\sqrt{\lambda_1}}\vec{g}_1$. Por tanto,

$$\vec{f_1} = \mathbf{X}_r\vec{u}_1 = \frac{1}{\sqrt{\lambda_1}}\mathbf{X}_r\vec{g}_1$$

Es decir,

$$\begin{pmatrix} f_1(1) \\ \vdots \\ f_1(i) \\ \vdots \\ f_1(N) \end{pmatrix} = \frac{1}{\sqrt{\lambda_1}}\begin{pmatrix} x_{11} & x_{12} \\ \vdots & \vdots \\ x_{i1} & x_{i2} \\ \vdots & \vdots \\ x_{N1} & x_{N2} \end{pmatrix}\begin{pmatrix} g_1(1) \\ g_1(2) \end{pmatrix}$$

luego

$$f_1(i) = \frac{1}{\sqrt{\lambda_1}}[x_{i1}g_1(1) + x_{i2}g_1(2)] \quad \forall i = 1, ..., N \tag{8.20}$$

Vemos así cómo la proyección de un individuo sobre F_1, $f_1(i)$, es una combinación lineal de las proyecciones de las dos variables sobre G_1, $g_1(1)$ y $g_1(2)$. Los coeficientes de esa combinación lineal son los valores (centrados y reescalados) de las variables para el individuo, x_{i1} y x_{i2}. Estos coeficientes serán positivos cuando el individuo toma valores superiores a la media de esa variable y negativos en caso contrario. Por tanto, si colocamos en el mismo gráfico las proyecciones de los individuos y de las variables, un individuo se proyectará hacia el mismo lado que aquella/s variable/s de la/s que toma valores mayores que la media. Por eso se pueden superponer las proyecciones de los individuos y variables en un mismo gráfico, realizando lo que se denomina representación simultánea.

Aunque F_1 y G_1 tienen diferente naturaleza (F_1 es una recta de $\mathbf{R}^2$, su vector director $\vec{u}_1 \in \mathbf{R}^2$ y G_1 es una recta de $\mathbf{R}^N$, su vector director $\vec{v}_1 \in \mathbf{R}^N$) se suele hacer esta representación simultánea porque la representación de las variables ayuda a interpretar la de los individuos y viceversa.

Figura 8.5: Representación del primer eje de la nube dual, G_1, del análisis centrado y reescalado.

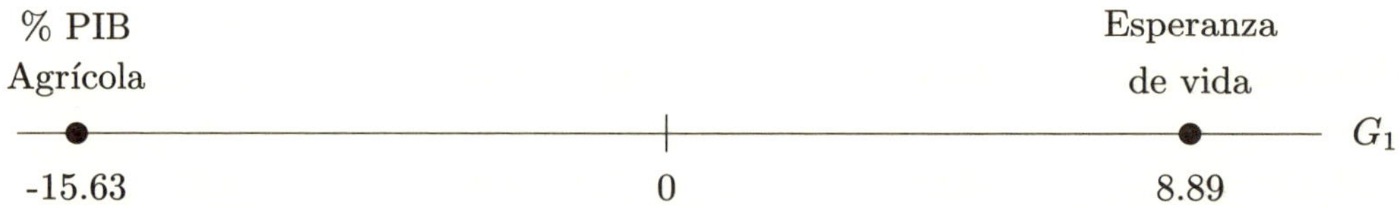

Observando las distancias entre individuos vemos las principales similitudes y contraposiciones entre ellos y además al representar conjuntamente las variables sabemos las causas de esas similitudes y diferencias. Un individuo estará situado, en cada eje, del lado de las variables de las cuales tome valores superiores a la media.

Ejemplo 8.2 Siguiendo con los datos del Ejemplo 8.1, el vector de proyecciones de las variables, Esperanza de vida (X_1) y Porcentaje del PIB que se obtiene en el sector agrícola (X_2), sobre el primer eje G_1 de la nube dual es igual a:

$$\vec{g}_1 = \sqrt{\lambda_1}\vec{u}_1 = \sqrt{322.64}\begin{bmatrix} 0.495 \\ -0.87 \end{bmatrix} = \begin{bmatrix} 8.89 \\ -15.63 \end{bmatrix} = \begin{bmatrix} g_1(1) \\ g_1(2) \end{bmatrix}$$

En la Figura 8.5, representamos el primer eje de la nube dual, G_1, indicando la posición de las dos variables.

En la Figura 8.6, representamos simultáneamente el primer eje tanto de la nube de puntos individuo, F_1, como de la nube dual, G_1; indicando la posición de las dos variables y los paises Japón, Nepal y Alemania (cuya proyección fue calculada en el Ejemplo 8.1, el resto de paises podría representarse siguiendo el mismo procedimiento). Según la expresión (8.20) tenemos que, en este ejemplo:

$$f_1(i) = \frac{1}{\sqrt{322.64}}[x_{i1}(8.89) + x_{i2}(-15.63)] \quad \forall i = 1, ..., N$$

En concreto, en el caso de Japón puede comprobarse como:

$$f_1(J) = \frac{1}{\sqrt{322.64}}[(1.25)(8.89) + (-1.51)(-15.63)] = 1.93$$

Figura 8.6: Representación simultánea del primer eje, F_1 y G_1, del análisis centrado y reescalado.

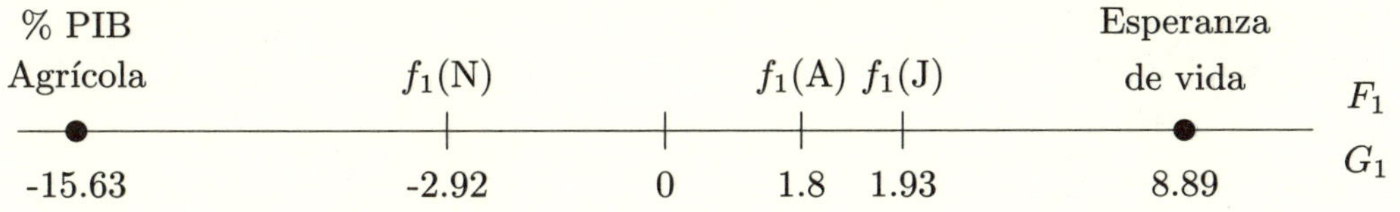

En general, la proyección de un individuo, $f_1(i)$, será tanto mayor cuanto más positivo sea su valor de X_1, x_{i1}, y/o más negativo sea su valor de X_2, x_{i2}. Dado que x_{i1} y x_{i2} son valores centrados (y reescalados), un país se situará tanto más a la derecha sobre F_1 cuanto más por encima de la media esté su esperanza de vida y/o más por debajo de la media esté la proporción del PIB obtenido en el sector agrícola[7]. En este sentido, podemos decir que el valor de F_1 para un país (es decir, su coordenada sobre la RAO) será tanto mayor cuanto más "desarrollado" esté[8]. En este ejemplo, interpretamos F_1 como un eje de "desarrollo".

Si completásemos la representación simultánea anterior, situando los 129 paises restantes, podríamos establecer un ranking de desarrollo entre ellos. Veríamos qué paises se parecen entre sí (los que se proyectan próximos, como Japón y Alemania), cuáles se contraponen (como Japón y Nepal) y porqué. En particular, Japón y Alemania se parecen en que están más "desarrollados" que la media y se contraponen a Nepal, que es un país menos "desarrollado" que la media.

La fidelidad de los resultados obtenidos nos la indica la proporción de inercia proyectada sobre el primer eje (tanto F_1 como G_1):

$$\tau_1 = \frac{I_{F_1}}{I} = \frac{I_{G_1}}{I} = \frac{\lambda_1}{\lambda_1 + \lambda_2} = \frac{322.64}{360} = 0.896$$

El 89.6% de la inercia total de la nube queda recogida mediante

[7]Esta interpretación es la misma que obtuvimos al final del Ejemplo 8.1 utilizando la expresión (8.11), pág. 135.

[8]Las dos variables estudiadas, X_1 y X_2, son indicadores de desarrollo, mediante este análisis las sintetizamos en una nueva variable F_1 combinación lineal de ambas.

las proyecciones sobre el primer eje. Es un porcentaje alto, por tanto, podemos considerar fiables los resultados obtenidos. La posición de los puntos sobre el primer eje es un fiel reflejo de su posición en la nube original.

8.2.6 Recta de ajuste ortogonal para variables centronormadas

El uso de variables normadas o centronormadas resulta interesante cuando no queremos que la diferencia de la escala de las variables influya en el análisis.

Veremos que en el caso en que la matriz de datos está centronormada, se puede obtener una expresión general de la RAO (F_1) así como del segundo eje (F_2) y, por tanto, también de las proyecciones de los puntos individuo y puntos variable. Por ello, es de interés resolverlo de forma particular, puesto que si bien resulta un caso demasiado simple para el análisis práctico de datos reales, será de gran interés pedagógico por la claridad de los resultados y como preparación al análisis general de datos normados.

En lugar de transformar los datos centrándolos y reescalándolos, como hemos hecho en las secciones anteriores, el análisis que presentamos a continuación supone que transformamos los datos originales centrándolos y normalizándolos (véase el Apéndice B.3, pág. 264):

$$\mathbf{X}_n = \left(\frac{x_{ij} - \overline{x}_j}{S_j\sqrt{N}}\right) \qquad \text{con } i = 1, \ldots, N \text{ y } j = 1, 2\ ,$$

Entonces, la matriz $\mathbf{X}_n^T\mathbf{X}_n$ es la matriz de correlación R y debemos calcular sus valores propios y vectores propios unitarios. Para ello calculamos la ecuación característica:

$$|R - \lambda\mathcal{I}| = \begin{vmatrix} 1-\lambda & r \\ r & 1-\lambda \end{vmatrix} = 0$$

donde r es el coeficiente de correlación entre las variables consideradas (X_1 y X_2).

Resolviendo la ecuación obtenemos dos soluciones para λ, es decir, los dos valores propios: $(1+r)$ y $(1-r)$. Cuál de ambos es el mayor, λ_1, dependerá del signo de r, por ello, distinguimos los dos casos posibles: $r > 0$ y $r < 0$.

Primer caso: $r > 0$

El valor propio máximo será entonces $\lambda_1 = 1 + r$ y el mínimo $\lambda_2 = 1 - r$.

A continuación, calculamos un vector propio unitario asociado al menor valor propio, $\vec{u}_2$. Para ello, resolvemos el sistema: $R\vec{u}_2 = \lambda_2\vec{u}_2$.

$$\begin{pmatrix} 1 & r \\ r & 1 \end{pmatrix}\begin{pmatrix} \alpha \\ \beta \end{pmatrix} = (1-r)\begin{pmatrix} \alpha \\ \beta \end{pmatrix}$$

De aquí obtenemos la relación $\alpha = -\beta$. Como buscamos un vector propio unitario $\alpha = 1/\sqrt{2} = 0.707$ y $\beta = -1/\sqrt{2} = -0.707$, con lo que

$$\vec{u}_2 = \begin{pmatrix} 0.707 \\ -0.707 \end{pmatrix} = \begin{pmatrix} \alpha \\ \beta \end{pmatrix} \quad \text{y} \quad \vec{u}_1 = \begin{pmatrix} 0.707 \\ 0.707 \end{pmatrix} = \begin{pmatrix} -\beta \\ \alpha \end{pmatrix}$$

Por tanto, la RAO pasa por el origen y tiene como dirección la del vector $\vec{u}_1$, es decir, corresponde a la bisectriz del primer y tercer cuadrante del plano formado por las variables (X_1, X_2).

Las proyecciones de los individuos sobre F_1 y F_2 se obtienen como:

$$\vec{f}_1 = \mathbf{X}_n\vec{u}_1 = \mathbf{X}_n \begin{pmatrix} 0.707 \\ 0.707 \end{pmatrix} \quad \text{y} \quad \vec{f}_2 = \mathbf{X}_n\vec{u}_2 = \mathbf{X}_n \begin{pmatrix} 0.707 \\ -0.707 \end{pmatrix}$$

donde $\mathbf{X}_n$ es la matriz de datos centrados y normados.

Las proyecciones de las variables son iguales a:

$$\begin{aligned} \vec{g}_1 &= \sqrt{\lambda_1}\vec{u}_1 = \sqrt{1+r}\begin{pmatrix} 0.707 \\ 0.707 \end{pmatrix} = \begin{pmatrix} g_1(1) \\ g_1(2) \end{pmatrix} \\ \vec{g}_2 &= \sqrt{\lambda_2}\vec{u}_2 = \sqrt{1-r}\begin{pmatrix} 0.707 \\ -0.707 \end{pmatrix} = \begin{pmatrix} g_2(1) \\ g_2(2) \end{pmatrix} \end{aligned}$$

Estas proyecciones se representan en la Figura 8.7; donde $\vec{x}_1$ y $\vec{x}_2$ son las columnas de la matriz $\mathbf{X}_n$, es decir, los vectores de valores centronormados de las variables estudiadas y su módulo es igual a la unidad ($\| \vec{x}_1 \| = \| \vec{x}_2 \| = 1$). Al proyectar las distancias pueden contraerse pero nunca expandirse, por tanto, las proyecciones de las variables sobre cualquier eje serán siempre menores o iguales que la unidad en un análisis centronormado.

Resulta claro, tanto analítica como gráficamente, que las variables se proyectan de forma simétrica respecto del primer eje o factor G_1. Si $r \approx 1$, entonces los puntos variable estarán muy cerca de sus proyecciones sobre G_1, coincidiendo con ellas cuando $r = 1$. En el caso $r \approx 0$, vemos como las proyecciones sobre los dos ejes tienden a ser iguales, siendo exactamente iguales cuando $r = 0$.

Si el análisis es centronormado, la proyección de una variable sobre un eje es igual a la correlación entre la variable y el eje; por ejemplo, la proyección de la variable X_2 sobre el primer eje, $g_1(2)$, es la correlación entre la variable X_2 y el eje F_1, $\text{corr}(X_2, F_1)$.

Figura 8.7: Proyecciones de las variables en un análisis centronormado cuando $r > 0$.

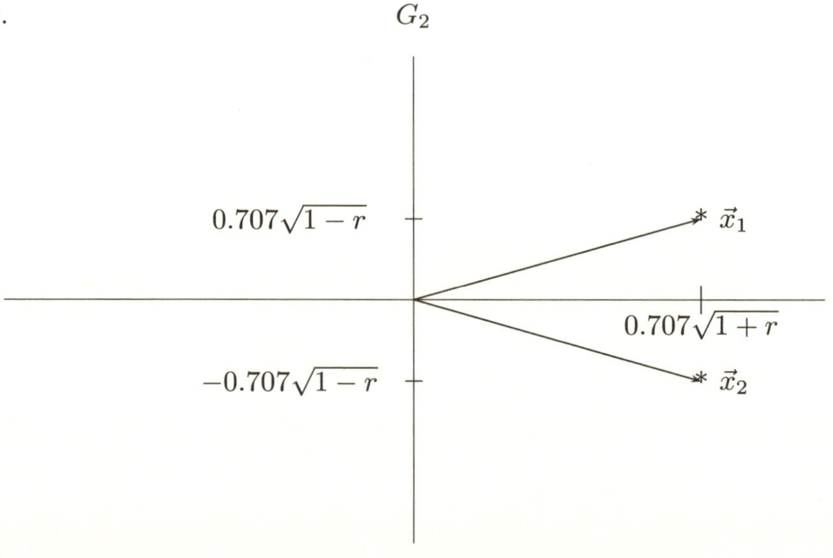

De la expresión de las proyecciones de las variables, véase (8.13), y a través de las relaciones de transición (8.19), obtenemos que:

$$\vec{g}_1 = \mathbf{X}_n^T \vec{v}_1 = \mathbf{X}_n^T \frac{\vec{f}_1}{\sqrt{\lambda_1}} = \begin{pmatrix} \vec{x}_1^T \\ \vec{x}_2^T \end{pmatrix} \frac{\vec{f}_1}{\sqrt{\lambda_1}} = \begin{pmatrix} g_1(1) \\ g_1(2) \end{pmatrix}$$

Por tanto,

$$g_1(1) = \vec{x}_1^T \frac{\vec{f}_1}{\sqrt{\lambda_1}} = \frac{< \vec{x}_1, \vec{f}_1 >}{\| \vec{x}_1 \| \| \vec{f}_1 \|} = \text{corr}(X_1, F_1) \qquad (8.21)$$

$$g_1(2) = \vec{x}_2^T \frac{\vec{f}_1}{\sqrt{\lambda_1}} = \frac{< \vec{x}_2, \vec{f}_1 >}{\| \vec{x}_2 \| \| \vec{f}_1 \|} = \text{corr}(X_2, F_1) \qquad (8.22)$$

La última igualdad de las expresiones (8.21) y (8.22) se basa en la interpretación gráfica de la correlación presentada en el Apéndice C (véase la expresión (C.6) pág. 281).

Segundo caso: $r < 0$

Este caso se resuelve de forma análoga al anterior, obteniéndose los siguientes resultados: $\lambda_1 = 1 - r$, $\lambda_2 = 1 + r$, $\vec{u}_1 = (-0.707, 0.707)^T$ y $\vec{u}_2 = (0.707, 0.707)^T$. La RAO es la bisectriz del segundo y cuarto cuadrante del plano formado por las variables (X_1, X_2).

Las proyecciones de los individuos sobre F_1 y F_2 se obtienen como:

Figura 8.8: Proyecciones de las variables en un análisis centronormado cuando $r < 0$.

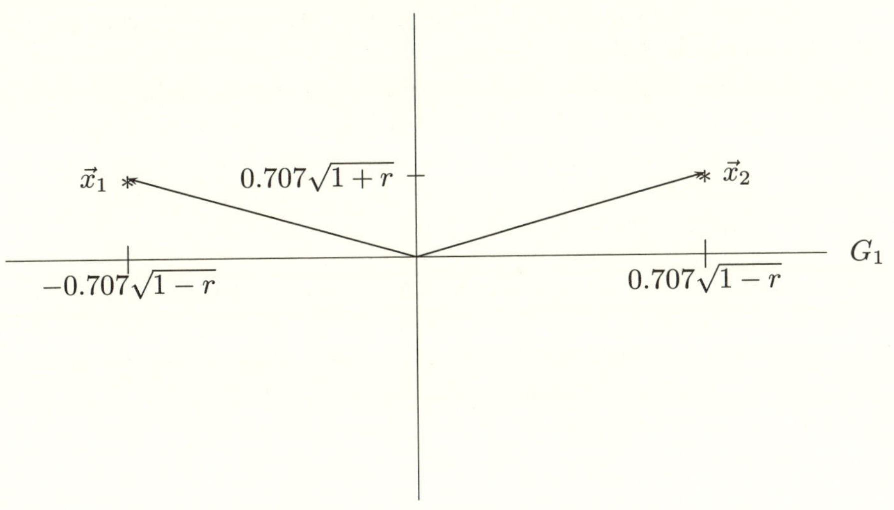

$$\vec{f}_1 = \mathbf{X}_n\vec{u}_1 = \mathbf{X}_n \begin{pmatrix} -0.707 \\ 0.707 \end{pmatrix} \quad \text{y} \quad \vec{f}_2 = \mathbf{X}_n\vec{u}_2 = \mathbf{X}_n \begin{pmatrix} 0.707 \\ 0.707 \end{pmatrix}$$

donde $\mathbf{X}_n$ es la matriz de datos centrados y normados.

Las proyecciones de las variables son iguales a:

$$\begin{aligned} \vec{g}_1 &= \sqrt{\lambda_1}\vec{u}_1 = \sqrt{1-r}\begin{pmatrix} -0.707 \\ 0.707 \end{pmatrix} = \begin{pmatrix} g_1(1) \\ g_1(2) \end{pmatrix} \\ \vec{g}_2 &= \sqrt{\lambda_2}\vec{u}_2 = \sqrt{1+r}\begin{pmatrix} 0.707 \\ 0.707 \end{pmatrix} = \begin{pmatrix} g_2(1) \\ g_2(2) \end{pmatrix} \end{aligned}$$

Estas proyecciones se representan en la Figura 8.8.

En este caso, las variables se proyectan de forma simétrica respecto del segundo factor G_2. El tamaño de las proyecciones $g_1(j)$, correlaciones entre la variable y el factor F_1, estará más cercano a 1, cuanto más fuerte ($r \approx -1$) sea la correlación entre las variables y estará más cercano a 0 cuanto más débil sea la correlación, ($r \approx 0$). En particular, si $r = 0$, tendremos de nuevo el mismo valor absoluto de las proyecciones sobre los dos ejes.

En ambos casos, $r > 0$ y $r < 0$, gráficamente vemos como el primer factor es más representativo cuanto mayor sea la correlación entre las variables. Esto se comprueba analíticamente, ya que la fidelidad del primer factor es $\tau_1 = (1 + |r|)/2$, y la del segundo será por tanto $\tau_2 = (1 - |r|)/2$.

Por otro lado, en el caso $r > 0$ las dos variables se proyectan en el mismo lado del primer eje, entonces, este factor contrapone los individuos con valores altos (superiores a la media) en ambas variables a los individuos con valores bajos (inferiores a la media). Cuando esto ocurre se suele decir que estamos ante un **factor de talla**.

En el caso $r < 0$ las variables se proyectan una a cada lado del primer eje, entonces, la contraposición entre los individuos se realiza en el siguiente sentido: los individuos situados a un mismo lado del eje tomarán valores altos en la variable que está situada en su mismo lado y/o bajos en la otra; de forma opuesta a los individuos situados al otro lado.

Ejemplo 8.3 Consideramos los mismos datos que en los ejemplos 8.1 y 8.2, la Esperanza de vida (X_1) y la Proporción del PIB obtenido en el sector agrícola (X_2) en 132 paises. Nos proponemos obtener la RAO centronormada para estos datos.

La matriz a diagonalizar es la de correlación que, en este caso, es igual a:

$$R = \begin{pmatrix} 1 & -0.745 \\ -0.745 & 1 \end{pmatrix} = \begin{pmatrix} 1 & r \\ r & 1 \end{pmatrix}$$

Sus dos valores propios son: $\lambda_1 = 1.745 = 1 - r$ y $\lambda_2 = 0.255 = 1 + r$. Como vectores propios unitarios asociados pueden tomarse $\vec{u}_1 = (-0.707, 0.707)^T$ y $\vec{u}_2 = (0.707, 0.707)^T$. Por tanto, la RAO centronormada será la recta que pasa por el origen y tiene como vector director $\vec{u}_1$, es decir, la bisectriz del segundo y cuarto cuadrantes (véase la Figura 8.9).

Para calcular la proyección sobre esta recta de un país (por ejemplo, Japón) es necesario centronormar sus valores de las dos variables (79 años de esperanza de vida y 2% del PIB obtenido en el sector agrícola). Para ello, calculamos previamente:

$$\begin{aligned} \| \vec{c}_1 \| &= \sqrt{N} S_1 = \sqrt{132}\sqrt{107} = 118.84 \\ \| \vec{c}_2 \| &= \sqrt{N} S_2 = \sqrt{132}\sqrt{253} = 182.74 \end{aligned}$$

Entonces:

$$\begin{aligned} f_1(\text{Japón}) &= \begin{pmatrix} \dfrac{79 - 64.6}{118.84} & \dfrac{2 - 19.37}{182.74} \end{pmatrix} \begin{bmatrix} -0.707 \\ 0.707 \end{bmatrix} = \\ &= (0.12 - 0.095) \begin{bmatrix} -0.707 \\ 0.707 \end{bmatrix} = -0.15 \end{aligned}$$

Siguiendo el mismo procedimiento obtenemos que las proyecciones, por ejemplo, de Nepal y Alemania son 0.19 y -0.135, respectivamente.

Figura 8.9: Recta de ajuste ortogonal o primer eje F_1 centronormada.

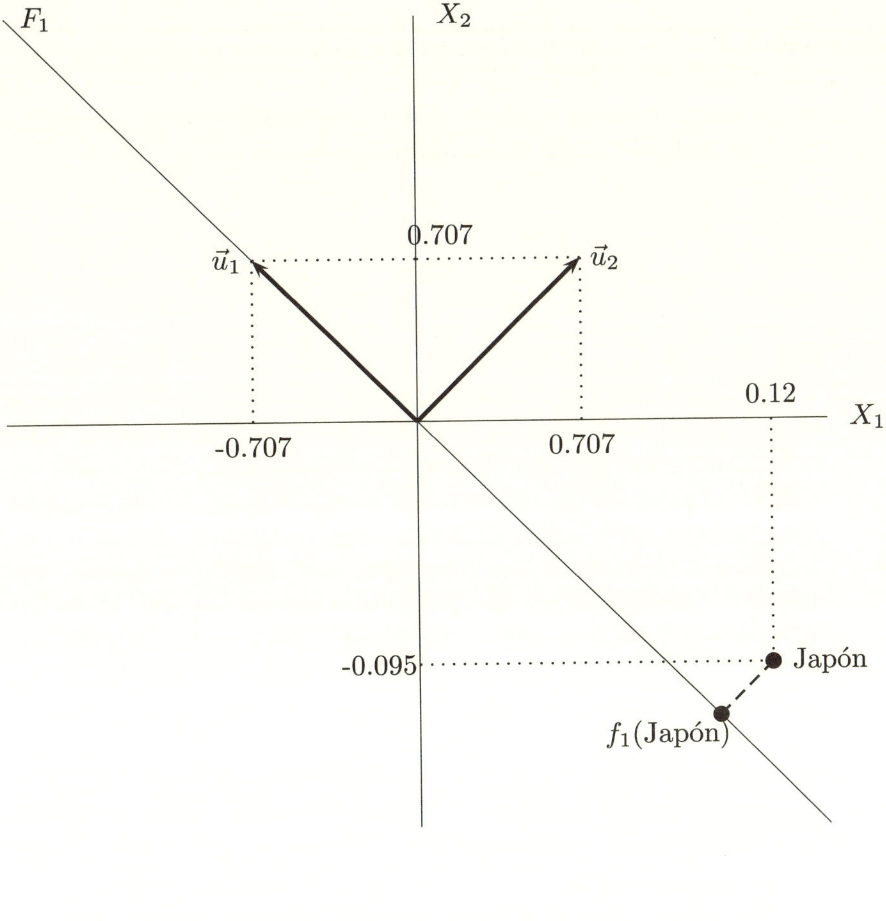

Las proyecciones o coordenadas de las dos variables sobre el primer eje, G_1, son iguales a:

$$\begin{aligned} \vec{g}_1 &= \sqrt{1.745}\begin{pmatrix} -0.707 \\ 0.707 \end{pmatrix} = \\ &= \begin{pmatrix} -0.93 \\ 0.93 \end{pmatrix} = \begin{pmatrix} g_1(1) \\ g_1(2) \end{pmatrix} = \begin{pmatrix} \text{corr}(X_1, F_1) \\ \text{corr}(X_2, F_1) \end{pmatrix} \end{aligned} \tag{8.23}$$

En la Figura 8.10 se representan estas proyecciones simultáneamente con las de los individuos Japón, Alemania y Nepal.

Figura 8.10: Representación simultánea del primer eje, F_1 y G_1, del análisis centronormado.

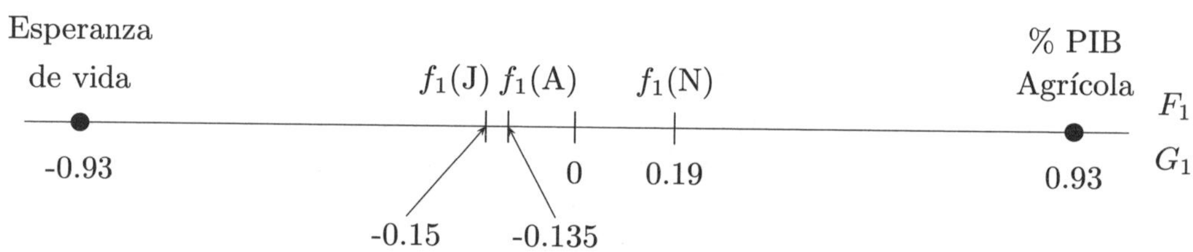

Al ser el análisis centronormado, las proyecciones de las variables (dadas en (8.23)) son las correlaciones de las variables originales con F_1. Por tanto, la nueva variable F_1 está correlacionada negativamente con X_1 ($\text{corr}(X_1, F_1) = -0.93$) y positivamente con X_2 ($\text{corr}(X_2, F_1) = 0.93$). Así, mayores valores de F_1 van asociados a menores valores de X_1 y mayores valores de X_2; un país se situará tanto más a la derecha de F_1 cuanto menor sea la esperanza de vida en él y mayor peso en su economía tenga el sector agrícola, es decir, cuanto menos "desarrollado" esté.

La posición de los paises Japón, Nepal y Alemania sobre el primer eje indica que Japón y Alemania se parecen entre sí (son paises más desarrollados que la media del conjunto) y se contraponen a Nepal (menos desarrollado que la media).

Estas conclusiones son las mismas que obtuvimos al interpretar los resultados del análisis centrado y reescalado[9] (véase el Ejemplo 8.2).

[9]Nótese que la interpretación es la misma a pesar de que las Figuras 8.6 y 8.10 están prácticamente una al revés que la otra; es decir, los individuos y variables que se proyectan en el lado positivo en una figura aparecen en el lado negativo en la otra. Esto es debido a que los vectores directores con los que se trabaja en ambos ejemplos, $\vec{u}_1 = (0.479, -0.87)^T$

8.3 Generalización del análisis a $\mathbf{R}^n$

Hasta ahora hemos estudiado el procedimiento para reducir una dispersión estadística bidimensional a una dispersión unidimensional. En realidad, esto, en sí mismo, no es ni muy útil ni muy utilizado dado que somos capaces de interpretar sin dificultad lo que ocurre en $\mathbf{R}^2$. Ahora bien, si ponemos ante la vista una gran tabla estadística, que recoja una serie de datos cuantitativos sobre un amplio conjunto de individuos, la realidad se complica y resulta de gran utilidad una reducción de esta extensa dispersión multidimensional a unas pocas magnitudes (componentes) que reflejen la parte más importante de esa información en dos, tres o cuatro nuevas variables (factores) obtenidas como combinación lineal de las variables originales.

El Análisis en Componentes Principales (ACP) permite proyectar en un plano la dispersión bidimensional que resuma mejor la realmente multidimensional, pudiendo tener, a un tiempo, el grado de fidelidad de esa representación. Como ya se ha indicado en la introducción de este capítulo, este análisis se aplica a tablas que cruzan N individuos y n variables cuantitativas. Las cuestiones que se plantean en relación con los individuos y las planteadas en relación con las variables no son de la misma naturaleza. En el caso de los individuos se trata de evaluar su semejanza respecto a las variables que estamos estudiando, mientras que para las variables se trata de evaluar su vinculación (covarianza o correlación).

Existe una dualidad inherente al estudio de una tabla rectangular: se caracterizan las clases de individuos por las variables, seleccionando aquéllas para las que el conjunto de individuos de una clase poseen valores especialmente grandes o especialmente pequeños. Asimismo, se caracteriza cada grupo de variables vinculadas entre sí por sus individuos típicos, seleccionando los individuos que poseen valores especialmente grandes o especialmente pequeños en dicho conjunto de variables.

La formalización del ACP sigue un desarrollo totalmente análogo al realizado para el caso de la RAO. Este desarrollo no se incluye por estar fuera del propósito del curso, así nos limitaremos a la presentación de un ejemplo de aplicación a datos reales, de modo que el alumno pueda apreciar la utilidad del ACP.

Ejemplo 8.4 La Tabla 8.1 contiene un extracto de los datos publicados en la revista *Autopista* tras una macroencuesta realizada a 365.186 de sus lectores entre los años 1996 y 2000.

---

y $\vec{u}_1 = (-0.707, 0.707)^T$, tienen la primera coordenada de signo contrario. Sin embargo, a la hora de interpretar el signo de las proyecciones (si es positivo o negativo) es irrelevante; miramos qué individuos y variables se situan al mismo lado del eje F_1, independientemente de si es el lado positivo o negativo.

Ident	Acabado	Confort	Motor	Velocid	AcRecu	Consum	Cmanten
ALFA145	7,49	7,9	8,77	8,48	8,11	5,89	6,58
AUDIA3	9,37	8,9	9,11	9,03	8,88	7,69	6,68
CXSAR	7,58	8,16	8	7,41	7,18	6,58	6,55
DAELANOS	6,65	7,2	7,7	7,3	6,45	4,65	6,35
FIATBRAV	8,08	8,42	9,08	8,73	8,58	7,58	7,5
FOCUS	8,5	8,52	7,8	7,8	6,68	6,54	6,76
HONCIVIC	8,33	8,28	9,04	8,04	6,67	8,5	7,17
HYUNACCE	6,44	6,17	7,91	7,19	6,73	7,1	6,95
LANCIADELT	8,38	9,13	8,25	8,25	7	5,25	6,38
MAZDA	8,52	8,64	8,86	7,84	8,07	6,93	6,25
MERCECLA	8,68	7,84	9,12	8,48	8,07	7,26	6,99
NISSALME	7,65	7,59	7,69	6,82	6,08	7,53	7,22
OASTRA	7,99	7,99	8,04	7,8	7,15	7,23	6,28
P306	7,24	7,43	8,12	7,32	7	6,62	6,72
RENMEGAN	7,64	7,53	7,38	7,41	6,82	7,24	6,91
ROVE200	8,2	7,38	7,95	7,85	7,74	7,28	5,93
SEACORD	8	7,71	9,5	9,07	9,07	8,53	7,42
SEATLEO	9,13	8,94	9,68	9,19	9,38	8,4	7,13
SUZBALE	6,67	6,81	8,73	7,21	7,11	7,5	7,21
TOYCOROLLA	8,61	8,61	7,04	6,76	5,65	7,22	8,24
GOLF	8,97	8,59	9,07	8,62	8,59	8,29	6,6

Tabla 8.1: Puntuaciones medias obtenidas por 21 modelos de coche.

Se han tomado los datos correspondientes a 7 variables y a 21 modelos de coches, que constituyen el segmento de los llamados "Compactos".

Los valores x_{ij} de la tabla, son la media de las puntuaciones asignadas por los encuestados que responden sobre el modelo de coche i para cada variable j. Estas variables, en columnas, son respectivamente: *Acabado, Confort, Motor, Velocidad, Aceleración/Recuperación, Consumo y Coste de mantenimiento.*

En las Tablas 8.2 y 8.3 tenemos los estadísticos unidimensionales y la matriz de correlación R, respectivamente, obtenidos con los datos. Tanto las medias como las desviaciones típicas nos indican que estas variables, medidas en puntuaciones de 0 a 10, no son muy diferentes en escala, sin embargo, se realiza Análisis de Componentes Principales para variables normalizadas. Este es el tipo de ACP que habitualmente se realiza debido a que en

Tabla 8.2: Estadísticos unidimensionales.

VARIABLE	Media	Desv. Típica	Mínimo	Máximo
Acabado	8,006	0,788	6,440	9,370
Confort	7,988	0,733	6,170	9,130
Motor	8,421	0,714	7,040	9,680
Velocidad	7,933	0,722	6,760	9,190
AcRecup	7,477	1,004	5,650	9,380
Consumo	7,134	0,972	4,650	8,530
Cmantenito	6,849	0,509	5,930	8,240

Tabla 8.3: Matriz de correlación.

	Acab.	Conf.	Vel.	Motor	AcRec.	Consu.	Cmant.
Acab.	1,00						
Conf.	0,86	1,00					
Vel.	0,41	0,31	1,00				
Motor	0,61	0,52	0,85	1,00			
Ac.Rec.	0,48	0,34	0,86	0,91	1,00		
Consu.	0,43	0,11	0,50	0,36	0,42	1,00	
Cmant.	0,06	0,03	0,02	-0,09	-0,14	0,44	1,00

la nube dual normada todos los puntos están situados a una distancia del origen igual a la unidad, por tanto, la distancia entre dos puntos variable nos informa del grado de relación lineal entre ellas (como se indica al final de la Sección C.3 pág. 280). Así, al realizar un ACP normado las distancias entre puntos variable se pueden interpretar en términos de correlaciones.

Antes de examinar los resultados del ACP, conviene observar las relaciones dos a dos de las variables mostradas por la matriz de correlación R. En este caso, vemos que prácticamente todas las correlaciones son positivas, algunas de ellas con valores superiores a 0.80; lo que indica que existen importantes relaciones lineales entre las variables, este hecho va a permitir reducir la dimensionalidad de los datos en unos primeros factores de forma clara, asimismo, puede preverse una interpretación clara de las similitudes y diferencias entre los distintos modelos de coches.

En la Tabla 8.4, se presentan los resultados del ACP consistente en la diagonalización de la matriz R (véase la Sección 8.2.6). La inercia total coincide con la traza de la matriz que se diagonaliza, R, y es igual al número de variables que, en este caso, es 7.

Tabla 8.4: Valores propios y porcentajes de inercia.

Número	Valor propio	Porcentaje	Porcentaje acumulado
1	3,7450	53,50	53,50
2	1,3644	19,49	72,99
3	1,1967	17,10	90,09
4	0,4366	6,24	96,32
5	0,1401	2,00	98,32
6	0,0685	0,98	99,30
7	0,0488	0,70	100,00

La Tabla 8.4 contiene los valores propios, λ_i, porcentajes de inercia proyectada, $\tau_i \times 100$, y porcentajes acumulados para $i = 1, ..., 7$. En los tres primeros ejes se recoge, respectivamente, el 53.5%, 19.49% y 17.10% de la inercia total de los datos y entre los tres ejes el 90.09%, es decir, la información más relevante contenida en la matriz de datos. Por tanto, vamos a analizar sólo estos tres primeros ejes; a los que corresponden valores propios mayores que 1, valor medio de inercia por eje.

Como los ejes son ortogonales entre sí, dos de ellos forman un plano. Se denomina plano principal al formado por los dos primeros ejes.

En primer lugar, vamos a describir los dos primeros ejes factoriales y el plano principal donde se recoge el 72.99% de la inercia total de los datos. Posteriormente, describiremos el tercer eje factorial y el plano formado por los ejes segundo y tercero.

En la Tabla 8.5 podemos observar las coordenadas de las variables proyectadas en los tres primeros ejes factoriales ($\vec{g}_1$, $\vec{g}_2$, $\vec{g}_3$) coincidentes con las correlaciones entre las mismas y los factores (veánse las expresiones (8.21) y (8.22), pág. 144). En el segundo bloque de la tabla, tenemos los vectores propios unitarios de R ($\vec{u}_1$, $\vec{u}_2$, $\vec{u}_3$, también llamados ejes unitarios) de los que se obtie-

Tabla 8.5: Resultados del ACP respecto a las variables.

Coordenadas de las variables activas sobre los tres primeros ejes

Variable	Eje 1	Eje 2	Eje 3
Acabado	0,78	0,02	-0,56
Confort	0,65	-0,13	-0,72
Motor	0,86	-0,02	0,40
Velocidad	0,93	-0,20	0,15
AcRecup	0,88	-0,19	0,36
Consumo	0,57	0,66	0,20
Cmantenito	0,05	0,91	-0,11

Ejes unitarios

Variable	Eje 1	Eje 2	Eje 3
Acabado	0,40	0,02	-0,52
Confort	0,34	-0,11	-0,66
Motor	0,45	-0,01	0,36
Velocidad	0,48	-0,17	0,14
AcRecup	0,46	-0,16	0,33
Consumo	0,29	0,57	0,18
Cmantenito	0,03	0,78	-0,10

nen los vectores $\vec{g}_1$ a $\vec{g}_3$ (aplicando las expresiones (8.16) de la pág. 138).

1. **Primer eje factorial:**

   Como se observa en la Tabla 8.5, todas las variables están correlacionadas positivamente con este eje (salvo Coste de Mantenimiento que está prácticamente incorrelacionada); esto indica que estamos ante un eje de talla. Los modelos de coches que se proyecten en la parte positiva del primer eje, son los que tienen puntuaciones altas en las variables mientras que los que lo hagan en la parte negativa tendrán puntuaciones bajas. Si tenemos en cuenta que los datos son centrados, podemos hablar de puntuaciones mayores que la media y menores que la media, respectivamente.

Por tanto, estamos ante una componente principal que podemos definir como factor de **calidad**.

2. **Segundo eje factorial:**

   Destacan las variables Consumo y Coste de Mantenimiento por tener correlaciones altas y positivas con este segundo eje. Esto quiere decir que las diferencias más importantes en estos datos después de las descritas en el primer eje, van a fijarse en función de estas variables. Los modelos de coches que se proyecten en la parte positiva del segundo eje, han recibido mejores puntuaciones en cuanto a Consumo y Coste de Mantenimiento que los proyectados en la parte negativa del mismo.

   Por tanto, estamos ante una componente principal que podemos denominar de **economía**.

3. **Tercer eje factorial**

   En este eje destacan las variables Acabado y Confort con coordenadas (y, por tanto, correlaciones) altas en la parte negativa del eje. Si tenemos en cuenta que la orientación de los ejes es arbitraria, ya que el sentido del eje depende del vector unitario elegido, podemos decir que el tercer eje recoge las puntuaciones de los coches en cuanto a su acabado y confort; por tanto, estamos ante una componente principal que podemos denominar de **confort**. Los modelos destacados en la parte negativa del eje serán comparativamente más confortables; siendo esta una característica que surge en tercer lugar, y que pretende complementar los rasgos recogidos en los dos ejes anteriores.

En la Figura 8.11, se representa el plano principal de la nube de variables. Como suele ser habitual, también se representa en este gráfico el círculo de radio unidad ya que, al haber realizado un ACP normado, las variables se proyectarán siempre dentro de dicho círculo y tanto más próximas a él cuanto mejor representadas estén mediante su proyección en el plano[10].

[10] En un ACP normado los puntos variable están situados a una distancia del origen igual a la unidad (ya que trabajamos con los vectores de valores normalizados de las variables). Al proyectar un punto sobre un eje o plano se puede producir una contracción de la distancia al origen, pero nunca una expansión, por tanto, se puede afirmar que un punto variable estará tanto mejor representado en un plano factorial cuanto más próximo esté a la circunferencia de radio unidad.

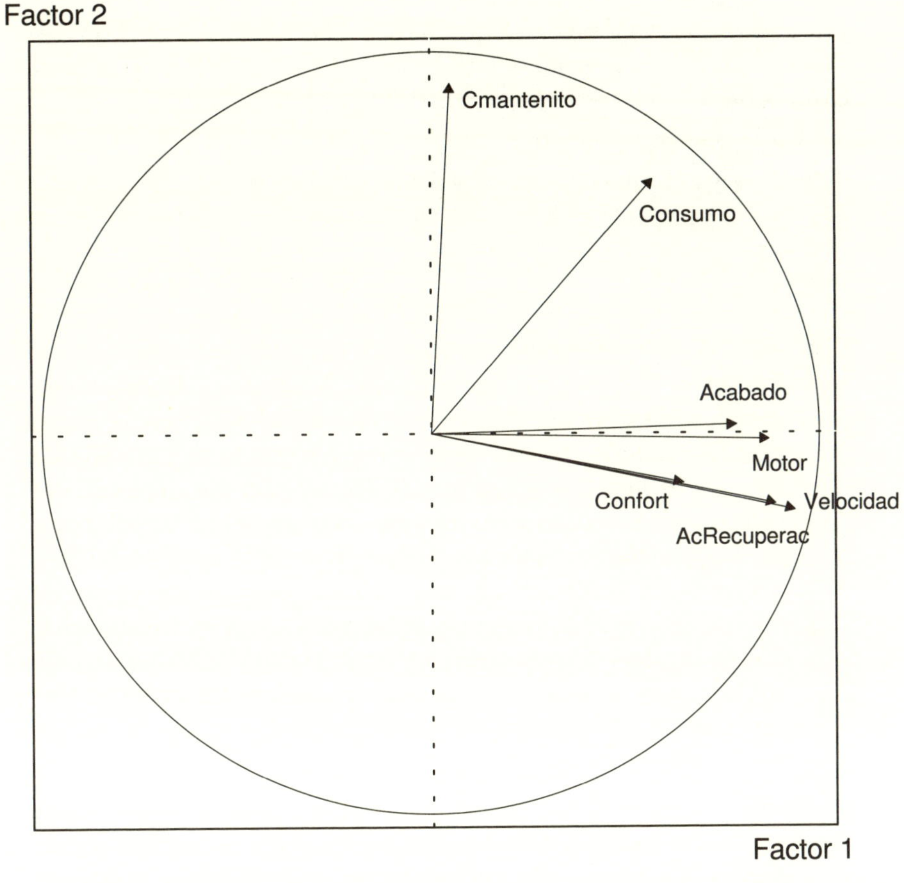

Figura 8.11: Plano principal de la nube de puntos variable.

Este plano nos permite observar claramente las relaciones entre las variables, sin necesidad de acudir a la matriz de correlaciones. En este ejemplo, se observa que las variables Velocidad y Aceleración/Recuperación tienen una correlación cercana a la unidad, ya que están próximas al circulo de radio unidad (bien representadas en el plano) y prácticamente superpuestas (es decir, formando entre sí un ángulo próximo a 0°); asimismo, vemos ángulos de aproximadamente 90° entre variables bien representadas en el plano, lo que indica que se trata de variables prácticamente incorrelacionadas entre sí, estos hechos podemos comprobarlos acudiendo a la matriz de correlación (Tabla 8.3).

En la Tabla 8.6 (bloque inferior izquierdo) aparecen las coordenadas de los individuos en los tres primeros ejes, $(\vec{f_1}, \vec{f_2}, \vec{f_3})$; así, podemos observar los modelos de coche que se proyectan en la parte positiva o negativa de cada uno de los ejes. Destacan claramente el Seat León y Audi A3 en la parte positiva del primer eje como modelos bien valorados, el Daewoo Lanos y el Hyundai Accent en la parte negativa como modelos mal valorados por los encuestados.

En cuanto al segundo factor, destaca el Toyota Corolla como relativamente bien valorado en cuanto a Consumo y Coste de mantenimiento aunque no haya sido bien valorado en general. Destacan como mal valorados en estas variables económicas, los modelos Lancia Delta y Daewoo Lanos.

En la Figura 8.12, presentamos el plano principal donde se representan simultáneamente las proyecciones de los individuos (modelos de coches) con los ejes unitarios correspondientes a las variables.

Hemos denominado, de acuerdo con la descripción de los ejes factoriales, factor de calidad al primero y factor de economía al segundo. En general, los modelos del primer cuadrante del plano son los modelos mejor valorados, tanto en cuanto las variables que indican buenas prestaciones técnicas y de acabado como en cuanto a las variables económicas, en el caso contrario se encuentran los modelos proyectados en el tercer cuadrante, en el que vemos al modelo Daewoo Lanos en una posición extrema.

Este plano factorial aporta una imágen aproximada de cada una de las nubes de puntos. Es necesario, por ello, poder medir la calidad de la aproximación tanto para el conjunto de las nubes (mediante la tasa de inercia proyectada) como para cada uno de los puntos. Para estudiar la calidad de representación de la pro-

Tabla 8.6: Resultados del ACP respecto a los individuos.

Contribuciones de los individuos activos

Identificador	Eje 1	Eje 2	Eje 3
ALFA145	0,04	6,61	2,13
AUDIA3	12,01	0,96	1,22
CXSAR	1,45	1,43	0,44
DAELANOS	12,79	11,45	0,68
FIATBRAV	4,33	2,37	0,53
FOCUS	0,35	0,50	8,89
HONCIVIC	0,86	6,34	0,18
HYUNACCE	9,91	1,54	15,60
LANCIADEL	0,00	13,60	11,53
MAZDA	1,15	5,03	0,77
MERCECLA	2,47	0,03	0,47
NISSALME	5,37	6,35	0,83
OASTRA	0,29	1,84	0,14
P306	3,35	0,15	1,01
RENMEGAN	3,49	0,74	0,14
ROVE200	0,21	5,39	0,84
SEACORD	7,78	4,96	11,30
SEATLEO	19,29	0,67	0,03
SUZBALE	3,05	4,45	13,22
TOYCOROL	4,02	25,52	30,03
GOLF	7,79	0,05	0,03

Coordenadas de los individuos activos

Identificador	Eje 1	Eje 2	Eje 3
ALFA145	0,04	-0,30	0,16
AUDIA3	0,67	-0,11	-0,12
CXSAR	-0,23	-0,14	-0,07
DAELANOS	-0,69	-0,40	0,09
FIATBRAV	0,40	0,18	0,08
FOCUS	-0,11	-0,08	-0,33
HONCIVIC	0,18	0,29	-0,05
HYUNACCE	-0,61	0,14	0,43
LANCIADEL	0,00	-0,43	-0,37
MAZDA	0,21	-0,26	-0,10
MERCECLA	0,30	0,02	0,07
NISSALME	-0,45	0,29	-0,10
OASTRA	-0,11	-0,16	-0,04
P306	-0,35	-0,05	0,11
RENMEGAN	-0,36	0,10	-0,04
ROVE200	-0,09	-0,27	0,10
SEACORD	0,54	0,26	0,37
SEATLEO	0,85	0,10	0,02
SUZBALE	-0,34	0,25	0,40
TOYCOROLL	-0,39	0,59	-0,60
GOLF	0,54	-0,03	-0,02

Cosenos cuadrados de los individuos activos

Identificador	Eje 1	Eje 2	Eje 3
ALFA145	0,01	0,53	0,15
AUDIA3	0,93	0,03	0,03
CXSAR	0,58	0,21	0,06
DAELANOS	0,70	0,23	0,01
FIATBRAV	0,62	0,12	0,02
FOCUS	0,10	0,05	0,81
HONCIVIC	0,16	0,44	0,01
HYUNACCE	0,64	0,04	0,32
LANCIADEL	0,00	0,50	0,37
MAZDA	0,27	0,43	0,06
MERCECLA	0,71	0,00	0,04
NISSALME	0,64	0,28	0,03
OASTRA	0,14	0,31	0,02
P306	0,88	0,01	0,09
RENMEGAN	0,74	0,06	0,01
ROVE200	0,04	0,34	0,05
SEACORD	0,57	0,13	0,26
SEATLEO	0,98	0,01	0,00
SUZBALE	0,32	0,17	0,45
TOYCOROL	0,17	0,40	0,41
GOLF	0,90	0,00	0,00

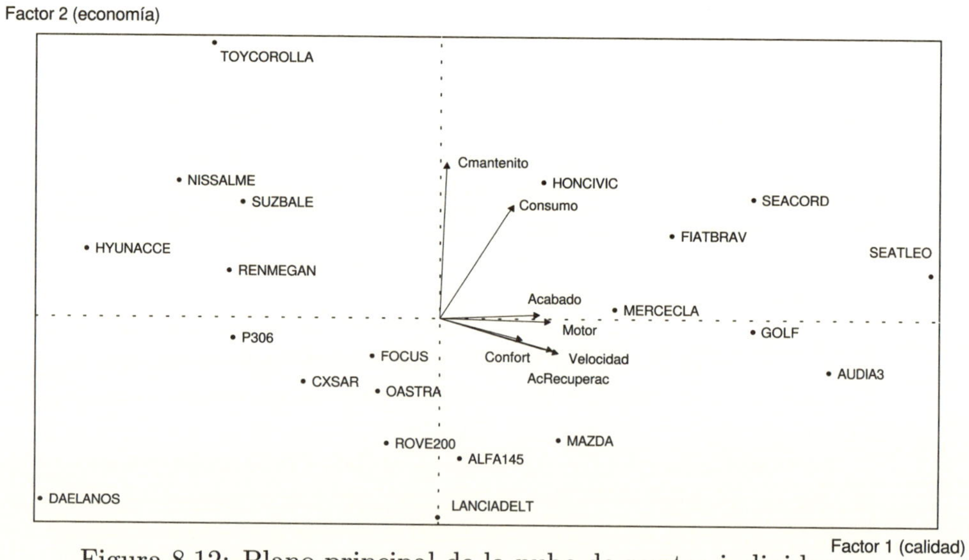

Figura 8.12: Plano principal de la nube de puntos individuo.

yección de cada uno de los puntos individuo existen dos tipos de indicadores: las contribuciones[11] y los cosenos cuadrados[12] de cada individuo en cada eje factorial. Para este ejemplo, los valores de estos indicadores aparecen en la Tabla 8.6 (en los dos cuadros de valores situados a la derecha).

Al interpretar un plano factorial, sólo debemos analizar la posición de los individuos y variables bien representados en él. Para ello, en el caso de los individuos, es necesario tener en cuenta las contribuciones y los cosenos cuadrados tal y como haremos a

[11] La contribución de un individuo a la formación de un eje se calcula dividiendo su proyección o coordenada sobre ese eje elevada al cuadrado entre el valor propio asociado al eje. La suma de las contribuciones de todos los individuos sobre cada eje es igual a la unidad (o al 100% si se expresan en porcentajes, como ocurre en la Tabla 8.6).

[12] El coseno cuadrado de un individuo se calcula dividiendo su proyección sobre el eje elevada al cuadrado entre el cuadrado de la distancia del punto individuo al origen de coordenadas; es, por tanto, el coseno cuadrado del ángulo que forma el punto individuo con el eje. Su valor oscila siempre entre cero y uno, cuanto más se aproxime a la unidad mejor representado está el individuo mediante su proyección sobre ese eje. La ortogonalidad de los ejes factoriales permite que la calidad de representación de un individuo en un plano factorial sea la suma de las calidades de representación en los ejes que forman el plano. Por tanto, la calidad de representación de un elemento en los n ejes (en este ejemplo, en los 7 ejes) es del 100%.

continuación al comentar el plano formado por los ejes segundo y tercero.

En la Figura 8.13 podemos observar el plano factorial formado por el tercer factor, en el eje de abcisas, y el segundo en ordenadas; donde aparecen proyectadas las siete variables estudiadas.

Se aprecian claramente tres grupos de variables: un grupo está formado por las variables Velocidad, Aceleración/recuperación, y Motor, variables más correlacionadas con el primer eje y mal representadas en este plano (se situan alejadas del círculo de radio unidad); otro grupo está formado formado por las variables Coste de Mantenimiento y Consumo, variables más correlacionadas con el segundo eje; el tercer grupo está formado por las variables más correlacionadas con el tercer eje, Acabado y Confort.

En la Figura 8.14 podemos observar el plano formado por el segundo y tercer ejes, plano (3,2), de la nube de individuos; donde se representan simultáneamente lo ejes unitarios correspondientes a las variables.

Podemos observar los modelos de coches que ocupan posiciones extremas, más alejados del origen (donde se situaría un coche medio dentro del conjunto estudiado) y acudir a la Tabla 8.6 para valorar su contribución y su calidad de representación (valores coseno cuadrado) en los ejes segundo y tercero.

El Toyota Corolla es un modelo con una contribución alta a la formación de este plano y bien representado en él (sus contribuciones a los factores segundo y tercero son del 25.5% y 30%, respectivamente, y sus valores coseno cuadrado 0.40 y 0.41, respectivamente). Su posición en el segundo cuadrante indica que es un coche claramente bien valorado en cuanto a economía y confort; aunque, en principio, no fuese un modelo bien valorado en general respecto a conjunto de las siete variables consideradas (como vimos al describir el primer factor).

El modelo Lancia Delta está también bien representado en este plano (valores coseno cuadrado de 0.50 y 0.37 en el segundo y tercer ejes, respectivamente, y una contribución a esos ejes del 13.6% y 11.5%, respectivamente). Se situa en la parte negativa del segundo eje, lo cual indica que se valora por debajo de la media en economía.

El Focus es un modelo muy bien representado en el tercer eje (con un coseno cuadrado de 0.81 y un 8.9% de contribución) que aparece proyectado en la parte negativa de dicho eje, por tanto, es un modelo valorado por encima de la media en confort.

Otros tres modelos destacados en el tercer factor son Seat Cordoba, Suzuki Baleno y Hyundai Accent (sus contribuciones

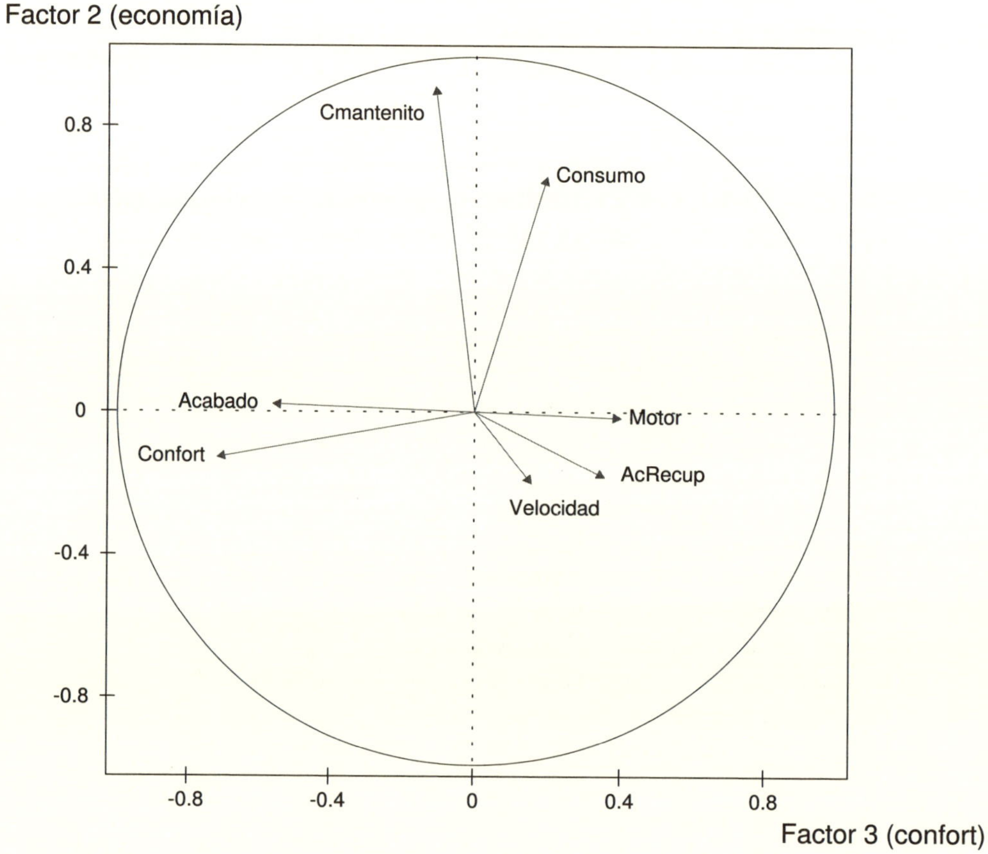

Figura 8.13: Plano formado por el segundo y tercer eje de la nube de puntos variable.

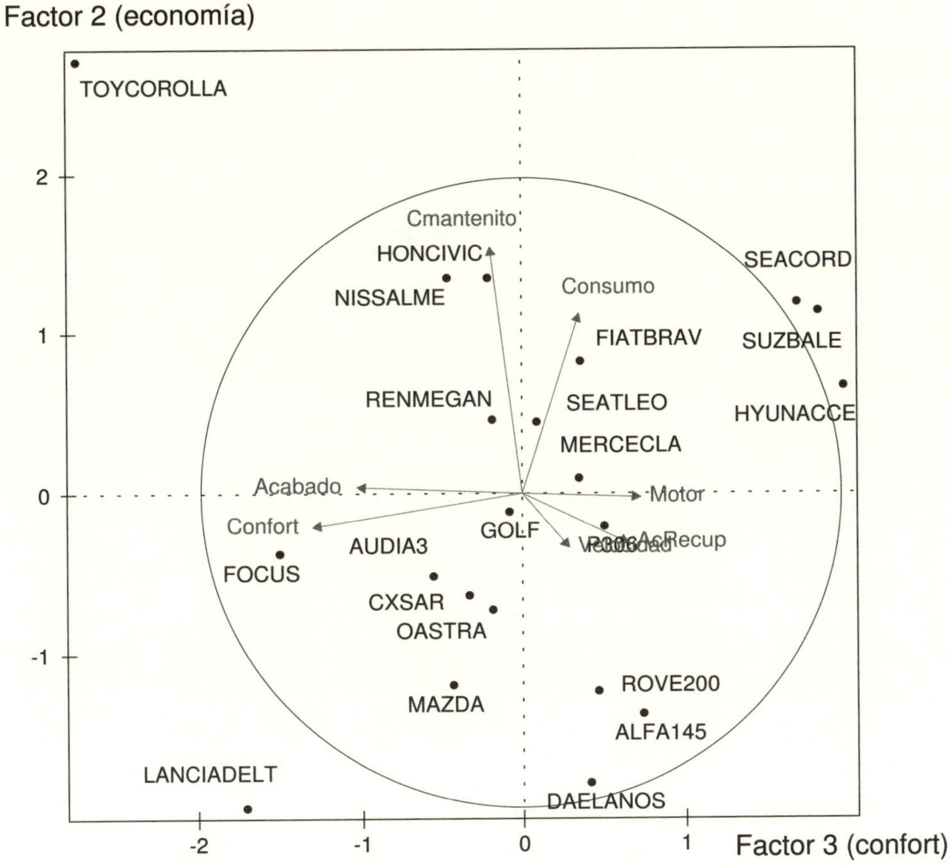

Figura 8.14: Plano formado por el segundo y tercer eje de la nube de puntos individuo.

al factor son del 11.3%, 13.2% y 15.6%, respectivamente, y sus valores de coseno cuadrado 0.26, 0.45 y 0.32, respectivamente). Ocupan una posición opuesta al Focus y a las variables que definen esta componente principal, lo que indica que están relativamente mal valorados en cuanto a confort, a pesar de ser modelos bien valorados en general.

Parte II

Probabilidad

Capítulo 9

Espacios de probabilidades

Los métodos de Estadística Descriptiva estudiados hasta ahora nos permiten describir los datos obtenidos para un conjunto de individuos sobre una o dos variables mediante el uso de tablas de datos, representaciones gráficas, valores típicos, etc. Estos métodos permiten sacar conclusiones válidas sólo para aquellos individuos de los cuales hemos obtenido los datos. Si el conjunto de individuos de los que hemos obtenido los datos constituye una muestra representativa de una población más amplia, los datos pueden ser utilizados para extraer conclusiones y leyes de comportamiento válidas para dicha población, proporcionando una medida de la confianza o de la probabilidad de cometer error. Para ello se debe recurrir a otra parte de la Estadística: la Estadística Matemática o Inferencia Estadística que supone una prolongación de la Teoría Matemática de la Probabilidad.

A continuación, nos introducimos en el estudio de la Teoría de la Probabilidad que suministra las herramientas necesarias para estudiar experimentos aleatorios o de azar.

9.1 Introducción

El caballero de Meré jugaba al siguiente juego: ganaba si obtenía al menos un seis en cada cuatro tiradas de un dado. Después de un tiempo y de ganar cierta fortuna sus adversarios dejaron de jugar con él. Por ello, cambió de juego y estudió el siguiente: ganar si obtenía al menos un seis doble en veinticuatro tiradas consecutivas de dos dados. Este juego llevó a la ruina al caballero de Meré. ¿Por qué?

El caballero de Meré jugaba mucho. Esta es la base de cualquier estudio de probabilidad. En general, si jugamos una vez, no nos preocupa demasiado las posibilidades a favor que tenemos de ganar en el juego. Compramos un billete de lotería, hacemos una quiniela, vamos a un casino o a un bingo, nos arriesgamos y confiamos en que la suerte nos acompañe. Sin embargo, si nuestro papel está en el otro lado, y somos el dueño del casino, de un bingo o pertenecemos a alguna comisión del estado involucrada en las apuestas, nuestra actitud cambia. Repetiremos los juegos muchas veces y buscaremos los patrones que intervienen en los resultados y que nos indicarán las posibilidades de ganar o perder que tenemos. ¿Cuánto debe costar un billete de lotería?, ¿cuántas ganancias esperamos en un casino?, ¿cuánto se debe cobrar por el derecho a hacer una quiniela?, son preguntas para cuyas respuestas no se confía en la suerte; se estudian los juegos, se obtienen las probabilidades de los distintos resultados y se calculan las ganancias esperadas.

En general, el objetivo del Cálculo de Probabilidades es básicamente dotarnos de los instrumentos necesarios para tratar de responder a preguntas sobre situaciones inciertas que, sin embargo, si se repiten de forma sistemática, dan lugar a resultados que tienen alguna estructura de regularidad. Para entender el marco de actuación del Cálculo de Probabilidades es útil distinguir entre experimentos deterministas y estocásticos.

Experimentos deterministas:

Decimos que un experimento es determinista si, repetido en las mismas condiciones, proporciona siempre el mismo resultado. Por ejemplo, en condiciones normales, el agua hervirá al alcanzar la temperatura de 100 grados centígrados.

Experimentos aleatorios o estocásticos:

Decimos que un experimento es aleatorio o estocástico si, repetido en las mismas condiciones, el resultado varía. Ahora bien, si repetimos el experimento una infinidad de veces, se mantiene constante la proporción de veces que se obtiene cada uno de los posibles resultados. A esta proporción constante asociada a cada uno de los posibles resultados es a lo que denominaremos probabilidad de ocurrencia de dicho resultado.

Ejemplo 9.1 Consideremos el experimento de lanzar un dado regular y fijémonos en la puntuación de la cara obtenida. El conjunto de resultados posibles es

$$\{1, 2, 3, 4, 5, 6\}$$

Se trata de un experimento estocástico. Al lanzar una única vez el dado, podemos obtener cualquiera de los seis resultados. Sin embargo, si tiramos el dado una infinidad de veces, la proporción de veces que sale cada uno de los resultados debe ser la misma; es decir, la **probabilidad** de cada uno de los resultados es $1/6$.

9.2 Sucesos estocásticos. Operaciones con sucesos

En general, al conjunto de posibles resultados de un experimento aleatorio lo denominaremos **conjunto total o universal** o **suceso seguro** y lo denotaremos por Ω. Cada uno de los elementos de Ω será lo que denominemos **sucesos elementales** y los denotaremos por $\omega_1, \omega_2, \ldots, \omega_i$, etc.

Los subconjuntos de Ω se denominan **sucesos estocásticos** y los denotaremos generalmente por $A, B, \ldots$ El conjunto vacío $\emptyset$ representa el **suceso imposible**.

Las operaciones entre sucesos son las mismas que las operaciones entre conjuntos.

- $A \cup B = \{\omega_i : \omega_i \in A \text{ ó } \omega_i \in B\}$. El suceso $A \cup B$ se da cuando sucede A o sucede B.
- $A \cap B = \{\omega_i : \omega_i \in A \text{ y } \omega_i \in B\}$. El suceso $A \cap B$ se da cuando sucede A y a la vez sucede B.
- $A^c = \{\omega_i : \omega_i \notin A\}$. El suceso complementario de A, A^c, se da cuando no sucede A.
- $\Omega^c = \emptyset$. El suceso complementario del suceso seguro es el suceso imposible.
- $A - B = \{\omega_i : \omega_i \in A \text{ y } \omega_i \notin B\}$. El suceso diferencia entre A y B es el suceso que se da cuando sucede A pero no sucede B.
- $A \subset B$. Siempre que sucede A sucede B.

Propiedades

1. Leyes de Morgan:

$$(A \cap B)^c = A^c \cup B^c$$

$$(A \cup B)^c = A^c \cap B^c$$

2. Distributiva:

$$\begin{aligned} A \cap (B \cup C) &= (A \cap B) \cup (A \cap C) \\ A \cup (B \cap C) &= (A \cup B) \cap (A \cup C) \end{aligned}$$

3. Si $A \subset B$, entonces $B^c \subset A^c$.

Definición 9.1 *Decimos que dos sucesos son* **incompatibles o excluyentes** *si no pueden ocurrir a la vez; es decir,* $A \cap B = \emptyset$.

Para dotarnos de una familia de sucesos válida, consideraremos familias de subconjuntos en Ω donde todas las operaciones sean internas; es decir, que si efectuamos uniones, intersecciones o complementaciones entre un número finito o infinito numerable de sucesos en la familia, el suceso final está dentro de la familia. A este tipo de familias se les denomina $\sigma-$**álgebras** y denotaremos a una genérica por $\mathcal{A}$. A partir de aquí, de forma implícita se considera que todos los sucesos a los que hagamos referencia están en una familia de este tipo.

Formalmente, decimos que una familia de sucesos $\mathcal{A}$ es una $\sigma-$álgebra si se cumple:

i) $\Omega \in \mathcal{A}$

ii) Si $A \in \mathcal{A}$, entonces $A^c \in \mathcal{A}$

iii) Si $A_1, \ldots, A_n, \ldots$ pertenecen a $\mathcal{A}$, entonces

$$A_1 \cup \ldots \cup A_n \cup \ldots \in \mathcal{A}$$

A partir de esta definición, es relativamente sencillo comprobar que todas las operaciones de sucesos son internas dentro de una $\sigma-$álgebra. Veamos por ejemplo, que la intersección de dos sucesos es una operación interna.

Demostración:

Tenemos que probar que si $A, B \in \mathcal{A}$, entonces $A \cap B \in \mathcal{A}$.

De las leyes de Morgan sabemos que $A \cap B = (A^c \cup B^c)^c$. Utilizando la propiedad ii), tenemos que tanto A^c como B^c están en $\mathcal{A}$. De la propiedad iii) tenemos que su unión también pertenece a $\mathcal{A}$ y, utilizando ii) de nuevo tenemos el resultado.

Es bastante habitual, en el caso de que el suceso total Ω sea finito, considerar como $\sigma-$álgebra la familia formada por todos los posibles subconjuntos de Ω; es decir, $\mathcal{A} = \mathcal{P}(\Omega)$.

Ejemplo 9.2 En el caso del Ejemplo 9.1 tenemos que

- $\Omega = \{1, 2, 3, 4, 5, 6\}$
- $\omega_i = \{i\}$, $i = 1, \ldots, 6$.
- $\mathcal{A}$: todos los sucesos posibles; en este caso podemos considerar $\mathcal{P}(\Omega)$ (todos los posibles subconjuntos de Ω).
- $A = \{$ resultado par $\} = \{2, 4, 6\}$ y $B = \{1, 2, 3\}$
- $A \cap B = \{2\}$

- $A^c = \{$ resultado impar $\} = \{1, 3, 5\}$
- $A \cup B = \{1, 2, 3, 4, 6\}$
- $(A \cap B)^c = A^c \cup B^c = \{1, 3, 4, 5, 6\}$

9.3 Definición de probabilidad

Definido el suceso total y la familia de sucesos, tenemos definida una estructura de un **espacio de sucesos** de la forma $(\Omega, \mathcal{A})$. Sobre un espacio de esta naturaleza, con las operaciones definidas en la sección anterior, vamos a definir una medida de probabilidad.

Definición 9.2 *Decimos que* $P : \mathcal{A} \longrightarrow \mathcal{R}$ *es una* **medida de probabilidad** *si se cumple*

i) $\forall A \in \mathcal{A};\ 0 \leq P(A) \leq 1$

ii) $P(\Omega) = 1$

iii) $\forall A, B$ *tales que* $A \cap B = \emptyset$, $P(A \cup B) = P(A) + P(B)$.

iv) Sean $A_1, \ldots, A_n, \ldots$ *tales que* $A_i \cap A_j = \emptyset$, $\forall i \neq j$, *entonces*

$$P(A_1 \cup \ldots \cup A_n \cup \ldots) = \sum_{i=1}^{\infty} P(A_i)$$

En la definición anterior bastaría incluir *i), ii)* y *iv)* ya que *iii)* se deriva de *iv)*.

Propiedades

1. $P(A^c) = 1 - P(A)$.
2. $P(\emptyset) = 0$.
3. Si $A \subset B$, $P(A) \leq P(B)$.
4. $P(A \cup B) = P(A) + P(B) - P(A \cap B)$
5. Si A y B son sucesos excluyentes, entonces $P(A \cap B) = 0$.

Demostración:

1. $P(A^c) + P(A) = P(A^c \cup A) = P(\Omega) = 1$, de donde $P(A^c) = 1 - P(A)$.

2. $P(\emptyset) = P(\Omega^c) = 1 - P(\Omega) = 1 - 1 = 0$.

3. Si $A \subset B$, entonces, $B = A \cup (B - A)$, con A y $B - A$ sucesos excluyentes, de donde $P(B) = P(A) + P(B - A) \geq P(A)$.

4. $A \cup B = (A - B) \cup B$ y $A = (A \cap B) \cup (A - B)$, y obtenemos $P(A \cup B) = P(A - B) + P(B)$ y que $P(A) = P(A \cap B) + P(A - B)$. Despejando $P(A - B)$ en ambas igualdades obtenemos el resultado.

Ejemplo 9.3 Consideremos el conjunto de posibles resultados al lanzar una moneda al aire, $\Omega = \{cara, cruz\}$. Si conocemos que la moneda está trucada de forma que $P(cara) = 0.3$, para que P sea una probabilidad ha de cumplir $P(cruz) = 0.7$. Así, $P(cara) + P(cruz) = P(cara \cup cruz) = P(\Omega) = 1$.

9.4 Asignación de probabilidades

Si el conjunto Ω es finito o numerable, conociendo las probabilidades de los sucesos elementales la probabilidad de un suceso cualquiera se puede obtener como

$$P(A) = \sum_{\omega_i \in A} P(\omega_i)$$

Además, si los sucesos elementales tienen todos la misma probabilidad, la definición clásica de probabilidad de **Laplace** se puede aplicar en el caso finito y obtenemos

$$P(A) = \frac{\text{casos favorables}}{\text{casos posibles}}$$

Ejemplo 9.4 Sigamos con el Ejemplo 9.2. Si el dado es regular los sucesos elementales son equiprobables y por tanto $P(\{i\}) = 1/6$. Es decir, hemos dotado al espacio $(\Omega, \mathcal{A})$ de una medida de probabilidad. A partir de ahí obtenemos

$P(A = \{\text{resultado par}\}) = 3/6 = 1/2$,

$P(A^c) = 1 - P(A) = 1/2$.

9.5 Probabilidades como modelo matemático de las frecuencias relativas

Es sencillo entender esta idea a partir de unos ejemplos que siguen a continuación.

Ejemplo 9.5 Recordemos el Ejemplo 4.8, pág 56. En él describíamos la distribución de los nacidos en la CAV durante los años 1989-1994, atendiendo a las variables $X = \{$ año de nacimiento$\}$, e $Y = \{$territorio histórico de nacimiento$\}$. Si nos fijamos en la distribución de Y obtenemos la siguiente tabla

Y	Araba	Bizkaia	Gipuzkoa	Total
n_j	13492	51406	32508	$N = 97406$
f_j	0.14	0.53	0.33	1

Las frecuencias relativas f_j se pueden interpretar como probabilidades. Así, tomado al azar uno de los nacidos en ese periodo, la probabilidad de que sea en un territorio histórico determinado es el número de casos favorables, n_j, entre el número de casos posibles, N. Es decir, 0.14 corresponde a la probabilidad de que haya nacido en Araba;

$$0.14 = \frac{n_1}{N} = \frac{13492}{97406}$$

0.53 corresponde a la probabilidad de que haya nacido en Bizkaia y 0.34 a la probabilidad de que haya nacido en Guipuzkoa.

Ejemplo 9.6 Consideremos de nuevo el lanzamiento de un dado regular. La interpretación de las probabilidades de cada una de las caras del dado como el valor al que nos debemos acercar cuando repetimos el lanzamiento de un dado muchas veces, nos lleva a que las frecuencias relativas se deben parecer a las probabilidades teóricas, $1/6 = 0.167$. Como ilustración, hemos tirado un dado 180 veces y presentamos los resutados en la siguiente tabla:

X	1	2	3	4	5	6	
n_j	32	25	29	30	31	33	$N = 180$
f_j	0.178	0.139	0.161	0.167	0.172	0.183	

En principio, si el dado no está trucado, las diferencias entre las probabilidades teóricas y las frecuencias relativas asociadas al experimento realizado deben ser producto del azar.

La técnicas que permiten analizar si estos resultados son coherentes con los obtenidos de un dado regular pertenecen al campo de la inferencia estadística y serán el objetivo de un texto más avanzado. En este, nos dedicaremos al estudio de probabilidades en situaciones donde la estructura de probabilidad se conoce, el experimento no se ha realizado y queremos estudiar cómo evaluar probabilidades de sucesos que pueden ser complicados.

9.6 Independencia estocástica

Definición 9.3 *Decimos que dos sucesos A y B, tales que $A \cap B \neq \emptyset$ son* **independientes** *si y sólo si*

$$P(A \cap B) = P(A)P(B)$$

Así, si lanzamos una moneda equilibrada al aire dos veces, los sucesos $C_1 = \{$ cara en el primer lanzamiento $\}$ y $C_2 =\{$ cara en el segundo lanzamiento $\}$ son independientes. Por tanto

$$\begin{aligned} P(\text{cara en ambos lanzamientos}) &= P(C_1 \cap C_2) \\ &= P(C_1)P(C_2) = 0.5^2 = 0.25 \end{aligned}$$

Definición 9.4 *En general, decimos que los sucesos $A_1, \ldots, A_k$ son* **mutuamente independientes** *si y sólo si la probabilidad de cualquier intersección entre ellos coincide con el producto de probabilidades.*

Así, si lanzamos una moneda equilibrada al aire 10 veces, podemos calcular de forma muy sencilla la probabilidad de obtener todo caras como

$$\begin{aligned} P(\text{cara en todos los lanzamientos}) &= P(C_1 \cap C_2 \cap \ldots \cap C_{10}) \\ &= P(C_1)^{10} = 0.5^{10} = 9.76 \cdot 10^{-4} \end{aligned}$$

La probabilidad de obtener 9 caras y una cruz será igual a $10 \cdot 0.5^9 \cdot 0.5 = 9.76 \cdot 10^{-3}$. Notemos el hecho de que, si bien sólo hay una forma en la que podemos obtener 10 caras (todos los resultados han de ser cara), hay 10 formas en la que podemos obtener 9 caras y una cruz. Es importante contar bien los sucesos favorables o de otra forma, el resultado final nos llevará a un valor erróneo de la probabilidad que queremos calcular. Por ello, en la siguiente sección realizamos un breve repaso de las principales nociones de combinatoria, muy útiles para el cálculo práctico de probabilidades.

9.7 Nociones de combinatoria y ejemplos

- **Combinaciones:** Tenemos un colectivo de n elementos y queremos hacer grupos formados por k de esos elementos. Las combinaciones cuentan cuántos grupos distintos se pueden hacer, donde dos grupos son distintos si alguno de los elementos es distinto, pero no importa el orden en el que han entrado a formar parte del grupo (podemos pensar en las posibles combinaciones de cuatro cartas de una baraja española):

$$\binom{n}{k} = \frac{n!}{(n-k)!k!} = \frac{n \cdot (n-1) \cdots (n-k+1)}{k!}$$

En el caso de la baraja, el número de combinaciones posibles serán

$$\binom{40}{4} = \frac{40!}{36!4!} = \frac{40 \cdot 39 \cdot 38 \cdot 37}{4!} = 91390$$

- **Variaciones sin repetición:** Contamos de cuántas formas se pueden colocar n elementos en $k \leq n$ lugares. Claramente ahora importa el orden de selección de los elementos.

  El número de formas es $n \cdot (n-1) \cdot (n-2) \cdots (n-k+1)$.

  Por ejemplo, el número de formas en las que podemos ordenar 10 libros en una balda en la que caben 5 es $10 \cdot 9 \cdot 8 \cdot 7 \cdot 6 = 30240$.

- **Variaciones con repetición:** Contamos de cuántas formas se pueden colocar n elementos en k lugares, donde ahora los elementos se pueden repetir.

  El número de formas es $n \cdot n \cdot^{(k \text{ veces})} \cdot n = n^k$

  Por ejemplo, el número total de billetes de lotería formados por 5 dígitos es 100000, que corresponde a 10^5. El número de vocablos de cuatro letras (tengan o no sentido) que podemos formar con las 28 letras del abecedario será $28^4 = 614656$.

Ejemplo 9.7 Consideremos una urna con 9 bolas, de las cuales 2 son blancas, 3 rojas y 4 negras.

Veamos ejemplos de contar formas de hacer grupos, considerando que se extraen bolas sin reemplazamiento. Primero sin importar el orden en el que cada bola entra a formar parte del grupo:

- Número de grupos formados por cuatro bolas

$$\binom{9}{4} = \frac{9 \cdot 8 \cdot 7 \cdot 6}{4!} = 126$$

- Número de grupos formados por cuatro bolas negras

$$\binom{4}{4} = 1$$

Veamos ahora, teniendo en cuenta el orden, las formas distintas de extraer:

- Cuatro bolas, $9 \cdot 8 \cdot 7 \cdot 6 = 3024$
- Cuatro bolas negras, $4 \cdot 3 \cdot 2 \cdot 1 = 24$

- Dos bolas blancas y después dos bolas rojas, $2 \cdot 1 \cdot 3 \cdot 2 = 12$

Analicemos ahora el caso en el que las extracciones se hacen con reemplazamiento; es decir, sacamos una bola, miramos qué bola es y la devolvemos a la urna. Ahora, el número de grupos distintos, si poseen distinta ordenación, es:

- De cuatro bolas, $9^4 = 6561$
- De cuatro bolas negras, $4^4 = 256$
- De dos bolas blancas y después dos bolas rojas, $2^2 \cdot 3^2 = 36$

Estas reglas de combinatoria nos permiten contar casos favorables y, a partir de ahí, evaluar probabilidades de sucesos complejos, como veremos en los siguientes ejemplos.

Ejemplo 9.8 Calculemos la probabilidad de obtener 3 caras en 5 lanzamientos de una moneda equilibrada. Los sucesos elementales (cara y cruz) son equiprobables y podemos utilizar la fórmula de Laplace. Para ello, calculamos el número de formas en las que se obtienen 3 caras (casos favorables) y el número de resultados posibles.

Para calcular el número de casos favorables, observar que existen tantas formas de obtener tres caras (y dos cruces), como formas de colocar tres elementos en cinco lugares, es decir, $\binom{5}{3}$.

Por otro lado, el número de casos posibles es variaciones con repetición de dos elementos (cara y cruz) tomados de cinco en cinco, es decir, 2^5.

Así, denotando por A el suceso "3 caras en 5 lanzamientos",

$$P(A) = \frac{\binom{5}{3}}{2^5} = \frac{10}{32} = 0.3125$$

Ejemplo 9.9 Consideremos ahora una moneda como la del Ejemplo 9.3. Para calcular la probabilidad de A: "3 caras en 5 lanzamientos", no podemos utilizar la fórmula de Laplace, dado que los sucesos elementales (cara (c) y cruz (+)) no son equiprobables.

Dado que los resultados de los distintos lanzamientos son independientes, la probabilidad del suceso elemental {c,c,c,+,+} es $0.3 \cdot 0.3 \cdot 0.3 \cdot 0.7 \cdot 0.7 = 0.01323$. Ahora bien, existen $\binom{5}{3}$ formas de obtener tres caras y dos cruces y todos estos resultados son excluyentes. Por tanto,

$$P(A) = \binom{5}{3} 0.01323 = 10 \cdot 0.01323 = 0.1323$$

Ejemplo 9.10 Ahora estamos en condiciones de resolver el problema del Caballero de Meré. En el primer juego,

$$P(\text{ganar}) = 1 - P(\text{no seis}) = 1 - \left(\frac{5}{6}\right)^4 = 0.5177 > 0.5$$

En el segundo juego,

$$P(\text{ganar}) = 1 - P(\text{no seis doble}) = 1 - \left(\frac{35}{36}\right)^{24} = 0.4914 < 0.5$$

Ejemplo 9.11 Probabilidad de que, al extraer 4 cartas de una baraja española, las 4 sean de numeración par.

Casos favorables: $20 \cdot 19 \cdot 18 \cdot 17 = 116280$

Casos posibles: $40 \cdot 39 \cdot 38 \cdot 37 = 2193360$

$$P = \frac{116280}{2193360} = 0.053$$

Ejemplo 9.12 Probabilidad de que, en el gordo de la lotería, los cinco dígitos sean pares.

Casos favorables: $5 \cdot 5 \cdot 5 \cdot 5 \cdot 5 = 5^5 = 3125$

Casos posibles: $10 \cdot 10 \cdot 10 \cdot 10 \cdot 10 = 10^5 = 100000$

$$P = \frac{3125}{100000} = 0.03125$$

Ejemplo 9.13 En una urna hay 45 bolas blancas y 5 bolas negras. Obtener la probabilidad de que la primera bola negra se presente en la tercera extracción.

1) Se extraen bolas **sin** reemplazamiento.

Casos favorables: $45 \cdot 44 \cdot 5 = 9900$

Casos posibles: $50 \cdot 49 \cdot 48 = 117600$

$$P = \frac{9900}{117600} = 0.084$$

2) Se extraen bolas **con** reemplazamiento.

Casos favorables: $45 \cdot 45 \cdot 5 = 10125$

Casos posibles: $50 \cdot 50 \cdot 50 = 125000$

$$P = \frac{10125}{125000} = 0.081$$

Ejemplo 9.14 En una urna hay N bolas, de las cuales $s = N - r$ son blancas y r son bolas negras. Obtener la probabilidad de que la primera bola negra se presente en la $k-$ésima extracción.

1) Se extraen bolas **sin** reemplazamiento.
Casos favorables: $s \cdot (s-1) \cdot \dots \cdot (s-k+2) \cdot r$
Casos posibles: $N \cdot (N-1) \cdot \dots \cdot (N-k+1)$

$$P = \frac{s}{N} \frac{(s-1)}{(N-1)} \cdots \frac{(s-k+2)}{(N-k+2)} \frac{r}{(N-k+1)}$$

2) Se extraen bolas **con** reemplazamiento.
Casos favorables: $s^{k-1} \cdot r$
Casos posibles: N^k

$$P = \left(\frac{s}{N}\right)^{k-1} \frac{r}{N}$$

Capítulo 10

Probabilidad condicionada. Teorema de Bayes

A veces, es difícil obtener la probabilidad de un suceso estocástico directamente. Pensemos en la siguiente situación.

Ejemplo 10.1 El equipo de fútbol Ronda F.C. jugará el domingo un partido eliminatorio. Su oponente puede ser bien el Real Alterio o el Céltico, y el sorteo se hace tirando una moneda al aire. Sabemos que la probabilidad que tiene el Ronda de ganar al Real Alterio es 0.7 y que la de ganar al Céltico es de 0.6.

Nos gustaría responder además a preguntas como las que formulamos a continuación:

- ¿Qué probabilidad tiene el Ronda de que le toque jugar contra el Real Alterio y ganarle?
- ¿Qué probabilidad tiene el Ronda de ganar el domingo?
- Si el lunes sabemos que ha ganado, pero no sabemos contra quien jugó, ¿cuál es la probabilidad de que haya sido contra el Real Alterio?

Estamos manejando sucesos donde conocemos la probabilidad condicionada a cierta información, lo que nos lleva a formalizar el concepto de probabilidad condicionada, para poder responder a las preguntas formuladas.

10.1 Concepto de probabilidad condicionada

Definición 10.1 *Consideremos un suceso H de probabilidad estrictamente positiva, $P(H) > 0$. Se define la* **probabilidad de un suceso A condicio-**

nada al suceso H *como*

$$P(A|H) = \frac{P(A \cap H)}{P(H)}$$

Esta es una buena medida de probabilidad, dado que cumple los axiomas *i)* a *iv)* dados en la Definición 9.2, pág. 169, si P es una medida de probabilidad.

Demostración:

i) $0 \leq P(A|H) \leq 1$

$A \cap H \subset H$; de donde $P(A \cap H) \leq P(H)$ y por tanto $P(A|H) \leq 1$.

ii)

$$P(\Omega|H) = \frac{P(\Omega \cap H)}{P(H)} = \frac{P(H)}{P(H)} = 1$$

iii) $\forall A, B$ tales que $A \cap B = \emptyset$, $P(A \cup B|H) = P(A|H) + P(B|H)$.

$$P(A \cup B|H) = \frac{P((A \cup B) \cap H)}{P(H)} = \frac{P((A \cap H) \cup (B \cap H))}{P(H)}$$

y teniendo en cuenta que si $A \cap B = \emptyset$ entonces $(A \cap H) \cap (B \cap H) = \emptyset$, obtenemos

$$P(A \cup B|H) = \frac{P(A \cap H)}{P(H)} + \frac{P(B \cap H)}{P(H)} = P(A|H) + P(B|H)$$

iv) Sean $A_1, \ldots, A_n, \ldots$ tales que $A_i \cap A_j = \emptyset$, $\forall i \neq j$, entonces

$$P((A_1 \cup \ldots \cup A_n \cup \ldots)|H) = \sum_{i=1}^{\infty} P(A_i|H)$$

La demostración se realiza por recurrencia a partir de iii).

10.2 Teorema de la intersección

Teorema 10.1 *(Intersección) Consideremos sucesos* A, B, C *tales que* $P(A \cap B \cap C) > 0$. *Se cumple que:*

$$P(A \cap B) = P(A|B)P(B) \tag{10.1}$$

$$P(A \cap B \cap C) = P(A|(B \cap C))P(B|C)P(C) \tag{10.2}$$

y así sucesivamente.

Demostración:

(10.1) se sigue directamente de la definición de probabilidad condicionada. Obtenemos (10.2) de forma recursiva como

$P(A \cap B \cap C) = P(A|(B \cap C))P(B \cap C) = P(A|(B \cap C))P(B|C)P(C)$

10.3 Teorema de la partición

Definición 10.2 *Decimos que un conjunto de sucesos* $\{S_1, S_2, \ldots, S_k\}$ *constituye una partición del total,* Ω*, si se cumple:*

1. $S_1 \cup S_2 \cup \ldots \cup S_k = \Omega$
2. *Los sucesos* S_i *son mutuamente excluyentes; es decir,* $S_i \cap S_j = \emptyset$ *si* $i \neq j$.

Teorema 10.2 *(Partición) Sea* $\{S_1, S_2, \ldots, S_k\}$ *una partición de* Ω*. Entonces*

$$P(A) = P(A|S_1)P(S_1) + P(A|S_2)P(S_2) + \ldots + P(A|S_k)P(S_k)$$

Demostración:

Podemos escribir A como la unión de los siguientes sucesos excluyentes: $A = (A \cap S_1) \cup (A \cap S_2) \cup \ldots \cup (A \cap S_k)$.

Por tanto, podemos escribir

$$P(A) = P(A \cap S_1) + P(A \cap S_2) + \ldots + P(A \cap S_k)$$

Utilizando el hecho de que $P(A \cap S_i) = P(A|S_i)P(S_i)$, obtenemos el resultado final.

10.4 Teorema de Bayes

Teorema 10.3 *(Bayes) Para cualquier par de sucesos* A *y* B *de probabilidad no nula se tiene*

$$P(A|B) = \frac{P(B|A)P(A)}{P(B)}$$

Demostración:

Es inmediata utilizando el hecho de que $P(A \cap B)$ se puede escribir como $P(A|B)P(B)$ o equivalentemente como $P(B|A)P(A)$. Por tanto $P(A|B)P(B) = P(B|A)P(A)$, y el resultado es inmediato.

En muchos contextos de estudio, los resultados se dan de forma secuencial. Así, si tenemos la probabilidad de que suceda A, y la probabilidad de que suceda B posteriormente, dado que ha sucedido A, la lectura del teorema anterior nos lleva a que podemos revisar y calcular la probabilidad de A dado que sabemos ha sucedido B. Es decir, el teorema de Bayes nos permite revisar la probabilidad, obtener probabilidades *a posteriori* , $P(A|B)$, a partir de probabilidades *a priori*, $P(A)$.

Pasamos ahora a responder a las preguntas formuladas en el Ejemplo 10.1.

- ¿Qué probabilidad tiene el Ronda de que le toque jugar contra el Real Alterio y ganarle?

  Sea RA : jugar contra el Real Alterio;

  gn : ganar;

  C : jugar contra el Céltico.

$$P(RA \cap gn) = P(RA)P(gn|RA) = 0.5 \cdot 0.7 = 0.35$$

- ¿Qué probabilidad tiene el Ronda de ganar el domingo?

$$P(gn) = P(gn|RA)P(RA) + P(gn|C)P(C) = 0.7 \cdot 0.5 + 0.6 \cdot 0.5 = 0.65$$

- Si el lunes sabemos que ha ganado, pero no sabemos contra quien jugó, ¿cuál es la probabilidad de que haya sido contra el Real Alterio?

$$P(RA|gn) = \frac{P(gn|RA)P(RA)}{P(gn)} = \frac{0.7 \cdot 0.5}{0.65} = 0.5385$$

Veamos otros ejemplos donde los resultados pueden parecer extraños en un primer momento, lo que refuerza la importancia del correcto uso del cálculo de probabilidades como contrapartida al mero uso de la intuición.

Ejemplo 10.2 En una habitación en la que hay n personas, ¿cuál es la probabilidad de al menos dos coincidan en la fecha de cumpleaños (sin considerar años bisiestos)?

- Comencemos por el caso más sencillo $n = 2$.

  Dada la fecha de cumpleaños de una de las personas, para coincidir la segunda debe cumplir años el mismo día, y denotando por A el suceso requerido su probabilidad es,

$$P(A) = \frac{1}{365} = 0.0027$$

por tanto, la probabilidad de no coincidencia de ambas es 0.9973.

- $n = 3$.

  La forma más sencilla de responder a esta pregunta es calcular la probabilidad del suceso complementario; es decir, la probabilidad de que no haya ninguna coincidencia, $P(A^c)$. Por tanto, dada la fecha de una persona, la segunda dispone de 364 días para no coincidir y la tercera de 363. La probabilidad de ninguna coincidencia es entonces

  $$P(A^c) = \frac{364 \cdot 363}{365^2} = 0.9918$$

  Por tanto $P(A) = 1 - P(A^c) = 0.0082$.

- Caso general, para cualquier n.

  $$P(A) = 1 - P(A^c) = 1 - \prod_{i=1}^{(n-1)} \frac{365 - i}{365}$$

  Es de destacar el hecho de que, a partir de 23 personas, la probabilidad de coincidencia es mayor que un medio, y que con 40 personas ya es casi del 90%.

Ejemplo 10.3 Se nos plantea el siguiente juego. Hay dos urnas, U_1 y U_2. U_1 contiene cien bolas, de las cuales 5 están premiadas. U_2 contiene diez bolas, de las cuales una está premiada. El juego consiste en elegir una urna al azar y después extraer una bola. ¿Cuál es la probabilidad de obtener premio? Para resolverlo tengamos en cuenta que $\{U_1, U_2\}$ constituye una partición de las situaciones posibles; es decir, $U_1 \cap U_2 = \emptyset$ y $U_1 \cup U_2 = \Omega$. Además, $P(U_1) = P(U_2) = 1/2$

$$\begin{aligned} P(\text{premio}) &= P(\text{premio} \cap (U_1 \cup U_2)) \\ &= P(\text{premio}|U_1)P(U_1) + P(\text{premio}|U_2)P(U_2) \\ &= 0.05 \cdot 0.5 + 0.1 \cdot 0.5 = 0.075 \end{aligned}$$

Se nos ofrece ahora la posibilidad de echar todas las bolas a una única urna. ¿Con qué forma de jugar se tiene más probabilidad de obtener premio?

La probabilidad de premio en esta nueva situación es,

$$P(\text{premio}) = \frac{6}{110} = 0.0545$$

Por tanto, nos interesa jugar con urnas separadas.

Hagamos el mismo análisis en el caso en el que U_1 contiene 6 bolas premiadas de las 100 y U_2 ninguna. En ese caso,

$$\begin{aligned} P(\text{premio}) &= P(\text{premio}|U_1)P(U_1) + P(\text{premio}|U_2)P(U_2) \\ &= 0.06 \cdot 0.5 + 0 \cdot 0.5 = 0.030 \end{aligned}$$

Y, en este caso, interesa la segunda forma de jugar.

Otro ejemplo interesante es el siguiente.

Ejemplo 10.4 En un concurso televisivo, el concursante elige entre tres cajas numeradas del uno al tres y de las cuales únicamente una está premiada. Denotemos por C_1, C_2 y C_3 a los sucesos premio en la caja uno, dos y tres, respectivamente. El concursante elige la caja uno. Una vez elegida, el presentador le dice: "Le voy a abrir, de las dos cajas restantes, una de ellas que no tiene premio". Le abre la caja dos, mostrando que está vacía y le ofrece la oportunidad de cambiar su elección de la caja uno a la caja tres. ¿Qué debe hacer el concursante?

- Antes de elegir y de la apertura de la caja C_2, $P(C_1) = P(C_2) = P(C_3) = 1/3$; es decir, $P(C_1) = 1/3$ y $P(C_2 \cup C_3) = 2/3$.
- Una vez el concursante ha elegido, el presentador ha abierto la caja dos **sabiendo que no está premiada**. Veamos cuál es la probabilidad de que el premio esté en la caja tres después de que se abra la caja dos. Denotamos por $A2$ al suceso *el presentador abre la caja dos.*

$$\begin{aligned} P(C_3|A2) &= \frac{P(A2|C_3)P(C_3)}{P(A2)} \\ &= \frac{P(A2|C_3)P(C_3)}{P(A2|C_1)P(C_1) + P(A2|C_2)P(C_2) + P(A2|C_3)P(C_3)} \\ &= \frac{1/3}{1/6 + 1/3} = \frac{2}{3} \end{aligned}$$

Por tanto, interesa aceptar la oferta del presentador y cambiar.

Si este resultado sorprende, pensemos en el caso exagerado en el que el concursante elige entre 10 cajas. Una vez elegida la caja (la uno p. ej.), el presentador le abre, de entre las nueve restantes, ocho no premiadas (p. ej., todas menos la caja nueve) y le ofrece cambiarse a la caja nueve. ¿Qué haríamos en este caso?

Capítulo 11

Distribuciones de probabilidad en R

En los dos capítulos anteriores hemos definido los conceptos de experimento y suceso aleatorio, así como una medida de ocurrencia de estos últimos que hemos denominado probabilidad. En este capítulo abordaremos el concepto de **variable aleatoria**, que permite representar los posibles sucesos de forma numérica, lo que conduce a un mejor manejo del cálculo de probabilidades.

11.1 Variable aleatoria en R

Para definir una medida de probabilidad, partíamos de un espacio de posibles resultados, Ω. Dicho conjunto no tiene porqué ser un conjunto numérico. Sin embargo, tanto en Probabilidad como en Estadística, resulta más fácil trabajar con números que con elementos de naturaleza diversa. Ese es el objetivo de la aplicación que denominaremos **variable aleatoria**, asociar valores numéricos a los distintos sucesos elementales en un experimento aleatorio.

Definición 11.1 *Decimos que una aplicación*

$$\begin{array}{rccc} X: & (\Omega, \mathcal{A}) & \longrightarrow & (\mathbf{R}, \mathcal{B}) \\ & \omega_i & \longrightarrow & X(\omega_i) = x_i \end{array}$$

es una **variable aleatoria** *(en adelante v.a.) si* $\forall x \in \mathbf{R}$*,* $X^{-1}(-\infty, x] = \{\omega : X(\omega) \leq x\} \in \mathcal{A}$*.*

Por tanto, una variable aleatoria, X, es una función de Ω en $\mathbf{R}$ que hace corresponder a cada suceso elemental, ω_i, un número real, x_i, garantizando que la ante-imagen de cualquier intervalo $I(x) = (-\infty, x]$ sea un suceso en $\mathcal{A}$.

De esta forma hemos transformado cualquier espacio de sucesos $(\Omega, \mathcal{A})$ en $(\mathbf{R}, \mathcal{B})$, donde $\mathcal{B}$ denota la σ-álgebra considerada en **R**, que está generada por los intervalos $\{I(x)\}_{x \in \mathbf{R}}$.

Para trasladar un espacio de probabilidad $(\Omega, \mathcal{A}, P)$ nos falta trasladar la medida de probabilidad a $(\mathbf{R}, \mathcal{B})$. Esto se realiza de la forma natural; es decir, la probabilidad de cada suceso en $\mathcal{B}$ se define como la probabilidad de su ante-imagen en $\mathcal{A}$. Así, para cada intervalo $I(x)$ en **R**, siempre se puede definir su probabilidad como

$$P(I(x)) = P(X \in (-\infty, x]) = P(X \leq x) \equiv P(X^{-1}(-\infty, x]), \quad \forall x \in \mathbf{R}$$

Los conjuntos $\beta \in \mathcal{B}$ se denominan **conjuntos de Borel** y representan todos los sucesos reales de los cuales podemos conocer su probabilidad.

En resumen, mediante una v.a., X, se transforma el espacio de probabilidad original $(\Omega, \mathcal{A}, P)$ en el espacio de probabilidad $(\mathbf{R}, \mathcal{B}, P)$, espacio único de estudio a partir de ahora.

Ejemplo 11.1 Consideremos el experimento aleatorio consistente en lanzar una moneda regular al aire, tres veces consecutivas. El conjunto total o conjunto de posibles resultados es:

$$\begin{aligned} \Omega &= \{(CCC), (CC+), (C+C), (+CC), \\ &\quad (+C+), (++C), (C++), (+++)\} \end{aligned}$$

Definimos sobre Ω la v.a. X: número de caras obtenidas en los tres lanzamientos, de forma natural como:

$$\begin{aligned} X(CCC) &= 3 \\ X(CC+) &= X(C+C) = X(+CC) = 2 \\ X(C++) &= X(++C) = X(+C+) = 1 \\ X(+++) &= 0 \end{aligned}$$

Así, $X(\Omega) = \{0, 1, 2, 3\}$. De esta forma, si trabajando con Ω, conocíamos las probabilidades de todos los sucesos elementales ω_i,

$$P(\omega_i) = \frac{1}{8}, \quad i = 1, ..., 8$$

ahora, en términos de la v.a. X, identificamos las probabilidades de los sucesos elementales en **R**.

$$P(X = 3) = P(CCC) = \frac{1}{8}$$

$$P(X=2) = P(CC+) + P(C+C) + P(+CC) = \frac{3}{8}$$
$$P(X=1) = P(+C+) + P(++C) + P(C++) = \frac{3}{8}$$
$$P(X=0) = P(+++) = \frac{1}{8}$$

Definición 11.2 *Llamaremos* **soporte** *o* **espacio muestral** *de la variable aleatoria X al conjunto de valores $X(\Omega)$.*

Los elementos de $X(\Omega)$ serán los sucesos elementales en $(\mathbf{R}, \mathcal{B}, P)$. En el Ejemplo 11.1, el soporte de la v.a. X es el conjunto $\{0, 1, 2, 3\}$.

Toda v.a. queda perfectamente definida cuando conocemos su soporte y la forma en la que se distribuye la probabilidad dentro de dicho soporte. En particular, si nos fijamos en los sucesos más sencillos dentro de la clase $\mathcal{B}$, aquellos de la forma $I(x) = (-\infty, x] \in \mathcal{B}$, sabemos calcular su probabilidad. Dicha probabilidad depende de cada valor $x \in \mathbf{R}$.

Definición 11.3 *Se denomina* **función de distribución** *de una v.a. X, y se denota por F, a la aplicación:*

$$\begin{aligned} F \;:\; & \mathbf{R} \longrightarrow [0,1] \\ & x \longrightarrow F(x) = P(X \leq x) \end{aligned}$$

Propiedades:

1. $\forall x \in \mathbf{R}$, $F(x) \in [0,1]$. Es evidente que para cualquier x, $0 \leq F(x) \leq 1$, ya que la función de distribución se ha definido como una probabilidad y por tanto toma valores entre 0 y 1.

2. La función de distribución, F, es monótona no decreciente; es decir,

$$x_1 < x_2 \Rightarrow F(x_1) \leq F(x_2)$$

Demostración:

Si $x_1 < x_2$, $I(x_1) = (-\infty, x_1] \subset (-\infty, x_2] = I(x_2)$. Luego, $P(I(x_1)) \leq P(I(x_2)) \Leftrightarrow F(x_1) \leq F(x_2)$.

3. Dados $a, b \in \mathbf{R}$, tales que $a < b$;

$$P(a < X \leq b) = P(a, b] = F(b) - F(a)$$

Demostración:

Si $a < b$, el intervalo $I(b)$ se descompone de forma disjunta en $I(b) = I(a) \cup (a, b]$, luego, $P(I(b)) = P(I(a)) + P(a, b]$, de donde, $P(a, b] = P(X \leq b) - P(X \leq a) = F(b) - F(a)$.

4. La función de distribución, F, es continua por la derecha en cada punto, es decir:

$$\lim_{x\rightarrow a, x>a} F(x) = F(a)$$

Demostración:

$$\lim_{x\rightarrow a,x>a} F(x) = F(a) \quad \Leftrightarrow \quad \lim_{x\rightarrow a,x>a}(F(x) - F(a)) = 0 \Leftrightarrow$$
$$\lim_{x\rightarrow a,x>a} P(a < X \leq x) = 0 \quad \Leftrightarrow \quad P(a < X \leq a) = P(\emptyset) = 0$$

5. $F(-\infty) = \lim_{x\rightarrow -\infty} F(x) = P(\emptyset) = 0$

6. $F(\infty) = \lim_{x\rightarrow \infty} F(x) = P(\mathbf{R}) = 1$

Ejemplo 11.2 Volvamos al Ejemplo 11.1 y calculemos la función de distribución para la variable X, en los puntos del soporte de X:

$$F(0) = P(X \leq 0) = \frac{1}{8}$$
$$F(1) = P(X \leq 1) = P(X = 0) + P(X = 1) = \frac{4}{8}$$
$$F(2) = P(X \leq 2) = P(X = 0) + P(X = 1) + P(X = 2) = \frac{7}{8}$$
$$F(3) = P(X \leq 3) = 1$$

Si completamos la función y la representamos gráficamente:

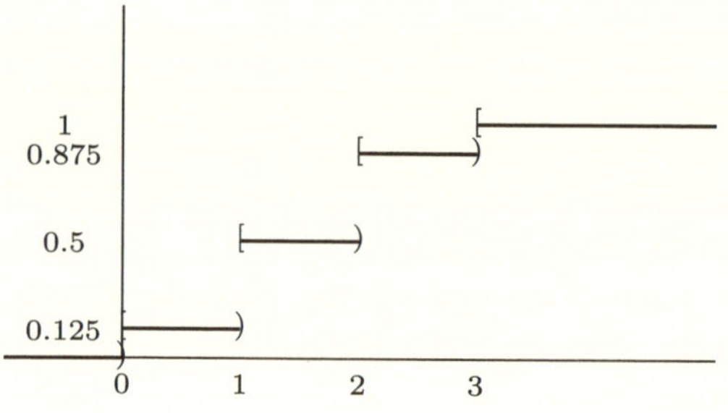

Como hemos indicado, la función de distribución de una variable aleatoria es siempre continua por la derecha de cada punto. Sin embargo, puede ser discontinua por la izquierda. Si eso sucede, el punto en el que la función de distribución no es continua, se denomina **punto de discontinuidad**. La función de distribución puede tener un número finito o infinito numerable de puntos de discontinuidad.

Para cualquier $x \in \mathbf{R}$

$$\forall \epsilon > 0 \quad F(x) - F(x - \epsilon) = P(x - \epsilon < X \leq x)$$

Si $x \in \mathbf{R}$ es un punto de discontinuidad de la función de distribución $F(x)$, tomando límites cuando ϵ tiende a cero,

$$\lim_{\epsilon \to 0}(F(x) - F(x - \epsilon)) = P(X = x) > 0$$

esto es, decimos que existe masa de probabilidad en el punto x, una probabilidad estrictamente positiva.

Sin embargo, si F es continua en un punto x,

$$\lim_{\epsilon \to 0}(F(x) - F(x - \epsilon)) = 0 = P(X = x)$$

y el punto x es un **punto de continuidad** y tiene probabilidad cero.

11.2 Variables aleatorias discretas y continuas

Definición 11.4 *Diremos que una v.a. es* **discreta** *si su función de distribución es una función constante por intervalos.*

Definición 11.5 *Diremos que una v.a. es* **continua** *si su función de distribución es continua.*

La Definición 11.5 significa que el soporte de una v.a. continua es un conjunto continuo, y que además no existe ningún punto aislado con probabilidad no nula, dado que todos son puntos de continuidad. Por su parte, la Definición 11.4 implica que una v.a. discreta toma valores dentro de un conjunto finito o infinito numerable de valores $\{x_1, x_2, \ldots, x_n, \ldots\}$, donde cada uno de ellos tiene probabilidad no nula, y corresponden a los puntos de discontinuidad de su función de distribución.

Existen otro tipo de variables aleatorias que pueden resultar de combinaciones de ambas. Sin embargo, para los objetivos de este texto nos bastará con el estudio de estos dos tipos.

Además, por simplicidad, supondremos que en las v.a. continuas la función de distribución es derivable en casi todo $x \in \mathbf{R}$. En ese caso, a su derivada la denominamos **función de densidad** y la denotaremos por $f(x)$.

En el caso de las v.a. discretas, denominamos **función de cuantía** a la función que asigna probabilidad a cada uno de los sucesos elementales en $\mathbf{R}$. Es decir $P(x_i) = P(X = x_i)$.

La relación de cada una de estas funciones con la correspondiente función de distribución es:

1. Para v.a. discretas: $F(x) = \sum_{x_i \leq x} P(x_i)$, de donde
$$P(x_i) = F(x_i) - F(x_{i-1}) \geq 0, \quad \forall x_i.$$
2. Para v.a. continuas: $F(x) = \int_{-\infty}^{x} f(t)dt$, de donde
$$f(x) = F'(x) \geq 0, \quad \forall x.$$

Teniendo en cuenta las propiedades de la función de distribución vistas es la sección anterior, es inmediato deducir que tanto la función de cuantía como la de densidad son funciones no negativas, que suman e integran la unidad, respectivamente, sobre el dominio de la correspondiente variable.

En definitiva, en una v.a. discreta, a partir de la función de distribución o de la función de cuantía, podemos recuperar la probabilidad de cualquier conjunto de Borel $\beta \in \mathcal{B}$, como:

$$P(\beta) = \sum_{x_i \in \beta} P(x_i)$$

Si la v.a. es continua, lo haremos a partir de su función de densidad:

$$P(\beta) = \int_{\beta} f(x)dx$$

Ejemplo 11.3 Consideremos el experimento aleatorio del lanzamiento de una moneda regular. Tras realizar el experimento, nos interesa si el resultado ha sido cara o cruz. Definimos una v.a. X, tal que

$$X = \begin{cases} 1 & \text{si el resultado es cara} \\ 0 & \text{si el resultado es cruz} \end{cases}$$

El soporte de valores de la variable X es el conjunto $\{0, 1\}$. La probabilidad de ambos valores es:

$$\begin{aligned} P(X = 1) &= P(\text{cara}) = \frac{1}{2} \\ P(X = 0) &= P(\text{cruz}) = \frac{1}{2} \end{aligned}$$

La función de distribución, $F(x)$, es:

$$\begin{array}{lll} F(x) & = P(X \leq x) = 0 & x < 0 \\ F(0) & = P(X \leq 0) = P(0) = \frac{1}{2} & \\ F(x) & = P(X \leq x) = \frac{1}{2} & 0 < x < 1 \\ F(1) & = P(X \leq 1) = P(0) + P(1) = 1 & \\ F(x) & = 1 & x > 1 \end{array}$$

Si representamos gráficamente esta función:

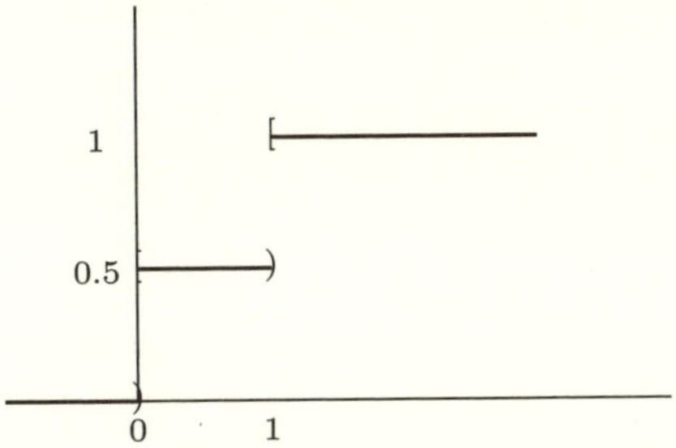

11.3 Ejemplos de distribuciones de probabilidad discretas

1. **Distribución binaria**

   Cualquier experimento que, como el lanzamiento de una moneda, dé lugar únicamente a dos posibles resultados puede ser descrito mediante una variable aleatoria discreta, que toma los valores $X = 1$ si uno de los posibles sucesos ocurre (éxito), y $X = 0$, en caso contrario (fracaso). Esta v.a. se denomina v.a. binaria o de Bernoulli. Si p corresponde a la probabilidad de éxito, su función de cuantía se escribe:

   $$P(x) = p^x(1-p)^{1-x} = \begin{cases} p & \text{si } \; x = 1 \\ 1-p & \text{si } \; x = 0 \end{cases}$$

   La función de cuantía depende del parámetro p (probabilidad de éxito). Cuando una v.a. presente esta función de cuantía diremos que sigue una distribución binaria de parámetro p y se denota $X \sim b(p)$.

   Gráficamente, la representación de la función de cuantía es:

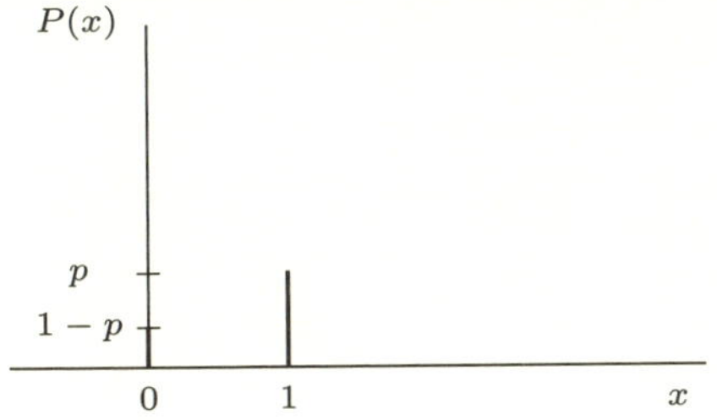

   La gráfica de la función de distribución, $F(x)$, es:

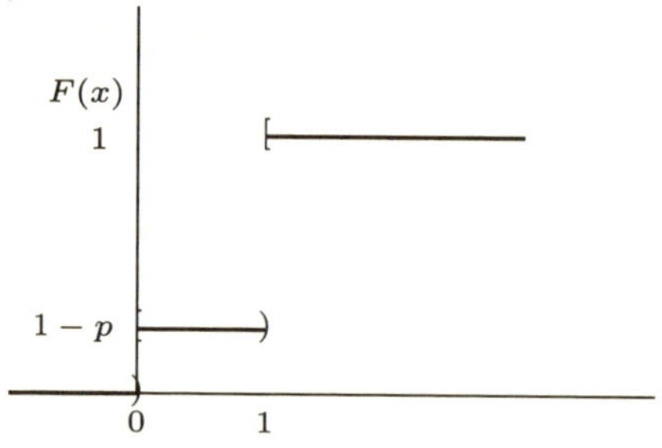

En general, la función de distribución de una variable binaria de parámetro p, es:

$$F(x) = \begin{cases} 0 & x < 0 \\ 1-p & 0 \leq x < 1 \\ 1 & x \geq 1 \end{cases}$$

2. **Distribución binomial**

Consideremos ahora el experimento aleatorio del lanzamiento de una moneda regular n veces. Tras realizar el experimento, nos interesa estudiar el número de veces que ha salido cara (número de éxitos en los n lanzamientos).

Si en cada lanzamiento controlamos la aparición de cara, con una variable binaria Z, y dado que el resultado de cada lanzamiento no interfiere en el de los demás (hay independencia), es evidente que el número de caras, X, se puede expresar como la suma de las variables Z_i, asociadas a cada una de las repeticiones, $i = 1, ..., n$; es decir $X = Z_1 + ... + Z_n$. El soporte de la variable X será entonces, el conjunto $\{0, 1, ..., n\}$.

La distribución de probabilidad de la v.a. X se denomina distribución binomial, y depende de dos parámetros: p, o probabilidad de éxito en cada repetición del lanzamiento (en nuestro caso, $p = \frac{1}{2}$), y n o número de repeticiones del mismo. Se denota por $X \sim b(p, n)$.

La función de cuantía es:

$$P(x) = P(X = x) = \left(\begin{array}{c} n \\ x \end{array} \right) p^x (1-p)^{n-x}, \quad x = 0, ..., n$$

Por ejemplo, la representación gráfica de la función de cuantía para una v.a. $X \sim b(0.3, 5)$ es:

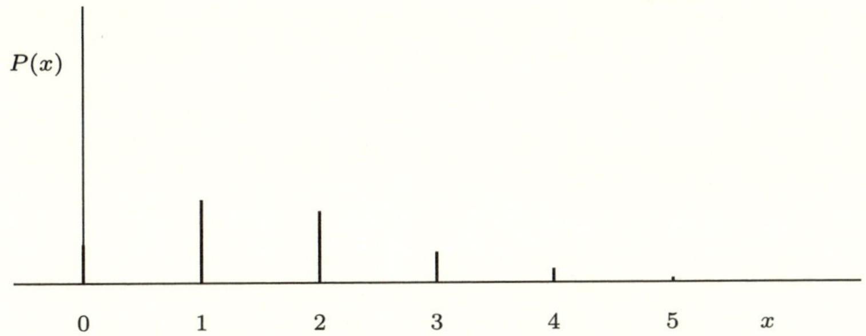

A partir de la función de cuantía, obtenemos que la función de distribución es:

$$F(x) = \begin{cases} 0 & x < 0 \\ \sum_{i=0}^{[x]} \binom{n}{i} p^i (1-p)^{n-i} & 0 \leq x \leq n \\ 1 & x > n \end{cases}$$

donde $[x]$ denota la parte entera de x.

3. **Distribución de Poisson**

Una v.a., X, sigue una distribución de Poisson cuando su soporte es el conjunto de los números enteros no negativos y su función de cuantía viene dada por:

$$P(k) = P(X = k) = \frac{e^{-\lambda}\lambda^k}{k!}, \; k = 0, 1, 2...$$

La función de cuantía depende de un parámetro real positivo, λ. Cuando una v.a. siga una distribución de Poisson de parámetro λ lo denotaremos por $X \sim \mathcal{P}(\lambda)$.

La representación gráfica de la función de cuantía para una v.a. $X \sim \mathcal{P}(2)$ es:

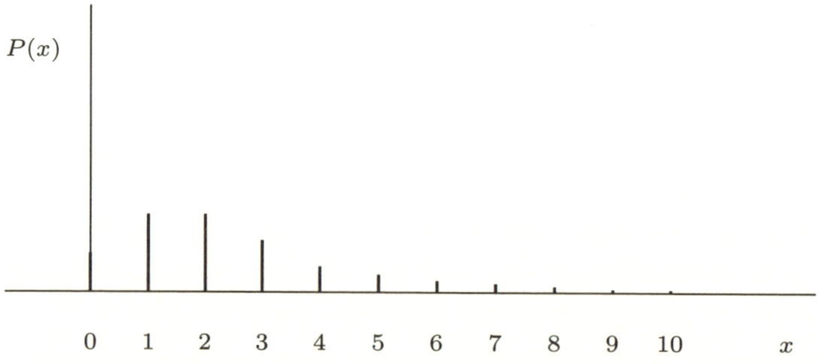

Al igual que la binomial, una variable con distribución de Poisson permite modelizar el número de veces que se ha producido un éxito (fracaso) al realizar un experimento repetidas veces. Resulta muy adecuada en el caso en que la probabilidad de éxito (fracaso) sea muy pequeña, por lo que se conoce como *ley de los sucesos raros*.

Su función de distribución es:

$$F(x) = \begin{cases} 0 & x < 0 \\ \displaystyle\sum_{k=0}^{[x]} \frac{e^{-\lambda}\lambda^k}{k!} & x \geq 0 \end{cases}$$

Ejemplo 11.4 Imaginemos por ejemplo, que sabemos que la v.a. X: número de erratas por página en cierto libro, sigue una distribución de Poisson de parámetro $\lambda = 0.4$. ¿Cómo calcularemos la probabilidad de que en una página de dicho libro elegida al azar, aparezcan exactamente 3 erratas?

El suceso correspondiente es $\{X = 3\}$; de forma que:

$$P(X = 3) = \frac{e^{-0.4}(0.4)^3}{3!} = 0.000715$$

Si ahora queremos calcular la probabilidad de que en una hoja escogida al azar, aparezca al menos una errata; el suceso será $\{X \geq 1\}$ y su probabilidad:

$$\begin{aligned} P(X \geq 1) &= 1 - P(X < 1) = 1 - P(X = 0) = 1 - e^{-0.4} = \\ &= \sum_{k=1}^{\infty} \frac{e^{-0.4}0.4^k}{k!} = 0.3296 \end{aligned}$$

11.4 Ejemplos de distribuciones de probabilidad continuas

Imaginemos distintas situaciones:

- Un joven lanza dardos a una diana. ¿Cuál es la probabilidad de que el dardo quede en cierta zona de la diana?
- Nos dicen que nuestro equipo ha marcado un gol en el último partido jugado. ¿Cuál es la probabilidad de que se haya marcado en el primer tiempo?
- ¿Cuál es la probabilidad de que una máquina se estropee en sus primeros 20 meses de funcionamiento?
- Tenemos un accidente de coche. ¿Cuál es la probabilidad de que a la compañía de seguros la cuantía le resulte superior a 1000 euros ?
- ¿Cuál es la probabilidad de que el rendimiento del IBEX mañana supere el 5%?

Todos estos casos tienen algo en común, los espacios muestrales son continuos: impactos en la diana, instantes en el partido, duración de una máquina, cuantía por reclamación, rendimientos del IBEX, etc. Y por tanto debemos utilizar v.a. continuas para poder responder al tipo de preguntas formuladas. A continuación veremos algunas de las más utilizadas.

1. **Distribución uniforme**

   Una v.a., X, presenta una distribución uniforme en el intervalo $[a, b]$, y se denota por $X \sim U[a, b]$, cuando su soporte es dicho intervalo y la unidad de probabilidad se reparte en él, de manera uniforme y continua. Es decir:

   $$1 = \int_a^b k dx \tag{11.1}$$

   donde la constante k, es la función de densidad. Despejando de la ecuación (11.1), se obtiene

   $$k = f(x) = \frac{1}{b-a}, \quad \forall x \in [a, b]$$

   Evidentemente $f(x) = 0$, si $x \notin [a, b]$. Esta distribución depende de dos parámetros, a y b.

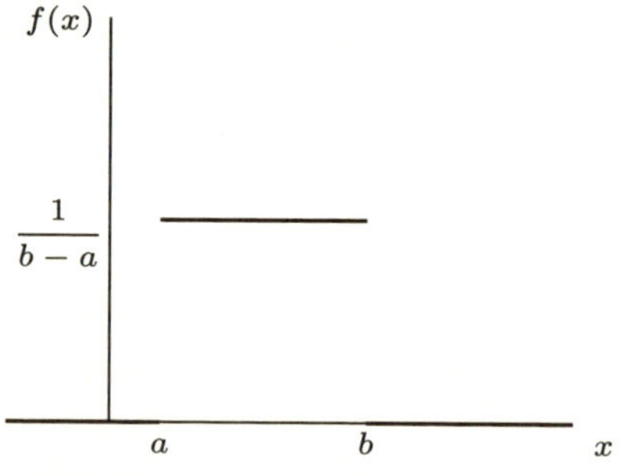

La función de distribución de una variable uniforme en $[a, b]$, es:

$$F(x) = \begin{cases} 0 & x < a \\ \displaystyle\int_a^x \frac{1}{b-a}dt = \frac{x-a}{b-a} & x \in [a, b] \\ 1 & x > b \end{cases}$$

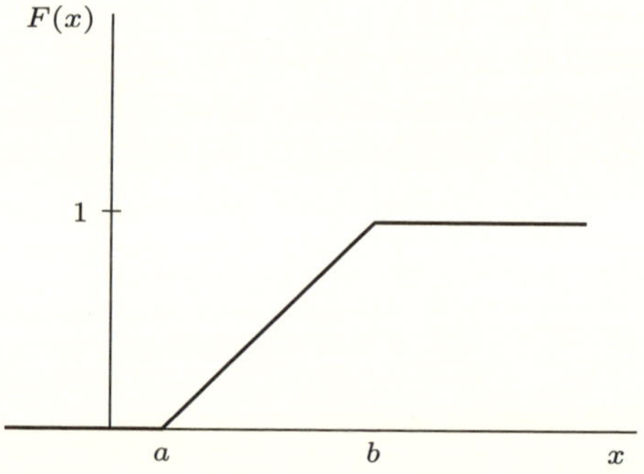

que como se observa, es una función continua.

Ejemplo 11.5 Un joven lanza dardos a una diana con relativa puntería, de manera que la distancia, en centímetros, de los impactos al centro de la diana, es una v.a., X, con distribución $U(0, 50)$. El joven sólo obtendrá puntos si la distancia del impacto al centro es inferior a 5 cm. ¿Cuál es la probabilidad de que el joven, tras un lanzamiento del dardo, obtenga puntos?

Podemos expresar este suceso en términos de la v.a. X como, $\{X \leq 5\}$, de manera que la probabilidad pedida será:

$$P(X \leq 5) \;=\; \int_0^5 \frac{1}{50}dx =$$

$$= \left[\frac{1}{50}x\right]_0^5 = \frac{1}{10}$$

2. **Distribución exponencial**

   Una v.a., X, se dice que tiene distribución exponencial de parámetro $\lambda > 0$, y se denota por $X \sim \exp(\lambda)$, si su función de densidad es

$$f(x) = \begin{cases} 0 & x < 0 \\ \lambda e^{-\lambda x} & x \geq 0 \end{cases}$$

   La función de distribución es:

$$F(x) = \begin{cases} 0 & x < 0 \\ \displaystyle\int_0^x \lambda e^{-\lambda t} dt = 1 - e^{-\lambda x} & x \geq 0 \end{cases}$$

Ejemplo 11.6 (Montiel, Rius y Barón (1997), pág. 359)
Sea X la v.a. definida como: tiempo de vida de una máquina, expresado en meses. Sabemos que $X \sim \exp(\lambda)$, $\lambda = \frac{1}{16}$. Los gráficos siguientes corresponden a la función de densidad y a la función de distribución, respectivamente.

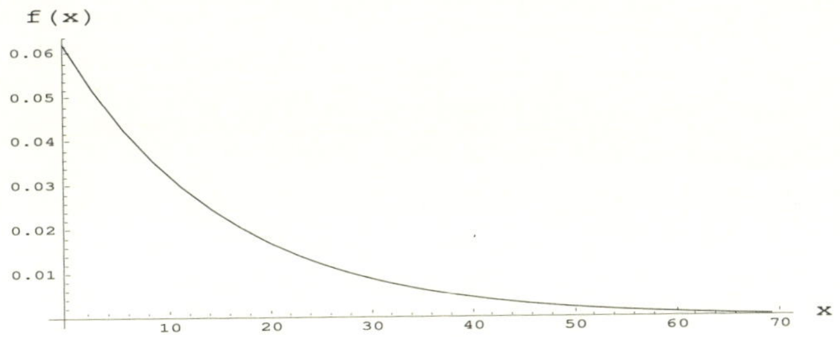

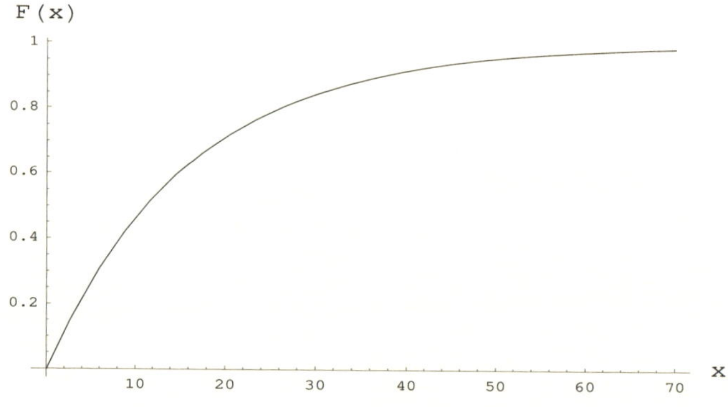

Queremos calcular la probabilidad de que, elegida una cierta máquina al azar, tenga que ser sustituida antes de 25 meses. Nos referimos por tanto al suceso, $\{X \leq 25\}$, y su probabilidad es:

$$\begin{aligned} P(X \leq 25) &= \int_0^{25} \frac{1}{16} e^{\frac{-1}{16}x} dx = \\ &= \left[-e^{\frac{-1}{16}x} \right]_0^{25} = 1 - e^{\frac{-25}{16}} = 0.7904 \end{aligned}$$

Si sabemos que dicha máquina lleva funcionando correctamente 5 meses, cuál será la probabilidad de tener que cambiarla antes de los 25 meses. En este caso, nos están condicionando la ocurrencia del suceso $X \leq 25$, a un hecho conocido; sabemos que $X \geq 5$. Por tanto, lo que queremos calcular es:

$$P(X \leq 25 | X \geq 5) = \frac{P(\{X \leq 25\} \cap \{X \geq 5\})}{P(X \geq 5)}$$

La probabilidad del numerador es:

$$\begin{aligned} P(\{X \leq 25\} \cap \{X \geq 5\}) &= P(5 \leq X \leq 25) = \\ &= \int_5^{25} \frac{1}{16} e^{\frac{-1}{16}x} dx = \\ &= \left[-e^{\frac{-1}{16}x} \right]_5^{25} = -0.209 + 0.732 = \\ &= 0.523 \end{aligned}$$

La probabilidad del denominador es:

$$\begin{aligned} P(X \geq 5) &= 1 - P(X < 5) = \\ &= 1 - \int_0^5 \frac{1}{16} e^{\frac{-1}{16}x} dx = \\ &= 1 - \left[-e^{\frac{-1}{16}x} \right]_0^5 = 1 - (-e^{\frac{-5}{16}} + 1) = \\ &= 1 - (-0.732 + 1) = 0.732 \end{aligned}$$

luego

$$P(X \leq 25 | X \geq 5) = \frac{0.523}{0.732} = 0.714 < 0.7904 = P(X \leq 25)$$

Así la probabilidad revisada "a posteriori" del suceso $\{X \leq 25\}$, con la información $\{X \geq 5\}$ es ligeramente menor que la probabilidad "a priori", como es lógico en este caso.

3. **Distribución de Pareto**

Una v.a. continua que se emplea constantemente para modelizar distribuciones de rentas, de valores de propiedades, tamaño de ciudades, coste de reclamaciones por siniestro, frecuencias de palabras que exceden un determinado valor L, es la que tiene distribución de Pareto. Su función de densidad, viene dada por:

$$f(x) = \begin{cases} 0 & x < L \\ \frac{\alpha}{L} \left(\frac{L}{x}\right)^{\alpha+1} & x \geq L \end{cases}$$

donde α y L son parámetros reales positivos.

La función de distribución es:

$$F(x) = \begin{cases} 0 & x < L \\ \displaystyle\int_L^x \frac{\alpha}{L} \left(\frac{L}{t}\right)^{\alpha+1} dt = 1 - \left(\frac{L}{x}\right)^{\alpha} & x \geq L \end{cases}$$

Ejemplo 11.7 La cuantía por reclamación en una determinada póliza de seguros es una v.a. X con distribución de Pareto de parámetros $L = 100$ euros, y $\alpha = 2.3$. ¿Cuál es la probabilidad de que en una determinada reclamación, la cuantía sea superior a 200 euros?, ¿y la probabilidad de que sea inferior a 300 euros? Si se producen de manera independiente dos reclamaciones, ¿cuál es la probabilidad de que ninguna supere los 300 euros?

Dada la distribución de la v.a. X: cuantía por reclamación, su función de densidad es:

$$f(x) = \begin{cases} 0 & x < 100 \\ \frac{2.3}{100} \left(\frac{100}{x}\right)^{3.3} & x \geq 100 \end{cases}$$

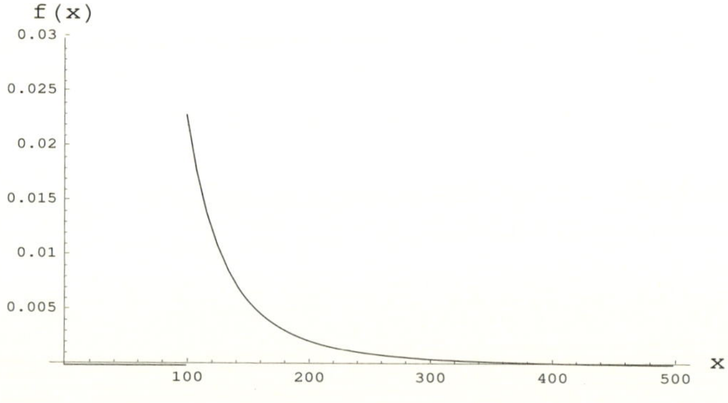

Para calcular la probabilidad del primer suceso, $\{X > 200\}$, tenemos que realizar la integral

$$\begin{aligned} P(X > 200) &= \frac{2.3}{100} \int_{200}^{\infty} \left(\frac{100}{x}\right)^{3.3} dx = \\ &= 2.3 \cdot 100^{2.3} \int_{200}^{\infty} (x)^{-3.3} dx = \\ &= 100^{2.3} \left[-x^{-2.3}\right]_{200}^{\infty} = 0.2 \end{aligned}$$

La probabilidad del segundo suceso, $\{X < 300\}$, se obtiene de manera similar

$$\begin{aligned} P(X < 300) &= \frac{2.3}{100} \int_{100}^{300} \left(\frac{100}{x}\right)^{3.3} dx = \\ &= 100^{2.3} \left[-x^{-2.3}\right]_{100}^{300} = 0.92 \end{aligned}$$

En el caso de la tercera cuestión, si las reclamaciones se producen independientemente,

$$\begin{aligned} P(\{X_1 < 300\} \cap \{X_2 < 300\}) &= P(X_1 < 300) \cdot P(X_2 < 300) = \\ &= 0.92^2 = 0.846 \end{aligned}$$

11.5 Transformaciones en R

Una vez determinada la distribución de probabilidad de una v.a X, puede ser de interés analizar la distribución de probabilidad de alguna transformación de X ($X+5$, X^2, e^X, ln$X$, etc.)

Definición 11.6 *Sea X una v.a. e $Y = h(X)$, donde h es una función de* **R** *en* **R**. *La medida de probabilidad asignada a la v.a. Y es la heredada de X mediante h. Es decir $P_Y(\beta) = P_X(h^{-1}(\beta))$, para cualquier $\beta \in \mathcal{B}$.*

De la definición observamos que una vez obtenido $h^{-1}(\beta)$, su probabilidad se calcula a partir de la de X. En el caso de **v.a. discretas**, es sencillo calcular los originales de las transformaciones.

Ejemplo 11.8 Sea X una v.a. discreta cuya distribución de probabilidad viene dada por

$$P(X=-3)=0.3 \quad P(X=3)=0.15 \quad P(X=7)=0.55$$

Veremos cómo determinar la distribución de probabilidad de la v.a. $Y = X^2 - 6$.

Es evidente que el soporte de la v.a Y, se reduce al conjunto: $\{3, 43\}$. El 3 es imagen de $X=-3$ y de $X=3$, mientras que el 43 es imagen de $X=7$. Por lo tanto:

$$\begin{aligned} P(Y=3) &= P(X=-3)+P(X=3)=0.45 \\ P(Y=43) &= P(X=7)=0.55 \end{aligned}$$

Sin embargo, en el caso de **v.a. continuas** no es fácil en general obtener la imagen inversa para cualquier función h. Sí hay casos particulares en los que resulta muy sencillo y que además se pueden resolver de forma general.

Caso 1: La transformación h es invertible y derivable. Entonces podemos obtener la transformación inversa $X = h^{-1}(Y) = x(Y)$.

En este caso la relación entre las funciones de distribución de ambas variables es:

$$F_y(y) = P(Y \leq y) = P(h(X) \leq y) = P(X \in h^{-1}(-\infty, y])$$

Si la transformación h es monótona creciente,

$$P(X \in h^{-1}(-\infty, y]) = P(X \leq x(y)) = F_x(x(y))$$

y por tanto, $F_y(y) = F_x(x(y))$.

Si la transformación es monótona decreciente,

$$P(X \in h^{-1}(-\infty, y]) = P(X \geq x(y)) = 1 - F_x(x(y))$$

y por tanto, $F_y(y) = 1 - F_x(x(y))$.

Derivando cualquiera de las expresiones anteriores con respecto a y, se obtiene

$$f_y(y) = f_x(x(y))|x'(y)| \tag{11.2}$$

fórmula que permite calcular la función de densidad de cualquier transformación monótona de la v.a. X.

Caso 2: La transformación es lineal, es decir: $Y = aX + b$. Este es un caso particular del anterior, donde la transformación inversa es $x(Y) = X = (Y - b)/a$; y por tanto $x'(y) = 1/a$.

$$F_y(y) = F_x\left(\frac{y-b}{a}\right), \text{si } a > 0$$

y

$$F_y(y) = 1 - F_x\left(\frac{y-b}{a}\right), \text{si } a < 0$$

con lo que la función de densidad de Y es

$$f_y(y) = \frac{1}{|a|} f_x\left(\frac{y-b}{a}\right)$$

Ejemplo 11.9 Sea X una v.a. con distribución uniforme en el intervalo $[1, 2]$. Veamos cómo calcular la distribución de la v.a. $Y = e^X$.

Si $X \sim U[1, 2]$, su función de densidad es

$$f(x) = \begin{cases} 1 & \text{si } \quad x \in [1, 2] \\ 0 & \text{en otro caso} \end{cases}$$

La transformación $Y = h(X) = e^X$, transforma el intervalo de valores de X, $[1, 2]$, en el intervalo $[e, e^2] = [2.718, 7.389]$ de valores para la v.a. Y.

Se trata de una transformación invertible y su inversa viene dada por: $X = x(Y) = \ln Y$.

Derivando con respecto a y, obtenemos: $|x'(y)| = |\frac{1}{y}|$. De acuerdo con la expresión (11.2), obtenemos la función de densidad de Y como:

$$f_y(y) = f_x(\ln y)|\frac{1}{y}| = \begin{cases} \frac{1}{y} & \text{si } \quad y \in [2.718, 7.389] \\ 0 & \text{en otro caso} \end{cases}$$

Obtengamos ahora la distribución de la v.a. $Z = e^{-X}$; el razonamiento será similar. En este caso, el intervalo de valores de X, $[1, 2]$, se transforma en el intervalo $[e^{-2}, e^{-1}] = [0.135, 0.368]$ de valores para la v.a. Z. Se trata de una transformación invertible (es estrictamente decreciente) y su inversa viene dada por: $X = x(Z) = -\ln Z$.

Derivando con respecto a z, obtenemos: $|x'(z)| = |\frac{-1}{z}|$. A partir de (11.2), obtenemos la función de densidad de Z como:

$$f_z(z) = f_x(-\ln z)|\frac{-1}{z}| = \begin{cases} \frac{1}{z} & \text{si} \quad z \in [0.135, 0.368] \\ 0 & \text{en otro caso} \end{cases}$$

Capítulo 12

Distribuciones de probabilidad en $\mathbf{R}^2$

Ejemplo 12.1 Considera una urna compuesta por 4 bolas blancas y 6 negras. Se realizan dos extracciones. Sea X la variable aleatoria asociada a la primera extracción, que toma el valor 1 si la bola es blanca y 0 si es negra. Sea Y la variable aleatoria asociada a la segunda extracción, definida de la misma forma que X. La variable (X, Y) es una variable aleatoria bivariante.

Como veremos a continuación, la distribución de probabilidad de la v.a. (X, Y), depende del tipo de extracción que hayamos realizado, **con** o **sin reemplazamiento**. Veremos también cómo recuperar las distribuciones marginales de las v.a. X e Y, a partir de la distribución conjunta de la v.a. (X, Y). Finalmente introduciremos las distribuciones de probabilidad condicionadas y el concepto de independencia.

12.1 Variable aleatoria en $\mathbf{R}^2$

Definición 12.1 *Definimos una* **variable aleatoria bivariante** *como el par (X, Y) donde X e Y son variables aleatorias univariantes.*

En este caso, la aplicación

$$\begin{array}{rcl} \vec{X} = (X,Y): \ (\Omega, \mathcal{A}) & \longrightarrow & (\mathbf{R}^2, \mathcal{B}) \\ \omega_i & \longrightarrow & \vec{X}(\omega_i) = (x_i, y_i) \end{array}$$

hace corresponder a cada suceso elemental ω_i un par de números reales, de forma que para cualquier punto $(x, y) \in \mathbf{R}^2$, si $I(x, y)$ define el intervalo $\{(t, u) : t \leq x, u \leq y\}$; se tiene que

$$\vec{X}^{-1}(I(x,y)) \ = \ \{\omega : (X(\omega), Y(\omega)) \in I(x,y)\} =$$

$$\begin{aligned} &= \{\omega : X(\omega) \le x, Y(\omega) \le y\} = \\ &= \{\omega : X(\omega) \le x\} \cap \{\omega : Y(\omega) \le y\} = \\ &= X^{-1}((-\infty, x]) \cap Y^{-1}((-\infty, y]) \in \mathcal{A}; \end{aligned}$$

es decir, $\vec{X}^{-1}(I(x,y))$ pertenece a la σ-álgebra $\mathcal{A}$. Cada vez que definimos una v.a. (X,Y) tendremos, en $\mathbf{R}^2$, la correspondiente distribución de probabilidad, $(\mathbf{R}^2, \mathcal{B}, P)$, esto es, conoceremos el soporte de dicha variable, así como la probabilidad de los sucesos de Borel en $\mathbf{R}^2$.

Ejemplo 12.2 Volvamos a los datos del Ejemplo 12.1. La distribución conjunta de la v.a. (X,Y) viene dada por:

Tabla 12.1

X^Y	0	1	
0	$P(0,0)$	$P(0,1)$	
1	$P(1,0)$	$P(1,1)$	
			1

Utilizando la notación:

B_1: primera bola extraída es blanca.

N_1: primera bola extraída es negra.

B_2: segunda bola extraída es blanca.

N_2: segunda bola extraída es negra.

Si la segunda extracción se produce **con reemplazamiento**, las probabilidades de la tabla son:

$$\begin{aligned} P(0,0) &= P(X=0, Y=0) = P(N_1 \cap N_2) = \\ &= P(N_1)P(N_2|N_1) = \frac{6}{10} \cdot \frac{6}{10} = 0.36 \\ P(0,1) &= P(X=0, Y=1) = P(N_1 \cap B_2) = \\ &= P(N_1)P(B_2|N_1) = \frac{6}{10} \cdot \frac{4}{10} = 0.24 \\ P(1,0) &= P(X=1, Y=0) = P(B_1 \cap N_2) = \\ &= P(B_1)P(N_2|B_1) = \frac{4}{10} \cdot \frac{6}{10} = 0.24 \\ P(1,1) &= P(X=1, Y=1) = P(B_1 \cap B_2) = \\ &= P(B_1)P(B_2|B_1) = \frac{4}{10} \cdot \frac{4}{10} = 0.16 \end{aligned}$$

Por tanto, en el caso de extracción con reemplazamiento, la distribución de probabilidad de la v.a. (X,Y) es:

Tabla 12.2

X^Y	0	1	
0	0.36	0.24	0.6
1	0.24	0.16	0.4
	0.6	0.4	1

Si la segunda extracción se produce **sin reemplazamiento**, las probabilidades de la tabla se calculan:

$$\begin{aligned}
P(0,0) &= P(X=0,Y=0) = P(N_1 \cap N_2) = \\
&= P(N_1)P(N_2|N_1) = \frac{6}{10}\cdot\frac{5}{9} = 0.33 \\
P(0,1) &= P(X=0,Y=1) = P(N_1 \cap B_2) = \\
&= P(N_1)P(B_2|N_1) = \frac{6}{10}\cdot\frac{4}{9} = 0.27 \\
P(1,0) &= P(X=1,Y=0) = P(B_1 \cap N_2) = \\
&= P(B_1)P(N_2|B_1) = \frac{4}{10}\cdot\frac{6}{9} = 0.27 \\
P(1,1) &= P(X=1,Y=1) = P(B_1 \cap B_2) = \\
&= P(B_1)P(B_2|B_1) = \frac{4}{10}\cdot\frac{3}{9} = 0.13
\end{aligned}$$

Por tanto, en el caso de extracción sin reemplazamiento, la distribución de probabilidad de la v.a. (X,Y) es:

Tabla 12.3

X^Y	0	1	
0	0.33	0.27	0.6
1	0.27	0.13	0.4
	0.6	0.4	1

12.2 Función de distribución en $\mathbf{R}^2$

La probabilidad de cada suceso de Borel (β) en $\mathbf{R}^2$ se obtiene como

$$\begin{aligned}
P(\beta) &= P(\vec{X}^{-1}(\beta)) = \\
&= P(\{\omega \in \Omega : (X(\omega),Y(\omega)) \in \beta\})
\end{aligned}$$

En particular si el suceso de Borel que elegimos es un intervalo $I(x,y) \in \mathcal{B}$, podemos definir la **función de distribución** de la v.a. (X,Y), como

$$F(x,y) = P(I(x,y)) = P(X \leq x, Y \leq y) = P(\{X \leq x\} \cap \{Y \leq y\})$$

Propiedades:

1. $F(x, y) \geq 0$ toma valores en $[0, 1]$, dado que se define como una probabilidad.

2. $F(x, y)$ es monótona creciente respecto de cada una de las variables.

3. $\lim F(x, y) = 0$ cuando una o las dos variables tienden a $-\infty$.

4. $\lim F(x, y) = 1$ cuando tanto x como y tienden a ∞.

5. $F(x, y)$ es continua por la derecha de todo punto y puede ser discontinua por la izquierda.

6. Si consideramos el rectángulo $R = (a, b]\text{x}(c, d] \subseteq \mathbf{R}^2$, su probabilidad se puede expresar en términos de la función de distribución en los vértices:

$$\begin{aligned} P(R) &= P((X, Y) \in R) = P(a < X \leq b, c < Y \leq d) = \\ &= F(b, d) - F(a, d) - F(b, c) + F(a, c) \end{aligned}$$

La demostración es breve. Sean los conjuntos

$$\begin{aligned} N = I(a, d) - I(a, c) \quad & \Rightarrow I(a, d) = N \cup I(a, c) \\ & \Rightarrow F(a, d) = P(N) + F(a, c) \\ M = I(b, c) - I(a, c) \quad & \Rightarrow I(b, c) = M \cup I(a, c) \\ & \Rightarrow F(b, c) = P(M) + F(a, c) \end{aligned}$$

El intervalo $I(b, d)$ se puede descomponer de manera disjunta en la siguiente unión:

$$I(b, d) = R \cup M \cup N \cup I(a, c)$$

Por lo tanto su probabilidad, será suma de probabilidades:

$$P(I(b, d)) = F(b, d) = P(R) + P(M) + P(N) + F(a, c)$$

o lo que es lo mismo:

$$\begin{aligned} P(R) &= F(b, d) - P(M) - P(N) - F(a, c) \\ &= F(b, d) - (F(a, d) - F(a, c)) - (F(b, c) - F(a, c)) - F(a, c) \\ &= F(b, d) - F(a, d) - F(b, c) + F(a, c) \end{aligned}$$

Aunque la mayoría de las propiedades son similares al caso de una v.a. de dimensión uno, hay una diferencia clara que debe especificarse. En $\mathbf{R}$, el hecho de que un punto tuviera probabilidad positiva, era sinónimo de punto de discontinuidad de la función de distribución; mientras que aquellos con probabilidad cero, eran puntos de continuidad.

En $\mathbf{R}^2$, y en general en $\mathbf{R}^n$, esto no es así. Si un punto tiene probabilidad positiva, $P(x,y) > 0$, se sigue cumpliendo que la función de distribución es discontinua por la izquierda en dicho punto. Pero puede suceder que un punto tenga probabilidad nula, $P(x,y) = 0$, y la función de distribución ahí sea discontinua. Es decir, ahora los puntos de probabilidad nula no equivalen a puntos de continuidad de la función de distribución.

Por otra parte y al igual que en $\mathbf{R}$, el conjunto de puntos de discontinuidad de la variable puede ser vacío, finito o infinito numerable.

Definición 12.2 *Diremos que una v.a.,* (X,Y), *es* **discreta** *si ambas componentes* X *e* Y *lo son. En este caso, al igual sucedía en dimensión uno, su función de distribución es una función constante a trozos.*

Definición 12.3 *Diremos que una v.a.,* (X,Y) *es* **continua** *si ambas componentes* X *e* Y *lo son. Su función de distribución,* $F(x,y)$, *es una función continua.*

Del mismo modo que en dimensión uno, la Definición 12.3 significa que el soporte de una v.a. bidimensional continua es un conjunto continuo (en $\mathbf{R}^2$) y por lo tanto, no existe ningún punto aislado con probabilidad no nula, dado que todos son puntos de continuidad.

Por su parte, la Definición 12.2 implica que una v.a. bidimensional discreta toma valores dentro de un conjunto finito o infinito numerable de puntos en $\mathbf{R}^2$, $\{(x_1,y_1),(x_2,y_2),\ldots,(x_n,y_n),\ldots\}$.

En el caso de una v.a. bidimensional continua, obtendremos su **función de densidad conjunta**, $f(x,y)$, como la segunda derivada cruzada de su función de distribución, $F(x,y)$.

$$F(x,y) = \int_{-\infty}^{x}\int_{-\infty}^{y} f(u,v)dudv \Rightarrow f(x,y) = \frac{\partial^2 F(x,y)}{\partial x \partial y}$$

En general, en una v.a. continua, a partir de la función de densidad, podemos recuperar la probabilidad de cualquier conjunto de Borel como

$$P(\beta) = \int\int_{\beta} f(x,y)dxdy$$

Ejemplo 12.3 Sea (X,Y) una v.a. con distribución uniforme en el rectángulo $R = [0,1]\text{x}[0,2]$. Su función de densidad es constante en dicho rectángulo, y se anula fuera de él.

$$f(x,y) = \begin{cases} k & \text{si } (x,y) \in R \quad (0 \leq x \leq 1, 0 \leq y \leq 2) \\ 0 & \text{en otro caso} \end{cases}$$

Para obtener el valor de k observemos que ha de verificarse

$$\int_0^2 \int_0^1 k dx dy = 1$$

Por tanto:

$$\int_0^2 k\,[x]_0^1\,dy = 1 \qquad \Rightarrow k\,[y]_0^2 = 2k = 1$$

de donde $k = 1/2$. Así,

$$f(x,y) = \begin{cases} \frac{1}{2} & \text{si } \; 0 \leq x \leq 1, 0 \leq y \leq 2 \\ 0 & \text{en otro caso} \end{cases}$$

Calculemos, por ejemplo, la probabilidad del suceso $(X \leq 0.5, Y \leq 2.25)$, a partir de la función de densidad conjunta de (X, Y),

$$P(X \leq 0.5, Y \leq 2.25) = \int_0^2 \int_0^{0.5} \frac{1}{2} dx dy = \frac{1}{2} \cdot 0.5 \cdot 2 = 0.5$$

Podemos calcular también la probabilidad del suceso $\{X + Y \leq 1\}$. Para ello, integramos la función de densidad conjunta de la v.a. (X, Y), en el recinto que define dicho suceso, cuando $0 \leq X \leq 1$ y $0 \leq Y \leq 2$. Dicho recinto corresponde a la zona sombreada de la siguiente figura,

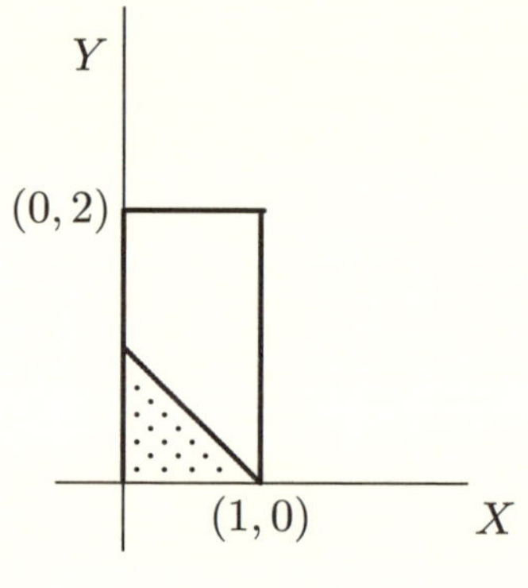

Es decir,

$$\begin{aligned} P(X + Y \leq 1) &= \int_0^1 \int_0^{1-y} \frac{1}{2} dx dy = \\ &= \int_0^1 \int_0^{1-x} \frac{1}{2} dy dx = \frac{1}{4} \end{aligned}$$

Como se observa, la probabilidad del suceso anterior coincide con la proporción de área sombreada respecto a la unidad de probabilidad. Esta coincidencia se da únicamente en el caso de que la v.a. (X, Y) tenga distribución uniforme.

En el caso de las v.a. bidimensionales discretas, denominamos **función de cuantía conjunta** a la probabilidad de cada uno de los valores que puede tomar la v.a. (X, Y).

$$P(x_i, y_j) = P(X = x_i, Y = y_j) = P(\{X = x_i\} \cap \{Y = y_j\})$$

Su función de distribución se puede expresar como:

$$F(x, y) = \sum_{x_i \leq x} \sum_{y_j \leq y} P(x_i, y_j)$$

En una v.a. bidimensional discreta, a partir de la función de distribución o de la función de cuantía, podemos calcular la probabilidad de cualquier conjunto de Borel en $\mathbf{R}^2$, como

$$P(\beta) = \sum_{(x_i, y_j) \in \beta} P(x_i, y_j) \tag{12.1}$$

Ejemplo 12.4 Se define una v.a. bidimensional (X, Y), tal que su función de cuantía conjunta viene dada por:

$$\begin{array}{lll} P(1,2) = 0.1 & P(2,2) = 0.1 & P(2,4) = 0.3 \\ P(3,2) = 0.3 & P(3,4) = 0.1 & P(3,6) = 0.1 \end{array}$$

Vamos a calcular la probabilidad del suceso $B = (\{0 \leq X \leq 2.5\}, \{2 \leq Y \leq 7\})$.

De acuerdo con la expresión (12.1), calcularemos la probabilidad de dicho suceso, sumando la probabilidad de todos los puntos con probabilidad positiva, dentro del conjunto; esto es:

$$\begin{aligned} P(B) &= \sum_{(x_i, y_j) \in B} P(x_i, y_j) = P(1,2) + P(2,2) + P(2,4) = \\ &= 0.1 + 0.1 + 0.3 = 0.5 \end{aligned}$$

Si definimos el suceso $C = \{(X, Y) : Y - 2X = 0\}$, su probabilidad será:

$$\begin{aligned} P(C) &= \sum_{(x_i, y_j) \in C} P(x_i, y_j) = P(Y = 2X) = \\ &= P(1,2) + P(2,4) + P(3,6) = \\ &= 0.1 + 0.3 + 0.1 = 0.5 \end{aligned}$$

Ahora, si queremos calcular la probabilidad:

$$\begin{aligned} P(Y \leq 2X) &= P(Y - 2X \leq 0) \\ &= P(1,2) + P(2,2) + P(2,4) \\ &\quad +P(3,2) + P(3,4) + P(3,6) \\ &= 0.1 + 0.1 + 0.3 + 0.3 + 0.1 + 0.1 \\ &= 1 \end{aligned}$$

12.3 Distribuciones marginales de probabilidad

Al igual que sucedía con variables estadísticas, a partir de la distribución de probabilidad conjunta de una v.a. (X, Y), se pueden obtener dos distribuciones marginales, la de la v.a. X y la de la v.a. Y.

Estas distribuciones nos dan la probabilidad con la que se presenta cada valor de una de las variables independientemente del valor de la otra.

Si volvemos a los márgenes de la tabla en el Ejemplo 12.2, observamos lo siguiente:

Tabla 12.4

X^Y	0	1	$P(X)$
0	$P(0,0)$	$P(0,1)$	$P(X=0)$
1	$P(1,0)$	$P(1,1)$	$P(X=1)$
$P(Y)$	$P(Y=0)$	$P(Y=1)$	1

En la columna de la derecha, aparece la distribución marginal de la v.a. X. El soporte de dicha v.a. es el conjunto $\{0, 1\}$; y podemos obtener la probabilidad de cada uno de los valores de X, sumando las probabilidades conjuntas para todos los valores de Y, es decir:

$$\begin{aligned} P(X=0) &= P(0,0) + P(0,1) \\ P(X=1) &= P(1,0) + P(1,1) \end{aligned}$$

En la última fila de la Tabla 12.4, aparece la distribución marginal de la v.a. Y. El soporte de Y, es igualmente el conjunto $\{0, 1\}$, y las probabilidades de cada valor de la v.a. se obtienen sumando las conjuntas, para todos los valores de X, es decir:

$$\begin{aligned} P(Y=0) &= P(0,0) + P(1,0) \\ P(Y=1) &= P(0,1) + P(1,1) \end{aligned}$$

En la Tabla 12.2 aparecen las distribuciones marginales de las v.a. X e Y, en el caso de extracción con reemplazamiento. En la Tabla 12.3, se han obtenido las correspondientes distribuciones marginales, en el caso de extracción sin reemplazamiento. Como se observa, en este ejemplo las distribuciones marginales coinciden, y no dependen del tipo de extracción realizada.

En general si la v.a. (X, Y) es discreta, a partir de su función de cuantía conjunta se obtienen las correspondientes **distribuciones de probabilidad marginales**, especificadas a partir de las **funciones de cuantía marginales**.

Para la v.a. X se obtiene:

$$P(X = x_i) = P_X(x_i) = \sum_{y_j} P(x_i, y_j)$$

Para la v.a Y:

$$P(Y = y_j) = P_Y(y_j) = \sum_{x_i} P(x_i, y_j)$$

Las **funciones de distribución marginales** se obtienen respectivamente como:

$$F_X(x) = P(X \leq x) = \sum_{x_i \leq x} P_X(x_i) = \sum_{x_i \leq x} \sum_{y_j} P(x_i, y_j) = F(x, \infty)$$

$$F_Y(y) = P(Y \leq y) = \sum_{y_j \leq y} P_Y(y_j) = \sum_{y_j \leq y} \sum_{x_i} P(x_i, y_j) = F(\infty, y)$$

La extensión de estos resultados al caso continuo, consiste en reemplazar el sumatorio de las funciones de cuantía por la integral de las correspondientes funciones de densidad.

Así, si la v.a. (X, Y) es continua, a partir de su función de densidad conjunta se obtienen las correspondientes **funciones de densidad marginales**.

Para la v.a. X:

$$f_X(x) = \int_{-\infty}^{\infty} f(x, y)dy$$

Para la v.a. Y:

$$f_Y(y) = \int_{-\infty}^{\infty} f(x, y)dx$$

Las **funciones de distribución marginales** se obtienen como :

$$F_X(x) = P(X \leq x) = \int_{-\infty}^{x} f_X(t)dt = \int_{-\infty}^{x}\int_{-\infty}^{\infty} f(t,v)dvdt = F(x,\infty)$$

$$F_Y(y) = P(Y \leq y) = \int_{-\infty}^{y} f_Y(v)dv = \int_{-\infty}^{y}\int_{-\infty}^{\infty} f(t,v)dtdv = F(\infty,y)$$

Ejemplo 12.5 Sea la v.a. (X,Y), cuya función de densidad es:

$$f(x,y) = \begin{cases} cxy & \text{si } 0 \leq x \leq 1, \quad 0 \leq y \leq 1 \\ 0 & \text{en otro caso} \end{cases}$$

Vamos a determinar el valor de la constante c, para que $f(x,y)$ esté completamente especificada. Para ello, sabemos que:

$$\int_0^1\int_0^1 cxydxdy = 1 \Leftrightarrow \int_0^1 c\left[\frac{x^2}{2}\right]_0^1 ydy = \frac{c}{2}\left[\frac{y^2}{2}\right]_0^1 = 1$$

de donde $c = 4$.

Podemos calcular la probabilidad del suceso $\{X+Y > 1\}$, a partir de la función de densidad conjunta de la v.a. (X,Y). Para ello integramos dicha función de densidad en el recinto que define dicho suceso, cuando $0 \leq X \leq 1$ y $0 \leq Y \leq 1$. Dicho recinto corresponde a la zona sombreada de la siguiente figura,

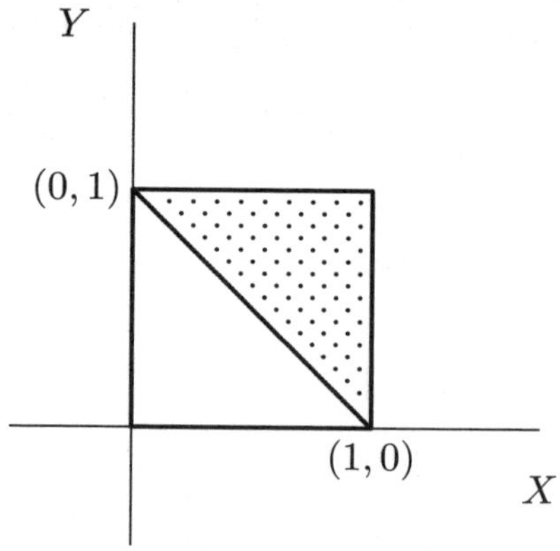

Es decir:

$$P(X+Y>1) \quad = \quad \int_0^1\int_{1-x}^1 4xydydx =$$

$$
\begin{aligned}
&= \int_0^1 \int_{1-y}^1 4xydxdy = \\
&= 4\int_0^1 y\left[\frac{x^2}{2}\right]_{1-y}^1 dy = \\
&= 2\int_0^1 y(2y-y^2)dy = 2\int_0^1 (2y^2-y^3)dy = \\
&= \left[4\frac{y^3}{3} - 2\frac{y^4}{4}\right]_0^1 = 0.8333
\end{aligned}
$$

En este caso, vemos que la probabilidad del suceso no coincide con la proporción de área, puesto que la distribución de la variable no es uniforme.

La función de densidad marginal de X es :

$$f_X(x) = \int_{-\infty}^{\infty} f(x,y)dy = \begin{cases} \int_0^1 4xydy = 2x & \text{si } 0 \leq x \leq 1 \\ 0 & \text{en otro caso} \end{cases}$$

Y la función de densidad marginal de Y es:

$$f_Y(y) = \int_{-\infty}^{\infty} f(x,y)dx = \begin{cases} \int_0^1 4xydx = 2y & \text{si } 0 \leq y \leq 1 \\ 0 & \text{en otro caso} \end{cases}$$

12.4 Distribuciones condicionadas

Cuando trabajamos con la distribución conjunta de una v.a. (X,Y), podemos obtener las **distribuciones condicionadas**. Como en el caso de variables estadísticas, van a ser de dos tipos: distribuciones de X condicionadas a valores de Y, y distribuciones de Y condicionadas a valores de X.

La distribución de X condicionada a $Y = y$, es la distribución de probabilidad en $\mathbf{R}$, que permite calcular probabilidades de valores de la v.a. X, bajo la condición de que la v.a. Y tome el valor y. Distinguiremos los casos correspondientes al tipo de distribución de la v.a. (X,Y), según sea discreta o continua.

Si trabajamos con v.a. discretas, obtendremos la función de cuantía de X condicionada a que $Y = y$, $X|Y = y$, sin más que emplear la definición de probabilidad condicionada:

$$P_{X|Y=y}(x) = P(X = x|Y = y) = \frac{P(\{X = x\} \cap \{Y = y\})}{P(Y = y)} = \frac{P(x,y)}{P_Y(y)}$$

La función de distribución es:

$$F_{X|Y=y}(x) = P(X \leq x|Y = y) = \sum_{x_i \leq x} P(x_i|Y = y)$$

En el caso de la distribución de Y condicionada a que $X = x$, su función de cuantía se define como:

$$P_{Y|X=x}(y) = P(Y = y|X = x) = \frac{P(\{X = x\} \cap \{Y = y\})}{P(X = x)} = \frac{P(x, y)}{P_X(x)}$$

y su función de distribución se calcula:

$$F_{Y|X=x}(y) = P(Y \leq y|X = x) = \sum_{y_j \leq y} P(y_j|X = x)$$

Ejemplo 12.6 Consideremos de nuevo la v.a. (X, Y) definida en el Ejemplo 12.1 y cuya distribución de probabilidad se ha obtenido en el Ejemplo 12.2.

En este ejemplo, nos proponemos obtener la distribución de la variable Y: resultado de la segunda extracción, condicionada al resultado obtenido en la primera. Dada la composición de la urna, puede haber sucedido que la primera bola extraída haya sido negra, $X = 0$, o blanca $X = 1$. Asimismo, vamos a considerar primero el caso en el que la extracción se produzca con reemplazamiento. Obtenemos entonces, dos distribuciones condicionadas; la distribución de $Y|X = 0$, cuya función de cuantía es:

$$P(Y = y|X = 0) = \begin{cases} \frac{6}{10} & \text{si } y = 0 \\ \\ \frac{4}{10} & \text{si } y = 1 \end{cases}$$

y la distribución de $Y|X = 1$, cuya función de cuantía es la misma. Es decir, si la extracción se produce con reemplazamiento, el resultado de la primera extracción no nos aporta ninguna información adicional (no influye) sobre los resultados de la segunda extracción.

Si la extracción se produce sin reemplazamiento, la distribución de $Y|X = 0$, tiene como función de cuantía:

$$P(Y = y|X = 0) = \begin{cases} \frac{5}{9} & \text{si } y = 0 \\ \\ \frac{4}{9} & \text{si } y = 1 \end{cases}$$

mientras que la función de cuantía de $Y|X = 1$, es:

$$P(Y = y|X = 1) = \begin{cases} \frac{6}{9} & \text{si } y = 0 \\ \\ \frac{3}{9} & \text{si } y = 1 \end{cases}$$

Si la extracción se produce sin reemplazamiento, el resultado de la primera extracción influye en la probabilidad de ocurrencia de los resultados asociados a la segunda extracción. Si la primera bola extraída ha sido negra ($X = 0$), la probabilidad de que la segunda sea negra es menor que si la primera bola extraída ha sido blanca ($\frac{5}{9} < \frac{6}{9}$). La razón es, sencillamente, que en el primer caso quedan menos bolas negras en la urna.

En el caso en que las componentes X e Y sean continuas, la **función de densidad de X condicionada a $Y = y$**, se define como:

$$f_{X|Y=y}(x) = \frac{f(x,y)}{f_Y(y)} \tag{12.2}$$

Y la **función de densidad de Y condicionada a $X = x$**, es:

$$f_{Y|X=x}(y) = \frac{f(x,y)}{f_X(x)} \tag{12.3}$$

En ocasiones es útil expresar las distribuciones marginales a partir de las condicionadas. Esto es evidente, en el caso discreto, utilizando el teorema de la partición.

Para la función de cuantía marginal de X:

$$\begin{aligned} P_X(x) &= \sum_j P(x, y_j) = \sum_j P(\{X = x\} \cap \{Y = y_j\}) = \\ &= \sum_j P(X = x|Y = y_j) P_Y(y_j) \end{aligned}$$

Para la de Y:

$$\begin{aligned} P_Y(y) &= \sum_i P(x_i, y) = \sum_i P(\{X = x_i\} \cap \{Y = y\}) = \\ &= \sum_i P(Y = y|X = x_i) P_X(x_i) \end{aligned}$$

La extensión al caso de v.a. continuas es directa. Para la función de densidad marginal de X:

$$f_X(x) = \int_{-\infty}^{\infty} f(x,y)dy = \int_{-\infty}^{\infty} f_{X|Y=y}(x) f_Y(y)dy$$

La de Y:

$$f_Y(y) = \int_{-\infty}^{\infty} f(x,y)dx = \int_{-\infty}^{\infty} f_{Y|X=x}(y) f_X(x)dx$$

Ejemplo 12.7 Sea la v.a. (X, Y), cuya función de densidad es:

$$f(x, y) = \begin{cases} \frac{1}{2}(3x^2 + 2y) & \text{si } 0 \leq x \leq 1, 0 \leq y \leq 1 \\ 0 & \text{en otro caso} \end{cases}$$

Vamos a calcular la probabilidad: $P(X \leq 0.5 | Y = 0.7)$. Para ello necesitamos calcular la función de densidad de la distribución condicionada $X|Y = 0.7$.

$$f_{X|Y=0.7}(x) = \frac{f(x, 0.7)}{f_Y(0.7)}$$

Si queremos determinar la función de densidad marginal de Y:

$$f_Y(y) = \begin{cases} \int_0^1 \frac{1}{2}(3x^2 + 2y)dx = \frac{1}{2}(1 + 2y) & \text{si } 0 \leq y \leq 1 \\ 0 & \text{en otro caso} \end{cases}$$

luego la función de densidad condicionada es exactamente:

$$f_{X|Y=0.7}(x) = \frac{f(x, 0.7)}{f_Y(0.7)} = 1.25x^2 + \frac{0.7}{1.2}, \quad 0 \leq x \leq 1$$

y por tanto la probabilidad:

$$\begin{aligned} P(X \leq 0.5 | Y = 0.7) &= \int_0^{0.5} f_{X|Y=0.7}(x)dx = \\ &= \int_0^{0.5} \left(1.25x^2 + \frac{0.7}{1.2}\right) dx = 0.3437 \end{aligned}$$

12.5 Variables aleatorias independientes

Recordemos la definición de sucesos independientes dada en el Capítulo 10. Dados los sucesos A y B, decíamos que eran independientes si

$$P(A \cap B) = P(A)P(B)$$

Pensemos ahora en una v.a (X, Y). Diremos que las componentes X e Y son v.a. independientes si:

$$P(\{X \in A\} \cap \{Y \in B\}) = P(X \in A)P(Y \in B)$$

para cualesquiera sucesos o conjuntos de valores A y B. En particular, la condición anterior debe ser cierta si $A = I(x) = (-\infty, x]$, y $B = I(y) = (-\infty, y]$, en cuyo caso:

$$\begin{aligned} P(X \in I(x) \cap Y \in I(y)) &= P(X \leq x, Y \leq y) = \\ &= P(X \leq x)P(Y \leq y) = F_X(x)F_Y(y) \end{aligned}$$

es decir:

$$F(x,y) = F_X(x)F_Y(y) \quad \forall x, y \tag{12.4}$$

Derivando la condición (12.4), obtenemos la condición necesaria y suficiente de independencia para v.a. continuas, a partir de sus funciones de densidad. Esto es, X e Y v.a continuas, son independientes si:

$$f(x,y) = f_X(x)f_Y(y) \quad \forall x, y \tag{12.5}$$

En este caso, las funciones de densidad condicionadas (12.2) y (12.3), coinciden con las respectivas marginales.

$$f_{X|Y=y}(x) = \frac{f(x,y)}{f_Y(y)} = f_X(x), \quad \forall x, y$$

$$f_{Y|X=x}(y) = \frac{f(x,y)}{f_X(x)} = f_Y(y), \quad \forall x, y$$

Para v.a. discretas la condición de independencia a partir de la función de cuantía conjunta es:

$$P(x,y) = P_X(x)P_Y(y) \quad \forall x, y \tag{12.6}$$

Además si X e Y son variables discretas e independientes, las funciones de cuantía condicionadas coinciden con las marginales:

$$P_{X|Y=y}(x) = \frac{P(x,y)}{P_Y(y)} = P_X(x), \quad \forall x, y$$

$$P_{Y|X=x}(y) = \frac{P(x,y)}{P_X(x)} = P_Y(y), \quad \forall x, y$$

Al igual que con variables estadísticas, para comprobar si dos variables aleatorias son independientes, podemos hacerlo a partir de su distribución conjunta o de las distribuciones condicionadas.

Ejemplo 12.8 En el caso de la v.a. definida en el Ejemplo 12.1, si la extracción se produce con reemplazamiento, las v.a. X e Y son independientes, mientras que no lo son si la extracción se produce sin reemplazamiento.

Ejemplo 12.9 Retomemos la distribución de la v.a. (X, Y), del Ejemplo 12.7, cuya función de densidad es:

$$f(x,y) = \begin{cases} \frac{1}{2}(3x^2 + 2y) & \text{si } 0 \le x \le 1, 0 \le y \le 1 \\ 0 & \text{en otro caso} \end{cases}$$

Podemos analizar si las v.a. X e Y son independientes. Como conocemos la función de densidad conjunta y la marginal de Y, necesitamos calcular únicamente la marginal de X. Para ello:

$$f_X(x) = \begin{cases} \int_0^1 \frac{1}{2}(3x^2 + 2y)dy = \frac{1}{2}(3x^2 + 1) & \text{si } 0 \le x \le 1 \\ 0 & \text{en otro caso} \end{cases}$$

En general $f(x,y) \neq f_X(x) f_Y(y)$, luego no son independientes.

Capítulo 13

Valores esperados en R y en R^2

Una variable aleatoria queda perfectamente definida si conocemos su dominio o soporte y su función de distribución. Conocer la función de distribución es equivalente a conocer la función de cuantía para variables discretas y la función de densidad para variables continuas.

Por ejemplo, consideremos una variable aleatoria X con soporte $S = \{0, 1\}$ y función de cuantía tal que $P(0) = 0.5$ y $P(1) = 0.5$. Entonces X es necesariamente una variable aleatoria binaria de parámetro $p = 0.5$.

Es decir, la función de distribución o la función de cuantía (densidad) identifica la variable aleatoria.

Sin embargo, en muchas situaciones no es posible identificar de forma completa la distribución de la variable. A veces únicamente conocemos ciertas características de la variable, que si bien no identifican la distribución, aportan información sobre ella. O, aun conociendo la función de distribución, nos puede interesar resumir el comportamiento de la variable a través de algunos valores relevantes.

En Estadística Descriptiva hemos estudiado cómo, a partir de una distribución de frecuencias, podemos sintetizar la información en términos de valores típicos, que proporcionaban información relevante. Toda la información sobre la variable estadística está en sus valores y sus frecuencias, mientras que un resumen de la información relevante lo realizamos obteniendo la media, desviación típica, etc.

Como vimos en el Capítulo 9, las probabilidades se pueden interpretar como modelo matemático de las frecuencias relativas y esta relación nos permite aprovechar la noción de momentos para entender la noción de esperanza matemática y de otros valores típicos de variables aleatorias.

Ejemplo 13.1 Volvamos al Ejemplo 9.6 pág. 171 del lanzamiento de un dado. La v.a. X que representa los posibles resultados de un lanzamiento tiene la siguiente distribución

x_i	1	2	3	4	5	6
$P(x_i)$	1/6	1/6	1/6	1/6	1/6	1/6

Después de lanzar el dado 180 veces se habían obtenido los siguientes resultados:

x_i	1	2	3	4	5	6	
n_i	32	25	29	30	31	33	$N = 180$
f_i	0.178	0.139	0.161	0.167	0.172	0.183	

con lo que, a partir de esta tabla, podemos obtener los valores típicos estudiados en Estadística Descriptiva. En este capítulo veremos cómo se definen de forma análoga los valores típicos de las variables aleatorias y, en particular, lo aplicaremos a la v.a. X de este ejemplo.

Para definir los valores típicos habituales en un contexto de variables aleatorias, haremos uso de los momentos ordinarios y centrales, al igual que para variables estadísticas.

13.1 Esperanza matemática de una función en R. Propiedades

Definición 13.1 *Dada una variable aleatoria X, y una función $h(\cdot)$, se define como* **valor esperado** *o* **esperanza matemática** *de $h(X)$ y se denota por $E(h(X))$ a,*

$$E(h(X)) = \int_{-\infty}^{\infty} h(x)f(x)dx = \int_S h(x)f(x)dx$$

para variables continuas, siempre que la integral sea finita.

$$E(h(X)) = \sum_i h(x_i)P(x_i) = \sum_{x_i \in S} h(x_i)P(x_i)$$

para variables discretas, siempre que la suma sea finita. En ambos casos S denota el soporte de la variable, que será un conjunto continuo en el caso de variables aleatorias continuas y un conjunto finito o infinito numerable en el caso de variables discretas.

Denominaremos **media o esperanza de** X, $E(X)$, al valor esperado de X; es decir, el valor esperado que resulta si la función $h(X)$ es la identidad. Para variables aleatorias continuas

$$E(X) = \int_{-\infty}^{\infty} x f(x) dx$$

y para variables discretas

$$E(X) = \sum_i x_i P(x_i)$$

Propiedades:

1. El valor esperado de la suma de dos funciones de X es la suma de los valores esperados.

$$\begin{aligned} E(h_1(X) + h_2(X)) &= \int_{-\infty}^{\infty} (h_1(x) + h_2(x)) f(x) dx \\ &= \int_{-\infty}^{\infty} h_1(x) f(x) dx + \int_{-\infty}^{\infty} h_2(x) f(x) dx \\ &= E(h_1(X)) + E(h_2(X)) \end{aligned}$$

2. El valor esperado de una transformación lineal de una v.a. X es la transformación lineal del valor esperado de X.

   Es decir, si $h(X) = aX + b$, se tiene que $E(aX + b) = aE(X) + b$.

$$\begin{aligned} E(aX + b) &= \int_{-\infty}^{\infty} (ax + b) f(x) dx \\ &= a \int_{-\infty}^{\infty} x f(x) dx + b \int_{-\infty}^{\infty} f(x) dx \\ &= aE(X) + b \end{aligned}$$

Análogamente se demuestran ambas propiedades para variables aleatorias discretas.

13.2 Momentos en R

13.2.1 Momentos ordinarios. Valor medio

Se define el **momento ordinario de orden** k de la v.a. X como

$$\alpha_k = E(X^k)$$

En el caso de variables discretas la expresión anterior se traduce en

$$\alpha_k = \sum_i x_i^k P(x_i)$$

mientras que, para variables aleatorias continuas,

$$\alpha_k = \int_{-\infty}^{\infty} x^k f(x)dx$$

Así, el momento ordinario de orden 1 corresponde a la **media** de la v.a. X,

$$\alpha_1 = E(X) = m$$

13.2.2 Momentos centrales o respecto de la media. Varianza

Se define el **momento central, o respecto de la media**, de orden k para la v.a. X como

$$\mu_k = E((X-m)^k)$$

En el caso de una variable discreta esta expresión resulta

$$\mu_k = \sum_i (x_i - m)^k P(x_i)$$

mientras que si X es una variable aleatoria continua es:

$$\mu_k = \int_{-\infty}^{\infty} (x-m)^k f(x)dx$$

Así, el momento central de orden 2 es:

$$\mu_2 = E((X-m)^2) = \sigma^2$$

que corresponde a la **varianza** de la v.a. X.

La misma fórmula que utilizábamos para calcular la varianza de variables estadísticas en términos de momentos ordinarios, es válida también para variables aleatorias

$$\sigma^2 = E((X-m)^2) = E(X^2 - 2mX + m^2) = E(X^2) - 2m^2 + m^2 = \alpha_2 - m^2$$

Al igual que con variables estadísticas, es sencillo calcular la varianza de una transformación lineal de una variable aleatoria. Sea $Y = aX + b$, donde

$a, b \in \mathbf{R}$, y X una v.a. con media $E(X)$ y varianza σ_X^2, entonces se tiene que $\sigma_Y^2 = \mathrm{Var}(aX + b) = a^2\sigma_X^2$.

$$\begin{aligned} \mathrm{Var}(aX+b) &= E[aX+b-(aE(X)+b)]^2 = \\ &= a^2E[X-E(X)]^2 = a^2\sigma_X^2 \end{aligned}$$

Análogamente, podemos definir el resto de valores típicos, conocidos ya en Estadística Descriptiva, en el contexto de variables aleatorias. El coeficiente de asimetría es

$$\gamma_1 = \frac{\mu_3}{\sigma^3}$$

y el coeficiente de apuntamiento o curtosis

$$\gamma_2 = \frac{\mu_4}{\sigma^4} - 3$$

Ejemplo 13.2 Volvamos al Ejemplo 13.1. Los valores de media y varianza de la v.a. X son

$$\begin{aligned} m &= E(X) = \sum_{i=1}^{6} x_i P(x_i) \\ &= 1 \cdot 1/6 + 2 \cdot 1/6 + 3 \cdot 1/6 + 4 \cdot 1/6 + 5 \cdot 1/6 + 6 \cdot 1/6 \\ &= 3.5 \\ \sigma^2 &= E(X^2) - m^2 = \sum_{i=1}^{6} x_i^2 P(x_i) - m^2 \\ &= 1 \cdot 1/6 + 2^2 \cdot 1/6 + 3^2 \cdot 1/6 + 4^2 \cdot 1/6 + 5^2 \cdot 1/6 \\ &+ 6^2 \cdot 1/6 - 3.5^2 = 2.916 \end{aligned}$$

Después de lanzar el dado las 180 veces, disponemos de una tabla de frecuencias asociadas a cada uno de los valores, y podemos obtener los valores de media y varianza para la variable estadística "resultado del lanzamiento realizado". Estos valores son:

$$\begin{aligned} \overline{x} &= \sum_{i=1}^{6} x_i f_i \\ &= 1 \cdot 0.178 + 2 \cdot 0.139 + 3 \cdot 0.161 + 4 \cdot 0.167 + 5 \cdot 0.172 \\ &+ 6 \cdot 0.183 = 3.565 \\ S_x^2 &= \sum_{i=1}^{6} x_i^2 f_i - 3.565^2 \\ &= 1^2 \cdot 0.178 + 2^2 \cdot 0.139 + 3^2 \cdot 0.161 + 4^2 \cdot 0.167 + 5^2 \cdot 0.172 \\ &+ 6^2 \cdot 0.183 - 3.565^2 = 3.03 \end{aligned}$$

Como ya hemos comentado al comienzo del capítulo, es de esperar que los momentos teóricos (de la variable aleatoria) sean similares a los resultantes del análisis descriptivo, si es que el dado no está trucado. En este caso, los resultados parecen coherentes con un dado regular aunque, insistimos, este análisis no es objetivo de este texto, sino de un texto de Inferencia Estadística.

13.3 Acotaciones de Chebyshev

Sea una v.a. X con media m y varianza σ^2. Sin pérdida de generalidad, consideremos dicha variable como continua (un resultado análogo se puede obtener para una variable aleatoria discreta).

Definimos el conjunto $D_k = \{x \in\mathbf{R}: |x-m| < k\sigma\}$ y $D_k^c = \mathbf{R} - D_k$, para cada $k \in\mathbf{R}^+$. Entonces,

$$\begin{aligned}\sigma^2 &= \int_{-\infty}^{\infty}(x-m)^2 f(x)dx = \int_{D_k}(x-m)^2 f(x)dx + \int_{D_k^c}(x-m)^2 f(x)dx \geq \\ &\geq \int_{D_k^c}(x-m)^2 f(x)dx \geq k^2\sigma^2\int_{D_k^c} f(x)dx = k^2\sigma^2 P(|X-m| \geq k\sigma)\end{aligned}$$

De donde,

$$P(|X-m| \geq k\sigma) \leq \frac{1}{k^2}$$

o tomando complementarios

$$P(|X-m| < k\sigma) \geq 1 - \frac{1}{k^2}$$

Por ejemplo, si tomamos $k=2$, obtenemos que, para una variable aleatoria con media y varianza finitas, existe al menos un 0.75 de probabilidad de que la variable tome un valor dentro del intervalo $(m-2\sigma, m+2\sigma)$, lo que ayuda a cuantificar el papel de la desviación típica como medida de dispersión de una variable aleatoria.

Es evidente que esta acotación es útil en el caso de que la distribución de la variable sea desconocida. En el caso de que se conozca la distribución no es necesario, en principio, hacer uso de esta cota ya que la probabilidad se puede obtener de forma exacta; así:

$$\begin{aligned}P(|X-m| < k\sigma) &= \int_{D_k} f(x)dx \quad \text{si la variable es continua} \\ &= \sum_{x_i \in D_k} P(x_i) \quad \text{si la variable es discreta}\end{aligned}$$

13.4 Funciones característica, generatriz de momentos y cumulativa

Dada la v.a. X, denominamos **función característica** a la función que, para cada $u \in \mathbf{R}$, toma el valor

$$\psi(u) = E(e^{iuX})$$

donde $i = \sqrt{-1}$. Por tanto,

$$\psi(u) = \sum_j e^{iux_j} P(x_j)$$

para variables discretas y,

$$\psi(u) = \int_{-\infty}^{\infty} e^{iux} f(x)dx$$

para variables continuas.

La función característica está siempre bien definida, dado que la integral anterior es absolutamente convergente.

$$|\int_{-\infty}^{\infty} e^{iux} f(x)dx| \leq \int_{-\infty}^{\infty} |e^{iux}| f(x)dx = 1$$

Una variable aleatoria está unívocamente determinada por su función característica. Es decir, si dos variables poseen la misma función característica, tienen la misma distribución de probabilidad. Este resultado se conoce como **Teorema de unicidad de la función característica**.

Dada una v.a. X, denominamos **función generatriz de momentos** a la función $\alpha(u)$ que, para cada $u \in$**R**, toma el valor

$$\alpha(u) = E(e^{uX})$$

Tiene sentido para variables que posean momentos de cualquier orden. En ese caso:

$$\alpha(u) = E(e^{uX}) = \sum_j e^{ux_j} P(x_j)$$

para variables aleatorias discretas y,

$$\alpha(u) = E(e^{uX}) = \int_{-\infty}^{\infty} e^{ux} f(x)dx$$

para variables continuas.

Denominamos **función cumulativa** a la función $\mu(u)$ que, para cada $u \in \mathbf{R}$ proporciona el valor

$$\mu(u) = \ln \alpha(u)$$

Podríamos definir la análoga para la función característica como $\ln\psi(u)$.

Propiedades:

1. La función característica de una v.a. Y transformación lineal de X, $Y = aX + b$, donde $a, b \in \mathbf{R}$, se obtiene directamente a partir de la función característica de X.

$$\psi_Y(u) = E(e^{iuY}) = E(e^{iu(aX+b)}) = E(e^{iub}e^{iuaX}) = e^{iub}\psi_X(ua)$$

2. Del mismo modo, la función generatriz de momentos de una v.a. Y transformación lineal de X, se obtiene directamente a partir de la de X.

$$\alpha_Y(u) = E(e^{uY}) = E(e^{u(aX+b)}) = E(e^{ub}e^{uaX}) = e^{ub}\alpha_X(ua)$$

3. La función cumulativa de una v.a. Y transformación lineal de X, se obtiene a partir de la función cumulativa de X como:

$$\mu_Y(u) = \ln(\alpha_Y(u)) = \ln(e^{ub}) + \ln(\alpha_X(ua)) = ub + \mu_X(ua)$$

El desarrollo en serie de la función generatriz de momentos, en un entorno del cero, es:

$$\alpha(u) = \alpha(0) + \alpha'(0)u + \alpha''(0)\frac{u^2}{2!} + \alpha^{3)}(0)\frac{u^3}{3!} + \alpha^{4)}(0)\frac{u^4}{4!} + \dots$$

donde,

$\alpha(0) = E(1) = 1$

$\alpha'(u) = E(Xe^{uX})$; por tanto, $\alpha'(0) = E(X)$

$\alpha''(u) = E(X^2e^{uX})$; por tanto, $\alpha''(0) = E(X^2) = \alpha_2$

En general, la k-ésima derivada de la función generatriz evaluada en $u = 0$, es el momento de orden k para la variable, es decir

$$\alpha^{k)}(0) = E(X^k) = \alpha_k$$

Por tanto, el desarrollo en serie queda:

$$\alpha(u) = 1 + \alpha_1 u + \alpha_2\frac{u^2}{2} + \alpha_3\frac{u^3}{3!} + \dots$$

y nos proporciona en los coeficientes los momentos ordinarios de la distribución.

Si la función generatriz existe para una cierta v.a. X, entonces su función característica se obtiene como $\psi(u) = \alpha(iu)$, de forma que el desarrollo en serie de la función característica es:

$$\begin{aligned} \psi(u) &= \psi(0) + \psi'(0)u + \psi''(0)\frac{u^2}{2!} + \psi^{3)}(0)\frac{u^3}{3!} + \psi^{4)}(0)\frac{u^4}{4!} + \ldots = \\ &= \alpha(0) + \alpha'(0)iu + \alpha''(0)\frac{i^2u^2}{2!} + \alpha^{3)}(0)\frac{i^3u^3}{3!} + \alpha^{4)}(0)\frac{i^4u^4}{4!} + \ldots \\ &= 1 + \alpha_1 iu + \alpha_2\frac{(iu)^2}{2} + \alpha_3\frac{(iu)^3}{3!} + \ldots \end{aligned}$$

de donde

$$\psi(0) = 1, \quad \psi'(0) = iE(X) = i\alpha_1, \quad \psi''(0) = i^2E(X^2) = -\alpha_2$$

y en general

$$\psi^{k)}(0) = i^kE(X^k) = i^k\alpha_k$$

De la definición de la función cumulativa como $\mu(u) = \ln\alpha(u)$, y realizando el desarrollo en serie, se obtiene que

$$\begin{aligned} \mu(u) &= \mu(0) + \mu'(0)u + \mu''(0)\frac{u^2}{2} + \mu^{3)}(0)\frac{u^3}{3!} + \mu^{4)}(0)\frac{u^4}{4!} + \ldots = \\ &= k_1u + k_2\frac{u^2}{2} + k_3\frac{u^3}{3!} + k_4\frac{u^4}{4!} + \ldots \end{aligned}$$

ya que $\mu(0) = \ln\alpha(0) = \ln 1 = 0$. En el desarrollo anterior, los coeficientes k_i (cumulantes) proporcionan información directa sobre los valores típicos importantes de la variable aleatoria.

Así, si

$$\mu'(u) = [\ln\alpha(u)]' = \frac{\alpha'(u)}{\alpha(u)}$$

Entonces, $k_1 = \mu'(0) = \frac{\alpha'(0)}{\alpha(0)} = m$.

$$\mu''(u) = \left[\frac{\alpha'(u)}{\alpha(u)}\right]' = \left[\frac{\alpha''(u)\alpha(u) - \alpha'(u)\alpha'(u)}{\alpha(u)^2}\right]$$

de donde,

$$k_2 = \mu''(0) = [\frac{\alpha''(0)\alpha(0) - \alpha'(0)\alpha'(0)}{\alpha(0)^2}] = \alpha_2 - m^2 = \sigma^2$$

Del mismo modo, $k_3 = \mu^{3)}(0) = \mu_3$ y $k_4 = \mu^{4)}(0) = \mu_4 - 3\sigma^4$.

Es decir, los cuatro primeros coeficientes proporcionan directamente los valores de la media y varianza y los signos de la asimetría y la curtosis. En concreto:

1. Media
$$m = k_1$$
2. Varianza
$$\sigma^2 = k_2$$
3. Asimetría
$$\gamma_1 = \frac{\mu_3}{\sigma^3} = \frac{k_3}{k_2^{3/2}}$$
4. Curtosis
$$\gamma_2 = \frac{\mu_4}{\sigma^4} - 3 = \frac{k_4}{k_2^2}$$

Ejemplo 13.3 Sea X una v.a. binaria de parámetro p. La función generatriz de momentos es

$$\alpha(u) = E(e^{uX}) = pe^u + q, \quad q = 1 - p$$

y la función cumulativa,

$$\mu(u) = \ln(pe^u + q)$$

Derivando la función cumulativa,

$$\mu'(u) = \frac{pe^u}{pe^u + q} = 1 - \frac{q}{pe^u + q}$$

obtenemos $E(X) = \mu'(0) = p$.

$$\mu''(u) = \frac{pqe^u}{(pe^u + q)^2}$$

y $\mu''(0) = pq = \sigma^2$.

Claramente, en este caso resulta más sencillo obtener los momentos directamente. Así:

$$E(X) = p \cdot 1 + q \cdot 0 = p, \quad E(X^2) = p \quad \text{y} \quad \sigma^2 = p - p^2 = pq$$

Ejemplo 13.4 Considera una variable aleatoria con distribución de Poisson $X \sim \mathcal{P}(\lambda)$. La función generatriz de momentos de X es:

$$\begin{aligned}\alpha(u) &= E(e^{uX}) = \sum_{k=0}^{\infty} e^{uk} e^{-\lambda} \frac{\lambda^k}{k!} \\ &= e^{-\lambda} \sum_{k=0}^{\infty} \frac{(e^u \lambda)^k}{k!} = e^{-\lambda} e^{\lambda e^u} = \exp(\lambda(e^u - 1))\end{aligned}$$

La función cumulativa:

$$\mu(u) = \lambda(e^u - 1) = \lambda u + \lambda \frac{u^2}{2} + \lambda \frac{u^3}{3!} + \lambda \frac{u^4}{4!} + \dots$$

Vemos por tanto que una variable de Poisson tiene media y varianza λ y tanto el coeficiente de asimetría como el de curtosis positivos.

En este caso la obtención directa de estos valores típicos resulta más complicada.

Ejemplo 13.5 Sea X con función de densidad exponencial; es decir, $f(x) = ae^{-ax}$, para $x \geq 0$. La función generatriz de momentos es:

$$\begin{aligned}\alpha(u) &= \int_0^{\infty} ae^{ux} e^{-ax} dx = \frac{a}{a-u} \int_0^{\infty} (a-u) e^{-(a-u)x} dx \\ &= \frac{a}{a-u}; \quad a - u > 0\end{aligned}$$

y la función cumulativa, $\mu(u) = \ln\alpha(u) = \ln(a) - \ln(a-u)$. Derivando se tiene que

$$\mu'(u) = \frac{1}{a-u} \Rightarrow \mu'(0) = \frac{1}{a} = m$$

$$\mu''(u) = \frac{1}{(a-u)^2} \Rightarrow \mu''(0) = \frac{1}{a^2} = \sigma^2$$

13.5 Esperanza matemática en $\mathbf{R}^2$

Definición 13.2 *Dada la distribución de una variable aleatoria bidimensional (X, Y) y una función $h(\cdot)$, definimos el* **valor esperado** *de $h(X, Y)$ y lo denotamos por $E(h(X, Y))$ a,*

$$E(h(X, Y)) = \int \int h(x, y) f(x, y) dx dy$$

si las variables son continuas, siempre que la integral sea finita, y

$$E(h(X,Y)) = \sum h(x_i, y_j)P(x_i, y_j)$$

si las variables son discretas, siempre que la suma sea finita.

Propiedades:

1. El valor esperado de la suma es siempre la suma de valores esperados

$$\begin{aligned} E(h_1(X) + h_2(Y)) &= \int\int (h_1(x) + h_2(y))f(x,y)dxdy \\ &= \int h_1(x)f(x)dx + \int h_2(y)f(y)dy \\ &= E(h_1(X)) + E(h_2(Y)) \end{aligned}$$

2. Si las variables son independientes, el valor esperado del producto es el producto de valores esperados

$$\begin{aligned} E(h_1(X)h_2(Y)) &= \int\int h_1(x)h_2(y)f(x,y)dxdy \\ &= \int\int h_1(x)h_2(y)f(x)f(y)dxdy \\ &= \int h_1(x)f(x)dx \int h_2(y)f(y)dy \\ &= E(h_1(X))E(h_2(Y)) \end{aligned}$$

3. Si dos v.a. X e Y son independientes, la función generatriz de momentos de la v.a. Z combinación lineal de X y de Y, $Z = aX + bY$, se obtiene directamente en función de las respectivas funciones generatrices de las v.a. X e Y como:

$$\begin{aligned} \alpha_Z(u) &= \alpha_{aX+bY}(u) = E(e^{u(aX+bY)}) = \\ &= E(e^{auX}e^{buY}) = E(e^{auX})E(e^{buY}) = \alpha_X(au)\alpha_Y(bu) \end{aligned}$$

Del mismo modo, la función característica de Z:

$$\psi_Z(u) = \alpha_Z(iu) = \alpha_X(aiu)\alpha_Y(biu) = \psi_X(au)\psi_Y(bu)$$

Sin más que tomar logaritmos de la función generatriz, obtenemos que la función cumulativa es suma de funciones cumulativas.

$$\mu_Z(u) = \ln\alpha_Z(u) = \ln\alpha_X(au) + \ln\alpha_Y(bu) = \mu_X(au) + \mu_Y(bu)$$

En general, para n v.a. independientes X_1, X_2, ..., X_n, si se considera una combinación lineal de la forma $Z = a_1X_1 + a_2X_2 + \ldots + a_nX_n$ obtenemos que

$$\alpha_Z(u) = \alpha_1(a_1u)\alpha_2(a_2u)\ldots\alpha_n(a_nu)$$

$$\psi_Z(u) = \psi_1(a_1u)\psi_2(a_2u)\ldots\psi_n(a_nu)$$

y

$$\mu_Z(u) = \mu_1(a_1u) + \mu_2(a_2u) + \ldots + \mu_n(a_nu) \tag{13.1}$$

donde $\alpha_i(u)$, $\psi_i(u)$ y $\mu_i(u)$ denotan, respectivamente, la función generatriz, característica y cumulativa de X_i, para $i = 1, 2, \ldots, n$.

Nota: Son fácilmente deducibles las funciones generatrices de la suma $X + Y$ o la diferencia $X - Y$ de variables aleatorias independientes, de forma que:

$$\alpha_{X+Y}(u) = \alpha_X(u)\alpha_Y(u)$$

$$\alpha_{X-Y}(u) = \alpha_X(u)\alpha_Y(-u)$$

Igualmente las funciones características

$$\psi_{X+Y}(u) = \psi_X(u)\psi_Y(u)$$

$$\psi_{X-Y}(u) = \psi_X(u)\psi_Y(-u)$$

y las cumulativas

$$\mu_{X+Y}(u) = \mu_X(u) + \mu_Y(u)$$

$$\mu_{X-Y}(u) = \mu_X(u) + \mu_Y(-u)$$

Ejemplo 13.6 Considera una variable aleatoria binomial $Z \sim b(n, p)$. Como sabemos, Z se puede descomponer como $Z = X_1 + \ldots + X_n$ donde las v.a. $X_i \sim b(p)$, son independientes entre sí.

Por tanto, la función generatriz de momentos de Z es:

$$\alpha_Z(u) = (pe^u + q)^n$$

la función característica

$$\psi_Z(u) = (pe^{iu} + q)^n$$

y la función cumulativa

$$\mu_Z(u) = n\ \ln(pe^u + q)$$

13.6 Otros valores esperados

13.6.1 Covarianzas

Al igual que para variables estadísticas, podemos considerar los momentos centrales cruzados para variables aleatorias bidimensionales. De ellos, el más importante es la covarianza entre dos variables, cuya definición viene dada por

$$\text{Cov}(X, Y) = E[(X - m_X)(Y - m_Y)]$$

Así, para variables continuas

$$\text{Cov}(X, Y) = \int\int (x - m_X)(y - m_Y) f(x, y) dx dy$$

y para variables discretas

$$\text{Cov}(X, Y) = \sum\sum (x_i - m_X)(y_j - m_Y) P(x_i, y_j)$$

Recordemos que el signo de la covarianza nos indica el tipo de relación lineal existente entre las variables; relación lineal directa si la covarianza es positiva e inversa si es negativa. Como expresión que facilita su cálculo, se puede utilizar la siguiente:

$$\text{Cov}(X, Y) = E(XY) - m_X m_Y$$

Para evaluar si el grado de relación lineal entre dos variables aleatorias es alto o bajo, se define el coeficiente de correlación lineal como

$$\rho = \frac{\text{Cov}(X, Y)}{\sigma_X \sigma_Y}$$

Diremos que dos variables aleatorias están incorrelacionadas cuando el valor de su covarianza, $\text{Cov}(X, Y)$, o equivalentemente el de su coeficiente de correlación, ρ, sea cero.

Ejemplo 13.7 Recordemos el caso del Ejemplo 12.1 pág. 203, donde se realizaban extracciones de una urna con 4 bolas blancas y 6 negras. Representábamos por X a la v.a. que proporciona el resultado de la primera extracción y por Y a la que proporciona el resultado de la segunda, ambas tomando como valor 1 si la bola es blanca y 0 si la bola es negra. En el caso de realizar las extracciones **sin reemplazamiento**, la distribución de probabilidad de la v.a. (X, Y), es:

$X \backslash Y$	0	1	
0	0.33	0.27	0.6
1	0.27	0.13	0.4
	0.6	0.4	1

El valor de la covarianza es:

$$\mathrm{Cov}(X,Y) = E(XY) - E(X)E(Y) = 0.13 - 0.4 \times 0.4 = -0.03$$

13.6.2 Valores esperados condicionados

Si queremos obtener valores esperados de una distribución condicionada, la única diferencia es que debemos usar la función de densidad o función de cuantía condicionada a la hora de calcular el valor esperado.

Definición 13.3 *Dada una variable aleatoria $X|Y=y$, se define como* **valor esperado condicionado** *o* **esperanza condicionada** *de X a que $Y=y$ y se denota por $E(X|Y=y)$ a,*

$$E(X|Y=y) = \int_{-\infty}^{\infty} x f_{X|Y=y}(x)dx = \int_S x f_{X|Y=y}(x)dx$$

para variables continuas, siempre que la integral sea finita. Y como

$$E(X|Y=y) = \sum_i x_i P_{X|Y=y}(x_i) = \sum_{x_i \in S} x_i P_{X|Y=y}(x_i)$$

para variables discretas, siempre que la suma sea finita. En ambos casos S denota el soporte de la variable X.

Ejemplo 13.8 Sigamos con el Ejemplo 13.7. La media de Y es $E(Y) = 0.4$. Sin embargo, si sabemos que X ha tomado el valor 0, la media de Y condicionada a esta información es

$$E(Y|X=0) = 0P(Y=0|X=0) + 1P(Y=1|X=0)$$

Como

$$P(Y=0|X=0) = \frac{P(0,0)}{P(X=0)} = \frac{0.33}{0.6} = 0.55$$

$$P(Y=1|X=0) = \frac{P(0,1)}{P(X=0)} = \frac{0.27}{0.6} = 0.45$$

obtenemos que

$$E(Y|X=0) = 0.45$$

De forma análoga obtenemos que

$$E(Y|X=1) = 0 \cdot 0.675 + 1 \cdot 0.325 = 0.325$$

Como vemos, al ser las variables dependientes, puede suceder y de hecho sucede en este ejemplo, que la medias de la v.a. Y dependen del valor de X al que condicionemos.

Por último, estudiemos un ejemplo con variables continuas.

Ejemplo 13.9 Sea la v.a. (X,Y) con soporte en el cuadrado $[0,1]\times[0,1]$, y cuya función de densidad es, $f(x,y) = x+y$.

- La función de densidad está bien definida

$$\begin{aligned}\int_0^1\int_0^1 (x+y)dxdy &= \int_0^1 \left(\frac{1}{2}+y\right)dy \\ &= \left[\frac{y}{2}+\frac{y^2}{2}\right]_0^1 = 1\end{aligned}$$

- Distribuciones marginales

$$f(x) = x + \frac{1}{2} \qquad x\in[0,1]$$

$$f(y) = y + \frac{1}{2} \qquad y\in[0,1]$$

- Valores medios $E(X)$ y $E(Y)$

$$\begin{aligned}E(X) &= \int_{-\infty}^{\infty} xf(x)dx = \int_0^1 \left(\frac{x}{2}+x^2\right)dx \\ &= \left[\frac{x^2}{4}+\frac{x^3}{3}\right]_0^1 = \frac{7}{12}\end{aligned}$$

  Por simetría, $E(Y) = E(X) = 7/12$

- Covarianza

$$\begin{aligned}E(XY) &= \int_{-\infty}^{\infty}\int_{-\infty}^{\infty} xyf(x,y)dxdy \\ &= \int_0^1\int_0^1 (x^2y+y^2x)dxdy\end{aligned}$$

$$
\begin{aligned}
&= \int_0^1 \left(\frac{1}{3}y + \frac{y^2}{2}\right) dy \\
&= \left[\frac{y^2}{6} + \frac{y^3}{6}\right]_0^1 = \frac{1}{3} \\
\text{Cov}(X,Y) &= E(XY) - E(X)E(Y) \\
&= \frac{1}{3} - \frac{7}{12}\frac{7}{12} = -6.9 \cdot 10^{-3}
\end{aligned}
$$

- Distribuciones condicionadas

$$
\begin{aligned}
f(x|y=y_0) &= \frac{f(x,y_0)}{f(y_0)} = \frac{x+y_0}{y_0+1/2} \\
f(y|x=x_0) &= \frac{f(x_0,y)}{f(x_0)} = \frac{x_0+y}{x_0+1/2}
\end{aligned}
$$

- Esperanzas condicionadas

$$
\begin{aligned}
E(Y|X=0) &= \int_0^1 yf(y|x=0)dy = \int_0^1 2y^2 dy \\
&= \left[\frac{2y^3}{3}\right]_0^1 = \frac{2}{3} \\
E(X|Y=1) &= \int_0^1 xf(x|y=1)dx = \int_0^1 \frac{2x^2+2x}{3} dx \\
&= \left[\frac{2x^3}{9} + \frac{x^2}{3}\right]_0^1 = \frac{5}{9}
\end{aligned}
$$

Como podemos comprobar, estas dos variables no son independientes; en particular, $E(X) \neq E(X|Y=1)$.

Capítulo 14

Distribución Normal

14.1 Distribución Normal reducida

Decimos que una v.a. continua, T, sigue una distribución Normal (0,1), reducida o estándar y lo denotamos $T \sim \mathcal{N}(0,1)$, si T tiene su dominio en $(-\infty, \infty)$ y su función de densidad[1] es:

$$\phi(t) = \frac{1}{\sqrt{2\pi}} e^{-t^2/2}, \quad t \in \mathbf{R}$$

con la siguiente representación gráfica, denominada campana de Gauss.

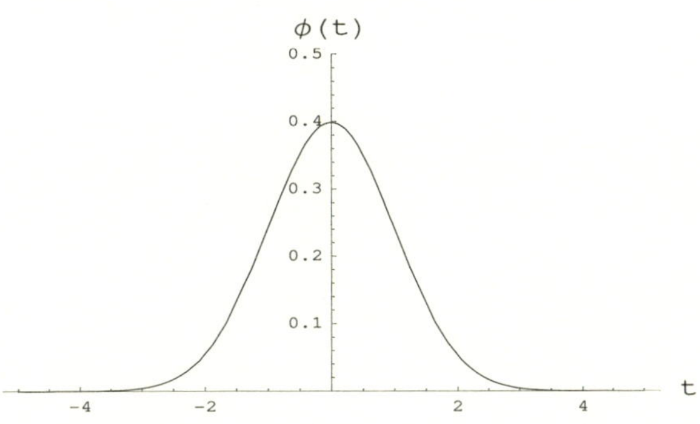

[1]El frecuente uso de la distribución Normal reducida ó $\mathcal{N}(0,1)$, en las aplicaciones de Estadística, ha hecho distinguir su función de densidad por el símbolo $\phi(t)$, en lugar del genérico $f(t)$, y su función de distribución por $\Phi(t)$ en lugar de $F(t)$.

Por tanto, su función de distribución es:

$$\Phi(t) = P(T \leq t) = \int_{-\infty}^{t} \phi(\tau)d\tau = \int_{-\infty}^{t} \frac{1}{\sqrt{2\pi}} e^{-\tau^2/2} d\tau, \quad t \in \mathbf{R}$$

Para facilitar el uso de la función de distribución, dada la dificultad de la integral anterior, ésta se halla tabulada. Así manejaremos frecuentemente tablas en las que para algunos valores de t, observamos el valor de $P(T > t)$, (ver Apéndice C), como por ejemplo:

t	$P(T > t)$
0.26	0.3974
0.66	0.2546
1.06	0.1446
1.56	0.0596
1.96	0.025

donde $\Phi(0.26) = P(T \leq 0.26) = 1 - 0.3974 = 0.6026$.

Las tablas nos dan la probabilidad de estar a la derecha de valores positivos de t. Así, si queremos obtener la probabilidad de estar a la izquierda de un valor de t negativo, tenemos que $P(T \leq -t) = \Phi(-t) = 1 - \Phi(t) = P(T > t)$, debido a la simetría de la función de densidad, $\phi(t)$. Es decir:

$$P(T \leq -0.26) = \Phi(-0.26) = 1 - \Phi(0.26) = 0.3974$$

En las aplicaciones, es también de gran utilidad, el valor del **cuantil** $1-\alpha$ **de la distribución**[2], valor que denotaremos t_α.

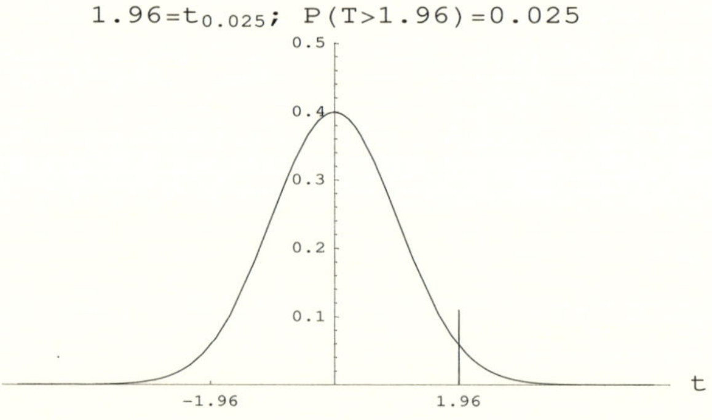

[2]En la parte de Estadística Descriptiva puede verse la definición de estos estadísticos, los cuantiles, para una variable estadística

Dicho valor es tal que deja a su derecha una cola de probabilidad α. Es decir:

$$P(T > t_\alpha) = \alpha \Longleftrightarrow P(T \leq t_\alpha) = \Phi(t_\alpha) = 1 - \alpha$$

Algunas relaciones de gran utilidad, para dicho cuantil, son:

$$\begin{aligned}
P(T > t_\alpha) &= \alpha \\
P(T \leq t_\alpha) &= \Phi(t_\alpha) = 1 - \alpha \\
P(T \leq t_{\frac{\alpha}{2}}) &= \Phi(t_{\frac{\alpha}{2}}) = 1 - \frac{\alpha}{2} \\
P(T \leq -t_\alpha) &= \Phi(-t_\alpha) = 1 - \Phi(t_\alpha) = 1 - (1 - \alpha) = \alpha \\
P(|T| \leq t_\alpha) &= P(-t_\alpha \leq T \leq t_\alpha) = 1 - 2\alpha \\
P(|T| \leq t_{\frac{\alpha}{2}}) &= P(-t_{\frac{\alpha}{2}} \leq T \leq t_{\frac{\alpha}{2}}) = 1 - \alpha \\
P(|T| > t_{\frac{\alpha}{2}}) &= \alpha
\end{aligned}$$

14.1.1 Características de la distribución $\mathcal{N}(0,1)$

Sea T una v.a. con distribución $\mathcal{N}(0,1)$. Las características más relevantes de la distribución de dicha variable vienen dadas por las siguientes funciones:

1. **Función generatriz de momentos.**

$$\begin{aligned}
\alpha(u) &= E(e^{uT}) = \int_{-\infty}^{\infty} e^{ut} \frac{1}{\sqrt{2\pi}} e^{-t^2/2} dt = \\
&= \frac{1}{\sqrt{2\pi}} \int_{-\infty}^{\infty} e^{ut-\frac{1}{2}t^2} dt = [1]
\end{aligned}$$

escribiendo: $ut - \frac{1}{2}t^2 = -\frac{1}{2}(t^2 - 2ut + u^2) + \frac{u^2}{2} = -\frac{1}{2}(t-u)^2 + \frac{u^2}{2}$, obtenemos,

$$\begin{aligned}
[1] &= \frac{1}{\sqrt{2\pi}} \int_{-\infty}^{\infty} e^{-\frac{1}{2}(t-u)^2 + \frac{u^2}{2}} dt = \\
&= \frac{1}{\sqrt{2\pi}} e^{\frac{u^2}{2}} \int_{-\infty}^{\infty} e^{-\frac{1}{2}z^2} dz = e^{\frac{u^2}{2}} \qquad (14.1)
\end{aligned}$$

2. **Función característica.**

Sabemos que $\psi(u) = E(e^{iuT}) = \alpha(iu)$, luego

$$\psi(u) = e^{\frac{(iu)^2}{2}} = e^{\frac{-u^2}{2}} \qquad (14.2)$$

El desarrollo en serie de la función generatriz, visto en el Capítulo 13, era:

$$\alpha(u) = 1 + \alpha_1 u + \alpha_2 \frac{u^2}{2} + \alpha_3 \frac{u^3}{3!} + ... \tag{14.3}$$

En el caso de la función generatriz obtenida en (14.1) podemos obtener el desarrollo directamente haciendo uso de:

$$e^x = 1 + x + \frac{x^2}{2!} + \frac{x^3}{3!} + ... + \frac{x^k}{k!} + ...$$

Así,

$$e^{\frac{u^2}{2}} = 1 + \frac{u^2}{2} + \frac{u^4}{2^2 \cdot 2!} + ... + \frac{u^{2k}}{2^k \cdot k!} + ...$$

De donde,

$$\begin{aligned} \alpha_1 &= E(T) = 0 \\ \alpha_2 &= 1 \\ \alpha_{2k} &= \frac{(2k)!}{2^k \cdot k!}, \quad k = 1, 2... \\ \alpha_{2k+1} &= 0, \quad k = 1, 2... \end{aligned}$$

3. **Función cumulativa.**

$$\mu(u) = \ln(\alpha(u)) = \frac{u^2}{2}$$

De nuevo, del desarrollo en serie de la función cumulativa, se observa que todos los coeficientes son nulos excepto el de u^2, por lo que

$$\begin{aligned} m &= E(T) = 0 \\ \sigma^2 &= 1 \\ \gamma_1 &= 0 \\ \gamma_2 &= 0 \end{aligned}$$

Una variable $T \sim \mathcal{N}(0, 1)$, tiene media 0, varianza 1 y coeficientes de asimetría y curtosis nulos. De hecho, recordemos que la v.a. normal se tomaba como referencia para clasificar a las distribuciones como leptocúrticas, platicúrticas o mesocúrticas.

14.2 Distribución Normal General

La **distribución normal general** o distribución normal de parámetros m, σ^2, que denotaremos por $\mathcal{N}(m, \sigma^2)$, se define como la transformación lineal de una normal reducida, $T \sim \mathcal{N}(0,1)$, con los siguientes coeficientes:

$$X = \sigma T + m, \quad \sigma > 0, \quad T \sim \mathcal{N}(0,1)$$

De este modo:

$$\begin{aligned} \mathrm{E}(X) &= \mathrm{E}(\sigma T + m) = \sigma \mathrm{E}(T) + m = m \\ \mathrm{Var}(X) &= E(X-m)^2 = E(\sigma T + m - m)^2 = E(\sigma T)^2 = \sigma^2 \end{aligned}$$

dado que $\mathrm{Var}(T) = 1 = \mathrm{E}(T^2)$.

Por tratarse de una transformación lineal estrictamente creciente ($\sigma > 0$), la función de distribución de la variable X, se puede obtener de forma sencilla como:

$$\begin{aligned} F_X(x) &= P(X \leq x) = P(\sigma T + m \leq x) = \\ &= P(T \leq \frac{x-m}{\sigma}) = \Phi(\frac{x-m}{\sigma}), \quad x \in \mathbf{R} \end{aligned} \tag{14.4}$$

También sabemos que la función de densidad es:

$$\begin{aligned} f_X(x) &= f_T(t(x))|t'(x)| = \\ &= \phi(t(x))\frac{1}{\sigma} = \\ &= \frac{1}{\sqrt{2\pi\sigma^2}} e^{-\frac{1}{2}(\frac{x-m}{\sigma})^2}, \quad x \in \mathbf{R} \end{aligned}$$

En la siguiente gráfica observamos las variaciones que se producen en la función de densidad por cambios en la varianza de la distribución. La gráfica que corta al eje de ordenadas en 0.4 corresponde a una v.a. $\mathcal{N}(0,1)$, mientras que la que lo hace en 0.2 corresponde a una $\mathcal{N}(0, \sigma^2 = 4)$; es decir tiene una varianza mayor.

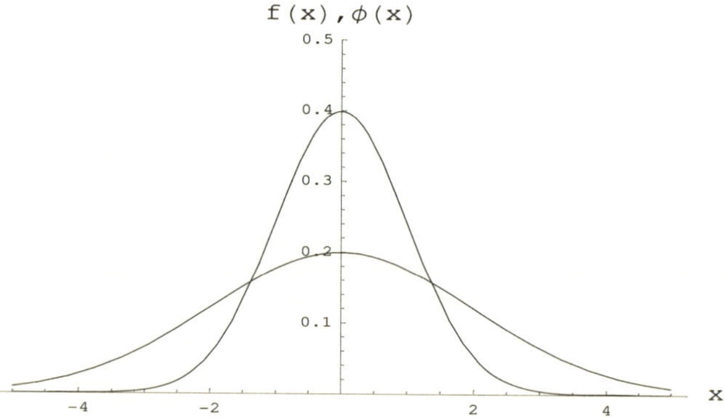

Por lo tanto,

$$\begin{aligned} F_X(x) &= \int_{-\infty}^{x} f_X(z)dz = \\ &= \frac{1}{\sqrt{2\pi\sigma^2}} \int_{-\infty}^{x} e^{-\frac{1}{2}(\frac{z-m}{\sigma})^2} dz, \quad x \in \mathbf{R} \end{aligned}$$

Los valores de esta función de distribución no están tabulados pero la relación existente entre la función de distribución de una v.a. normal general, $X \sim \mathcal{N}(m, \sigma^2)$, y la de una normal reducida, $T \sim \mathcal{N}(0,1)$, dada en (14.4), permite resolver las cuestiones relacionadas con esta distribución a partir de las tablas de la normal reducida.

Ejemplo 14.1 Sea $X \sim \mathcal{N}(3, \sigma^2 = 4)$ cuya función de densidad aparece representada a continuación.

Veamos cómo obtener las siguientes probabilidades: $P(X < 4)$, $P(X < -2)$, $P(1 < X < 3)$ y $P(X > 4)$.

Unicamente hay que tipificar la variable X antes de mirar en las tablas. Es decir:

$$\begin{aligned} P(X < 4) &= P\left(\frac{X-3}{2} < \frac{4-3}{2}\right) = \\ &= P(T < 0.5) = \Phi(0.5) = \\ &= 1 - P(T \geq 0.5) = 1 - 0.3085 = 0.6915 \\ P(X < -2) &= P\left(\frac{X-3}{2} < \frac{-2-3}{2}\right) = \\ &= P(T < -2.5) = \Phi(-2.5) = \end{aligned}$$

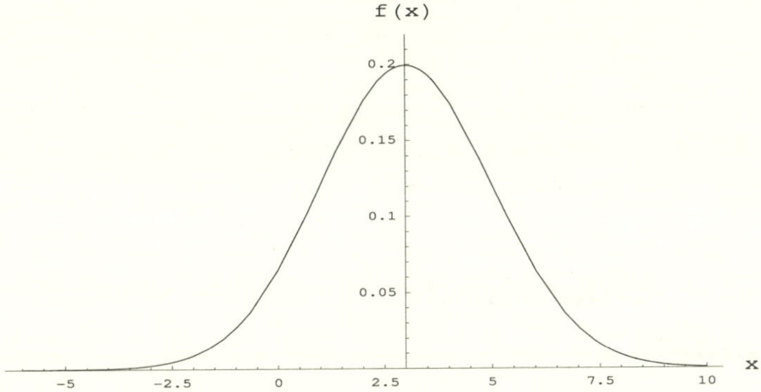

$$
\begin{aligned}
&= P(T > 2.5) = 0.0062 \\
P(1 < X < 3) &= P\left(\frac{1-3}{2} < \frac{X-3}{2} < \frac{3-3}{2}\right) = \\
&= P(-1 < T < 0) = \Phi(0) - \Phi(-1) = \\
&= \Phi(0) - P(T < -1) = 0.5 - P(T > 1) = \\
&= 0.5 - 0.1587 = 0.3413 \\
P(X > 4) &= P\left(\frac{X-3}{2} > \frac{4-3}{2}\right) = \\
&= P(T > 0.5) = 0.3085
\end{aligned}
$$

14.2.1 Características de la distribución $\mathcal{N}(m, \sigma^2)$

Al ser una variable normal general una transformación lineal de una variable normal reducida, $X = \sigma T + m$, $T \sim \mathcal{N}(0, 1)$, las características estadísticas de la primera se deducen directamente como:

1. Esperanza de X: $\mathrm{E}(X) = \sigma \mathrm{E}(T) + m = m$
2. Varianza de X: $\mathrm{Var}(X) = \sigma^2 \mathrm{Var}(T) = \sigma^2$
3. Función generatriz de momentos de X:

$$\alpha_X(u) = E(e^{u(\sigma T + m)}) = e^{um} E(e^{(u\sigma)T}) = e^{um + \sigma^2 u^2/2}$$

4. Función característica de X:

$$\psi_X(u) = \alpha_X(iu) = e^{ium - \sigma^2 u^2/2}$$

5. Función cumulativa de X:

$$\mu_X(u) = mu + \mu_T(\sigma u) = mu + \sigma^2 u^2/2$$

De la función cumulativa se observa que $k_3 = k_4 = 0$, luego tanto el coeficiente de asimetría como el de curtosis γ_1, γ_2, para una variable con distribución normal general, son cero.

14.3 Combinación de variables aleatorias normales

1. Cualquier transformación lineal de una variable con distribución normal, $Y = aX + b$, $X \sim \mathcal{N}(m, \sigma^2)$, tiene también distribución normal.

   Demostración:

   Si $Y = aX + b$

$$\begin{aligned} \mathrm{E}(Y) &= a\mathrm{E}(X) + b = am + b \\ \mathrm{Var}(Y) &= \sigma_Y^2 = a^2\mathrm{Var}(X) = a^2\sigma_X^2 \end{aligned}$$

   luego es fácil obtener tanto la media como la varianza de Y. Para ver cuál es su distribución, calculamos su función generatriz:

$$\begin{aligned} \alpha_Y(u) &= E(e^{u(aX+b)}) = e^{ub}E(e^{(ua)X}) = \\ &= e^{ub}\alpha_X(ua) = e^{u(am+b)+a^2\sigma^2u^2/2} \end{aligned}$$

   Por tanto, está claro que la función generatriz de Y pertenece a la familia de funciones generatrices de las distribuciones normales, por lo que la distribución de Y es normal, es decir $Y \sim \mathcal{N}(am + b, a^2\sigma^2)$.

Ejemplo 14.2 El número de piezas que produce una máquina por hora, X, tiene distribución normal $\mathcal{N}(6, \sigma^2 = 0.75)$. Si cada hora de trabajo, la máquina gasta 180 euros y cada pieza producida deja un beneficio de 36 euros, vamos a calcular la distribución del beneficio de la máquina por hora de trabajo, Y. Dicho beneficio se obtiene como $Y = 36X - 180$. Teniendo en cuenta que la distribución de X es Normal, la de Y será también Normal. Además,

$$\begin{aligned} \mathrm{E}(Y) &= 36\mathrm{E}(X) - 180 = 36 \\ \mathrm{Var}(Y) &= 972 \end{aligned}$$

Luego $Y \sim \mathcal{N}(36, \sigma^2 = 972)$.

Si queremos calcular, por ejemplo, la probabilidad de que en una hora de trabajo se pierda dinero, podemos expresar dicho suceso mediante la variable Y, y calcular dicha probabilidad mediante la siguiente expresión:

$$\begin{aligned} P(Y < 0) &= \Phi(\frac{-36}{\sqrt{972}}) = \Phi(-1.155) = \\ &= P(T > 1.155) \approx 0.125 \end{aligned}$$

2. La combinación lineal de v.a. normales e independientes es una variable con distribución normal.

Demostración:

Sean $X_1, ..., X_n$, n v.a. independientes tales que $X_i \sim \mathcal{N}(m_i, \sigma_i^2)$, $i = 1, ..., n$ y sea $Z = a_1X_1 + a_2X_2 + ... + a_nX_n$, $a_i \in \mathbf{R}$, $i = 1, ..., n$.

Es fácil calcular la esperanza y la varianza de Z.

$$\begin{aligned} \mathrm{E}(Z) &= a_1\mathrm{E}(X_1) + ... + a_n\mathrm{E}(X_n) = \\ &= a_1m_1 + ... + a_nm_n \end{aligned}$$

Además, dado que las variables X_i son independientes,

$$\begin{aligned} \mathrm{Var}(Z) &= a_1^2\mathrm{Var}(X_1) + a_2^2\mathrm{Var}(X_2) + ... + a_n^2\mathrm{Var}(X_n) = \\ &= a_1^2\sigma_1^2 + ... + a_n^2\sigma_n^2 \end{aligned}$$

Siguiendo la expresión (13.1) pág. 231, la función cumulativa de Z es:

$$\begin{aligned} \mu_Z(u) &= \mu_1(a_1u) + ... + \mu_n(a_nu) = \\ &= m_1a_1u + \sigma_1^2a_1^2\frac{u^2}{2} + ... + m_na_nu + \sigma_n^2a_n^2\frac{u^2}{2} = \\ &= (a_1m_1 + ... + a_nm_n)u + (a_1^2\sigma_1^2 + ... + a_n^2\sigma_n^2)\frac{u^2}{2} \end{aligned}$$

Observamos que coincide con la función cumulativa de una distribución normal de media la combinación lineal de las medias y varianza la combinación de las varianzas, con coeficientes al cuadrado. Luego la distribución de Z es normal.

3. En particular si X e Y son variables independientes, con distribuciones $N(m_X, \sigma_X^2)$ y $N(m_Y, \sigma_Y^2)$ respectivamente, entonces $X + Y$ es normal de media $m_X + m_Y$ y varianza $\sigma_X^2 + \sigma_Y^2$.

   Además, $X - Y$ es normal de media $m_X - m_Y$ y varianza $\sigma_X^2 + \sigma_Y^2$.

Ejemplo 14.3 El número de viajeros de un tren que llegan a una determinada estación tiene una distribución normal $X \sim \mathcal{N}(100, \sigma^2 = 20)$. En dicha estación los viajeros pueden bajar del tren o continuar viaje, y pueden subir nuevos viajeros. El número de viajeros que bajan del tren en esta estación tiene una distribución $Y \sim \mathcal{N}(30, \sigma^2 = 12)$, y el número de viajeros que suben, $Z \sim \mathcal{N}(40, \sigma^2 = 9)$. Si las tres variables anteriores son independientes entre sí, vamos a hallar la distribución del número de viajeros con los que parte el tren de la estación.

Numéricamente, es sencillo ver que el número de viajeros con los que parte el tren de la estación, V, se obtiene como el número de los que llegan, menos los que bajan, más los que suben; ésto es, $V = X - Y + Z$. Dada la independencia entre las variables y sus distribuciones, sabemos que V tiene distribución Normal. Además:

$$\begin{aligned} \mathrm{E}(V) &= \mathrm{E}(X) - \mathrm{E}(Y) + \mathrm{E}(Z) = 110 \\ \mathrm{Var}(V) &= \mathrm{Var}(X) + \mathrm{Var}(Y) + \mathrm{Var}(Z) = 41 \end{aligned}$$

Por tanto, $V \sim \mathcal{N}(110, \sigma^2 = 41)$.

Capítulo 15

Leyes de Grandes Números y Teorema Central del Límite

En este último capítulo se presenta una introducción a los resultados sobre convergencia de sucesiones de variables aleatorias. Dichos resultados constituyen una de las partes más importantes de la Teoría de la Probabilidad e inspiran y justifican muchas aplicaciones en el ámbito de la Inferencia Estadística. El capítulo consta de tres partes. En la primera se define el concepto de sucesión de variables aleatorias como colección numerosa de estas, así como los cuatro tipos de convergencia fundamentales y las distintas implicaciones entre los mismos. La segunda parte se dedica a enunciar y probar el Teorema Central del Límite, resultado en el que se apoyan gran número de aplicaciones reales de la Estadística. En la tercera se introducen las leyes de los grandes números, base para el estudio de las propiedades de los estimadores utilizados en inferencia.

15.1 Definiciones de cuatro tipos de convergencia

Consideremos una sucesión de variables aleatorias $\{X_n\} \equiv \{X_1, X_2, \ldots, X_n, \ldots\}$; es decir, una colección infinito numerable donde cada elemento X_n es una variable aleatoria .

En general, el límite de una sucesión de elementos, si existe, es el elemento al que converge la sucesión. En el caso en que los elementos de la sucesión sean números reales, la noción de convergencia es única. Sin embargo, cuando los elementos son variables aleatorias, existen distintos tipos de convergencia.

15.1.1 Convergencia en ley

Consideremos una sucesión de v.a. $\{X_n\}$ con funciones de distribución denotadas, respectivamente, por $\{F_n\}$. Decimos que la sucesión $\{X_n\}$ **converge débilmente, en ley o en distribución** a la v.a. X, con función de distribución $F(x)$, si se cumple que

$$\lim_{n\to\infty} F_n(x) = F(x)$$

en todo punto de continuidad de la función de distribución F. Denotamos esta convergencia por $X_n \xrightarrow{d} X$.

Ejemplo 15.1 Consideremos la sucesión de v.a. $\{X_n\}$ independientes, tal que cada X_n es una v.a. binaria de parámetro $p_n = 1/n$. Es decir, cada v.a. puede tomar los valores 0 ó 1, con las siguientes probabilidades

$$P(X_n = x) = \begin{cases} 1 - \frac{1}{n} & \text{si } x = 0 \\ \frac{1}{n} & \text{si } x = 1 \end{cases}$$

Analizando los primeros términos de la sucesión obtenemos

$$\begin{aligned} P(X_1 = 1) &= 1 \\ P(X_2 = 1) &= 1/2 \\ P(X_3 = 1) &= 1/3 \\ &\dots \\ P(X_n = 1) &= 1/n \end{aligned}$$

La probabilidad de que las distintas variables X_i tomen el valor 1 va decreciendo y converge a cero, mientras que la probabilidad de que tomen el valor 0 (complementaria) aumenta y se aproxima a uno.

Veamos que esta sucesión converge en ley a la v.a. degenerada[1] en 0, es decir $P(X = 0) = 1$. Utilizando el resultado general para distribuciones binarias (Capítulo 11, pág. 189), la función de distribución de una v.a. binaria X_n, de parámetro $p_n = 1/n$ es,

[1] Denotaremos por $X \equiv a$ o simplemente por a a una v.a. que degenera en la constante a, es decir tal que $P(X = a) = 1$.

$$F_n(x) = \begin{cases} 0 & \text{si } x < 0 \\ 1 - 1/n & \text{si } 0 \leq x < 1 \\ 1 & \text{si } x \geq 1 \end{cases}$$

Tomando límites, cuando $n \to \infty$,

$$\lim_{n\to\infty} F_n(x) = \begin{cases} 0 & \text{si } x < 0 \\ 1 & \text{si } x \geq 0 \end{cases}$$

que corresponde a la función de distribución $F(x)$ de la v.a. $X \equiv 0$.

Ejemplo 15.2 Sea la sucesión de v.a. $\{X_n\}$, donde cada v.a. X_n es uniforme en el intervalo $[0, 1 + 1/n]$. Las funciones de distribución están definidas de forma que,

$$F_n(x) = \begin{cases} 0 & \text{si } x < 0 \\ \frac{x}{1+1/n} & \text{si } 0 \leq x < 1 + 1/n \\ 1 & \text{si } x \geq 1 + 1/n \end{cases}$$

Por tanto, cuando $n \to \infty$, se tiene que $F_n(x) \to F(x)$, donde

$$F(x) = \begin{cases} 0 & \text{si } x < 0 \\ x & \text{si } 0 \leq x < 1 \\ 1 & \text{si } x \geq 1 \end{cases}$$

Es decir, la sucesión $\{X_n\}$ converge débilmente (en ley o en distribución) a una v.a. uniforme en el intervalo $[0, 1]$.

Ejemplo 15.3 Sea la sucesión $\{X_n\}$ de v.a. exponenciales de parámetro n, $\exp(n)$; es decir, con funciones de densidad definidas por

$$f_n(x) = \begin{cases} 0 & \text{si } x < 0 \\ ne^{-nx} & \text{si } x \geq 0 \end{cases}$$

La sucesión de funciones de distribución es,

$$F_n(x) = \begin{cases} 0 & \text{si } x < 0 \\ 1 - e^{-nx} & \text{si } x \geq 0 \end{cases}$$

y tomando límites,

$$\lim_{n\to\infty} F_n(x) = F(x) = \begin{cases} 0 & \text{si } x < 0 \\ 1 & \text{si } x \geq 0 \end{cases}$$

con lo que la sucesión converge a $X \equiv 0$.

Un resultado clave relacionado con la convergencia en distribución es el **Teorema de continuidad** de funciones características, que se enuncia a continuación. Este teorema se puede enunciar igualmente para funciones generatrices de momentos o funciones cumulativas, siempre que estas funciones existan.

Teorema 15.1 *Sea $\{F_n\}$ una sucesión de funciones de distribución y $\{\psi_n\}$ la sucesión asociada de funciones características. Es equivalente que la sucesión $\{F_n\}$ converja a una función de distribución F a que la sucesión de funciones características $\{\psi_n\}$ converja a una función ψ continua en el punto 0. Además, la función ψ es la función característica asociada a F.*

Este resultado nos proporciona una forma alternativa para estudiar la convergencia en distribución, vía el estudio de la sucesión de funciones características, generatrices de momentos o cumulativas.

Veamos mediante un ejemplo cómo se aplica el teorema de continuidad.

Ejemplo 15.4 Sea la sucesión del Ejemplo 15.1. Las respectivas sucesiones de funciones características, generatrices de momentos y funciones cumulativas son (véase el Ejemplo 13.3, pág 228)

$$\begin{aligned} \psi_n(u) &= E(e^{iuX}) = 1 - \frac{1}{n} + \frac{1}{n}e^{iu} \\ \alpha_n(u) &= E(e^{uX}) = 1 - \frac{1}{n} + \frac{1}{n}e^{u} \\ \mu_n(u) &= \ln \alpha_n(u) \\ &= \ln\left(1 - \frac{1}{n} + \frac{1}{n}e^{u}\right) \end{aligned}$$

Tomando límites,

$$\begin{aligned} \lim_{n\to\infty} \psi_n(u) = 1 = \psi(u) \\ \lim_{n\to\infty} \alpha_n(u) = 1 = \alpha(u) \\ \lim_{n\to\infty} \mu_n(u) = 0 = \mu(u) \end{aligned}$$

se obtienen, respectivamente, la función característica $\psi(u)$, generatriz de momentos $\alpha(u)$ y cumulativa $\mu(u)$ de la v.a. $X \equiv 0$.

15.1.2 Convergencia en probabilidad

Decimos que una sucesión de v.a. $\{X_n\}$ **converge en probabilidad** a una v.a. X si se cumple que, para todo $\epsilon > 0$,

$$\lim_{n\to\infty} P[|X_n - X| < \epsilon] = 1$$

o equivalentemente

$$\lim_{n\to\infty} P[|X_n - X| \geq \epsilon] = 0$$

y lo denotamos por $X_n \xrightarrow{p} X$.

Ejemplo 15.5 En el Ejemplo 15.2 obtuvimos como límite en distribución de $\{X_n\}$, una v.a. uniforme en el intervalo [0,1]. Consideremos el caso en el que las variables son independientes y veamos que esta sucesión no converge en probabilidad. Para ello, tomemos por ejemplo $\epsilon = 0.1$ y un valor de n cualquiera. Sea cual sea el valor de X, la probabilidad de que X_n esté en el interior de un entorno de radio 0.1 alrededor de X es, como mucho, igual al valor 0.2, al ser uniforme la distribución de las v.a. que forman la sucesión. Es decir,

$$P[|X_n - X| < 0.1] \leq 0.2$$

.

Por lo tanto, los valores $P[|X_n - X| \geq 0.1]$ forman una sucesión tal que

$$P[|X_n - X| \geq 0.1] \geq 0.8$$

que no converge a cero cuando n tiende a infinito.

Observemos que la convergencia en probabilidad requiere algún tipo de relación entre los valores que toman las variables. De hecho, la sucesión definida en el Ejemplo 15.2 converge siempre en distribución a una variable uniforme en el intervalo unidad. Sin embargo, si las variables que forman la sucesión son independientes, no se da la convergencia en probabilidad.

En general, cualquier sucesión de v.a. independientes e idénticamente distribuidas (i.i.d.) converge en distribución a la v.a. X con distribución común a todas, y sin embargo, la sucesión de valores para cada realización no tiene porque converger a ningún número, ni estar cerca de ningún valor.

Tanto la convergencia en probabilidad como los otros tipos de convergencia requieren algún criterio de cercanía en la sucesión de valores que haya en cada realización.

Ejemplo 15.6 Consideremos la sucesión $\{X_n\}$ del Ejemplo 15.1. Veamos que esta sucesión converge en probabilidad a la v.a. $X \equiv 0$.

Si $\epsilon \geq 1$,

$$P[|X_n - X| < \epsilon] = P[|X_n| < \epsilon] = P[X_n \in \{0, 1\}] = 1$$

Si $\epsilon < 1$,

$$P[|X_n - X| < \epsilon] = P[|X_n| < \epsilon] = P[X_n = 0] = 1 - 1/n \to 1$$

Por tanto, se obtiene que $X_n \to X \equiv 0$ en probabilidad, lo que denotamos por $X_n \xrightarrow{p} 0$.

15.1.3 Convergencia casi segura

Decimos que una sucesión de v.a. $\{X_n\}$ **converge uniformemente o casi seguro** a una v.a. X si se verifica que

$$P[w : \lim_{n \to \infty} X_n(w) = X(w)] = 1.$$

Es decir, la probabilidad del conjunto de los sucesos elementales en los que $X_n(w) \to X(w)$ es la unidad. Equivalentemente, el conjunto de sucesos en el que no se verifica este límite tiene probabilidad nula.

Este tipo de convergencia requiere de conocimientos más avanzados para su análisis, salvo en casos evidentes. La notación para la convergencia uniforme es $X_n \xrightarrow{u} X$.

15.1.4 Convergencia en media cuadrática

Decimos que una sucesión de v.a. $\{X_n\}$ **converge en media cuadrática** a una v.a. X, si se cumple

$$\lim_{n \to \infty} E[|X_n - X|^2] = 0.$$

Denotamos esta convergencia por $X_n \xrightarrow{c} X$.

Ejemplo 15.7 Para la sucesión del Ejemplo 15.6 se tiene que

$$E[|X_n - X|^2] = E[X_n^2] + E[X^2] - 2E[XX_n]$$

y, como X y X_n son independientes,

$$= E[X_n^2] + E[X^2] - 2E[X]E[X_n]$$
$$= \frac{1}{n} \to 0$$

cuando $n \to \infty$. Por tanto, la sucesión $\{X_n\}$ converge a la v.a. $X \equiv 0$ en media cuadrática. Es decir, $X_n \xrightarrow{c} 0$.

15.1.5 Relaciones entre convergencias

Como hemos visto, distinguimos los tipos de convergencia indicando en el límite la letra d, p, u ó c, según sea la convergencia en distribución, en probabilidad, casi seguro (uniforme) o en media cuadrática, respectivamente.

Aunque el estudio detallado de los distintos tipos de convergencia se realiza en textos más avanzados de probabilidad, enumeramos algunos apuntes interesantes.

1. Si la v.a. límite X está acotada, entonces $X_n \to X$ y $X_n - X \to 0$ son expresiones equivalentes, en cualquier tipo de convergencia.

2. En general, la convergencia casi segura es la más difícil de manejar y la convergencia en media cuadrática es la más sencilla.

3. La convergencia en media cuadrática es la única que precisa de la existencia de momentos; en concreto del momento de orden dos $E(X_n - X)^2$.

Las relaciones generales entre los distintos tipos de convergencias son:

- Convergencia en media cuadrática implica convergencia en probabilidad.

- Convergencia casi segura implica convergencia en probabilidad.

- Cualquiera de los tipos de convergencia estudiados implica la convergencia en distribución.

- La convergencia en distribución a una constante implica la convergencia en probabilidad.

- La v.a. límite es la misma en todos los tipos de convergencia que se cumplan.

De lo anterior vemos que no existe relación general entre la convergencia casi segura y la convergencia en media cuadrática. Es decir, puede que se cumpla una de ellas sin que se cumpla la otra.

En resumen, tenemos que

$$\left.\begin{array}{l} X_n \xrightarrow{u} X \\ \\ X_n \xrightarrow{c} X \end{array}\right. \Longrightarrow X_n \xrightarrow{p} X \Longrightarrow X_n \xrightarrow{d} X$$

Como entrenamiento del manejo de estos tipos de convergencia, demostraremos algunas de las relaciones anteriores.

Lema 15.1 *La convergencia en probabilidad implica convergencia en distribución.*

Demostración:

Vamos a demostrar que una sucesión $\{X_n\}$ que converge a una v.a. X en probabilidad, converge también a esta variable en distribución. Para ello, denotemos por $\{F_n\}$ a la sucesión de funciones de distribución asociadas a X_n y por F a la función de distribución de X.

Sea x un punto de continuidad de F. Debemos demostrar que $\{F_n(x)\}$ converge a $F(x)$, o equivalentemente que $P[X_n \leq x]$ converge a $P[X \leq x]$.

Comenzamos con el siguiente argumento. Tomemos $X_n \leq x$, puede ocurrir que $X \leq x + \epsilon$, o bien $X > x + \epsilon$. En este segundo caso, $X > x + \epsilon$ y $X_n \leq x$, tenemos que se cumple $|X - X_n| \geq \epsilon$.

Es decir,

$$\{X_n \leq x\} \quad \subset \quad \{X \leq x + \epsilon\} \cup \{|X_n - X| \geq \epsilon\}$$

y se tiene que

$$P(X_n \leq x) \leq P(X \leq x + \epsilon) + P(|X_n - X| \geq \epsilon)$$

En términos equivalentes,

$$F_n(x) \quad \leq \quad F(x + \epsilon) + P(|X_n - X| \geq \epsilon) \tag{15.1}$$

Si partimos de que se da la convergencia en probabilidad,

$$\lim_{n\to\infty} P(|X_n - X| \geq \epsilon) = 0$$

Tomando límites en la desigualdad (15.1), obtenemos que para todo $\epsilon > 0$,

$$\lim_{n\to\infty} F_n(x) \quad \leq \quad F(x+\epsilon) \tag{15.2}$$

Por otra parte, tomemos $X \leq x - \epsilon$, puede ocurrir que $X_n \leq x$, o que $X_n > x$. En el caso $X_n > x$, como además $X \leq x - \epsilon$, obtenemos que $|X_n - X| \geq \epsilon$ y por tanto

$$\{X \leq x - \epsilon\} \subset \{X_n \leq x\} \cup \{|X_n - X| \geq \epsilon\}$$

De aquí tenemos que

$$P(X \leq x - \epsilon) \leq P(X_n \leq x) + P(|X_n - X| \geq \epsilon)$$

o equivalentemente,

$$F(x-\epsilon) \leq F_n(x) + P(|X_n - X| \geq \epsilon)$$

Utilizando de nuevo que $X_n \xrightarrow{p} X$, obtenemos que, para todo $\epsilon > 0$,

$$F(x-\epsilon) \quad \leq \quad \lim_{n\to\infty} F_n(x) \tag{15.3}$$

Combinando las desigualdades (15.2) y (15.3), se tiene que para todo $\epsilon > 0$

$$F(x-\epsilon) \leq \lim_{n\to\infty} F_n(x) \leq F(x+\epsilon)$$

Finalmente, tomando límites cuando ϵ tiende a cero,

$$F(x) = \lim_{n\to\infty} F_n(x)$$

con lo que queda demostrado el resultado $X_n \xrightarrow{d} X$.

Lema 15.2 *La convergencia en media cuadrática implica convergencia en probabilidad.*

Demostración:

Sea $\{X_n\}$ una sucesión de v.a. que converge a X en media cuadrática. Queremos demostrar que $X_n \xrightarrow{p} X$. Pare ello utilizamos la siguiente desigualdad, denominada desigualdad de Markov[2],

$$\forall a > 0 \qquad P(|X| \geq a) \leq \frac{1}{a^k} E(|X|^k) \tag{15.4}$$

Aplicando (15.4) a la v.a. $|X_n - X|$ y con $k = 2$, obtenemos la relación

$$0 \leq P(|X_n - X| \geq \epsilon) \leq \frac{E(|X_n - X|^2)}{\epsilon^2}$$

Finalmente, tomando límites obtenemos la convergencia en probabilidad.

15.2 Teorema Central del Límite (TCL)

Este es uno de los resultados más importantes en Inferencia Estadística, que permite realizar inferencia en situaciones donde la distribución que genera los datos es desconocida. Una de las aplicaciones fundamentales de este resultado es la posibilidad de inferir valores para estadísticos o valores típicos de gran importancia como la media o la varianza, a partir de los valores obtenidos en una muestra concreta (construcción de intervalos de confianza). También posibilita decidir con criterio si el valor de un parámetro en un modelo o de un valor típico es coherente con los datos obtenidos en una muestra (contrastes de hipótesis).

Como veremos más adelante, es posible comparar la media muestral de los valores obtenidos al lanzar un dado n veces y la media teórica de los valores obtenidos al lanzar un dado regular. Mediante esta comparación podremos concluir si los resultados muestrales son coherentes o no con los de un dado regular.

Existen muchas versiones del Teorema Central del Límite, enunciado por primera vez en 1812 por Laplace. Aquí enunciamos y demostramos la versión de Lindeberg y Levy, que es una de las versiones más simples.

Teorema 15.2 *(TCL) Sea $\{X_n\}$ una sucesión de v.a. independientes e idénticamente distribuidas (i.i.d.) con media m y varianza σ^2 finitas. Sea*

$$Z_n = X_1 + X_2 + \ldots + X_n,$$

[2]Esta desigualdad se demuestra de forma similar a la desigualdad de Chebyshev; de hecho esta se obtiene como un caso particular, centrando la variable y tomando $k = 2$.

formando la sucesión de sumas parciales $\{Z_n\}$ *de media* nm *y varianza* $n\sigma^2$. *Entonces, la sucesión tipificada* $(Z_n - nm)/(\sigma\sqrt{n})$ *converge en distribución a una v.a. normal reducida.*

Demostración:

El teorema se prueba de forma sencilla haciendo uso del teorema de continuidad. Por comodidad supondremos que existen las funciones generatrices de momentos, y por tanto las funciones cumulativas, de las v.a. que forman la sucesión $\{X_n\}$ (en otro caso el resultado se demuestra utilizando la función característica). La variable $Z_n = X_1 + X_2 + \ldots + X_n$ tiene media nm y varianza $n\sigma^2$, y la podemos escribir de forma tipificada como

$$\frac{Z_n - nm}{\sigma\sqrt{n}} = \frac{1}{\sqrt{n}}\frac{X_1 - m}{\sigma} + \frac{1}{\sqrt{n}}\frac{X_2 - m}{\sigma} + \ldots + \frac{1}{\sqrt{n}}\frac{X_n - m}{\sigma}$$

Es decir, la v.a. Z_n tipificada se escribe como la suma de n v.a. independientes con idéntica distribución (véase la fórmula (13.1), de la pág 231, y por tanto, sabemos que su función cumulativa vendrá dada por

$$\mu_{\frac{Z_n - nm}{\sigma\sqrt{n}}}(u) = n\left[\mu_{\frac{X_1 - m}{\sigma\sqrt{n}}}(u)\right] = n\left[\mu_{\frac{X_1 - m}{\sigma}}\left(\frac{u}{\sqrt{n}}\right)\right]$$

Ahora bien, el desarrollo en serie de la función cumulativa de una v.a. normalizada es de la forma

$$\mu(u) = \frac{u^2}{2} + k_3\frac{u^3}{3!} + k_4\frac{u^4}{4!} + \ldots$$

Así obtenemos que

$$\begin{aligned}
\mu_{\frac{Z_n - nm}{\sigma\sqrt{n}}}(u) &= n\left[\mu_{\frac{X_1 - m}{\sigma}}\left(\frac{u}{\sqrt{n}}\right)\right] \\
&= n\left[\frac{u^2}{2n} + k_3\frac{u^3}{3!n^{3/2}} + k_4\frac{u^4}{4!n^2} + \ldots\right] \\
&= \left[\frac{u^2}{2} + o(1)\right]
\end{aligned}$$

donde $o(1)$ recoge términos que tienden a cero cuando n tiende a infinito.

Tomando límites cuando $n \to \infty$, tenemos

$$\lim_{n\to\infty} \mu_{\frac{Z_n - nm}{\sigma\sqrt{n}}}(u) = \frac{u^2}{2}$$

función continua en $u = 0$, y que coincide con la función cumulativa de una v.a. normal reducida $\mathcal{N}(0,1)$, con lo que el teorema queda demostrado.

En general, decimos que una sucesión de v.a. $\{Z_n\}$ es **asintóticamente normal**, si la sucesión tipificada

$$\frac{Z_n - E(Z_n)}{\sqrt{\text{Var}(Z_n)}}$$

converge en distribución a una v.a. normal reducida.

Una aplicación inmediata del TCL permite obtener que, para una sucesión de variables i.i.d. $\{X_n\}$ como las del enunciado del Teorema 15.2 , la sucesión de medias muestrales

$$\overline{X}_n = \frac{1}{n}(X_1 + X_2 + \ldots + X_n)$$

se distribuye asintóticamente como una v.a. normal de media m y varianza σ^2/n. Es decir, para un valor de n suficientemente grande,

$$\frac{\overline{X}_n - m}{\sigma/\sqrt{n}} \sim \mathcal{N}(0,1),$$

equivalentemente

$$\overline{X}_n \sim \mathcal{N}\left(m, \frac{\sigma^2}{n}\right)$$

Esto permite de forma muy sencilla obtener valores de probabilidad asociados a la media para n suficientemente grande, aunque la distribución de cada sumando sea desconocida.

En el siguiente ejemplo realizamos una aplicación del TCL para detectar si un dado está trucado o no.

Ejemplo 15.8 Consideremos la v.a. X que representa la puntuación obtenida en cada lanzamiento de un dado regular. Vimos en el Ejemplo 13.2, pág 223 que el valor esperado de esta variable es $E(X) = m = 3.5$ y su varianza $\sigma^2 = 2.916$.

Consideremos n de tiradas de un dado regular y sea X_i la puntuación obtenida en la tirada i-ésima. El TCL nos permite aproximar la distribución de la sucesión de medias muestrales,

$$\overline{X}_n = \frac{X_1 + X_2 + \ldots + X_n}{n}$$

con la de una v.a. normal de media $m = 3.5$ y varianza $\sigma^2/n = 2.916/n$, para un valor de n suficientemente grande. Ahora bien, recordemos que si Z es una v.a. $\mathcal{N}(m, \sigma^2)$,

$$P\left(\left|\frac{Z-m}{\sigma}\right| < t_{\frac{\alpha}{2}}\right) = 1 - \alpha$$

Así, tomando $\alpha = 0.05$, $t_{\alpha/2} = 1.96$,

$$P\left(|\overline{X}_n - 3.5| < 1.96\sqrt{\frac{2.916}{n}}\right) = 0.95$$

Es decir, con probabilidad 0.95, y para n suficientemente grande, la media muestral $\overline{X}_n$ estará en el intervalo

$$\left(3.5 - 1.96\sqrt{\frac{2.916}{n}}, 3.5 + 1.96\sqrt{\frac{2.916}{n}}\right)$$
$$= (3.2505,\ 3.7495)$$

Por otra parte, en el Ejemplo 9.6, pág 171 obtuvimos, como resultado de $n = 180$ tiradas de un dado, una media muestral $\overline{x} = 3.565$. Dado que este valor de la media muestral está dentro del intervalo, podemos decir que es un valor razonable para un dado regular.

15.3 Ley de grandes números

Como hemos visto, el TCL nos proporciona una forma de aproximar la distribución de ciertas variables aleatorias, cuando se obtienen como combinación de un número suficientemente grande de otras y en determinadas condiciones. En el enunciado que hemos visto, leemos además que la media muestral tiene una distribución asintóticamente normal con la misma media, m, que la de las v.a. de partida y con una varianza que tiende a cero. Este resultado nos permite demostrar que la media muestral converge en probabilidad al valor m, y que se cumple una ley débil de grandes números.

De forma general, la ley de los grandes números permite asociar el límite de ciertas sucesiones de variables aleatorias al límite de sucesiones de números reales. Según sea el tipo de límite de las v.a., diremos que se satisface la **ley débil de los grandes números** (límite en probabilidad) o la **ley fuerte de los grandes números** (límite uniforme).

Definición 15.1 *Decimos que una sucesión de v.a.* $\{X_n\}$ *satisface* **la ley de grandes números** *si existen dos sucesiones de números reales* $\{A_n\}$ *(de* *centralización) y $\{B_n\}$ (de normalización) tales que*

$$\lim_{n\to\infty} \frac{Z_n - A_n}{B_n} = 0$$

siendo $Z_n = X_1 + X_2 + \ldots + X_n$.

A continuación enunciamos dos resultados básicos que nos proporcionan condiciones bajo las cuales una sucesión de v.a. satisface una ley débil de grandes números.

Teorema 15.3 *(Chebyshev) Sea $\{X_n\}$ una sucesión de v.a. incorrelacionadas de media m_n y varianza σ_n^2 finitas. Si se cumple la condición*

$$(i) \quad \lim_{n\to\infty} \frac{1}{n^2} \sum_{i=1}^{n} \sigma_i^2 = 0$$

entonces la sucesión $\{\overline{X}_n - \overline{m}_n\}$ tiende a cero en probabilidad, donde

$$\overline{X}_n = \frac{X_1 + \ldots + X_n}{n} = \frac{Z_n}{n} \qquad \overline{m}_n = E(\overline{X}_n) = \frac{m_1 + \ldots + m_n}{n}$$

Es decir, la condición (i) es una condición suficiente para que

$$\{\overline{X}_n - \overline{m}_n\} \xrightarrow{p} 0$$

y por tanto la sucesión $\{X_n\}$ cumpla la ley débil de grandes números.

En este caso, la sucesión de centralización asociada a $\{Z_n\}$ está formada por los elementos $A_n = m_1 + \ldots + m_n$, y la de normalización por $B_n = n$.

Teorema 15.4 *(Khintchine) Sea $\{X_n\}$ una sucesión de v.a. incorrelacionadas de idéntica media m y varianza σ^2. Entonces la sucesión $\{\overline{X}_n - m\}$ converge a cero en probabilidad. Es decir, $\overline{X}_n \xrightarrow{p} m$, y la sucesión $\{X_n\}$ cumple una ley débil de grandes números.*

En este caso $A_n = nm$ y $B_n = n$.

Estos resultados son básicos para demostrar propiedades de los estimadores que se utilizan en Inferencia Estadística.

Apéndice A

Operadores suma y producto

A.1 Operador suma o sumatorio

Consideremos una variable X con soporte $\{x_1, ..., x_N\}$. Utilizaremos el operador **sumatorio** para representar la suma de los valores x_i, con i desde 1 hasta N, es decir:

$$\sum_{i=1}^{N} x_i = x_1 + x_2 + ... + x_N$$

Algunas propiedades de los sumatorios son:

1. El sumatorio de una constante k desde 1 hasta N es N veces dicha constante:

$$\sum_{i=1}^{N} k = k + k + ... + k = Nk$$

2. Cualquier constante que multiplique a todos los términos de un sumatorio puede sacarse fuera del sumatorio como factor común:

$$\sum_{i=1}^{N} kx_i = kx_1 + kx_2 + ... + kx_N = k(x_1 + x_2 + ... + x_N) = k\sum_{i=1}^{N} x_i$$

3. El sumatorio de una suma es suma de sumatorios:

$$\sum_{i=1}^{N}(x_i + y_i) = (x_1 + y_1) + (x_2 + y_2) + ... + (x_N + y_N) =$$

$$
\begin{aligned}
&= (x_1 + x_2 + ... + x_N) + (y_1 + y_2 + ... + y_N) = \\
&= \sum_{i=1}^{N} x_i + \sum_{i=1}^{N} y_i
\end{aligned}
$$

A.2 Operador producto

Utilizaremos el operador **producto** para representar el producto de los valores x_i, con i desde 1 hasta N, es decir:

$$\prod_{i=1}^{N} x_i = x_1 \cdot x_2 \cdot ... \cdot x_N$$

Algunas propiedades del operador producto son:

1. El producto de una constante k, desde 1 hasta N, es la potencia N-ésima de dicha constante:

$$\prod_{i=1}^{N} k = k \cdot k \cdot ... \cdot k = k^N$$

2. Cualquier constante que multiplique a todos los términos de un operador producto puede sacarse fuera del operador como factor común elevada a N:

$$\prod_{i=1}^{N} kx_i = kx_1 \cdot kx_2 \cdot ... \cdot kx_N = k^N(x_1 \cdot x_2 \cdot ... \cdot x_N) = k^N \prod_{i=1}^{N} x_i$$

3. El logaritmo de un producto de valores x_i es el sumatorio de los logaritmos de los valores x_i:

$$
\begin{aligned}
\log \prod_{i=1}^{N} x_i &= \log(x_1 \cdot x_2 \cdot ... \cdot x_N) = \\
&= \log x_1 + \log x_2 + ... + \log x_N = \\
&= \sum_{i=1}^{N} \log x_i
\end{aligned}
$$

Apéndice B

Estadísticos matriciales

B.1 Operaciones de centrado y reescalado

Es frecuente modificar una matriz de datos $\mathbf{X}$, de orden $N \times n$, mediante la operación de centrado, reescalado, tipificación o tipificación en norma de sus columnas (variables).

Se define la matriz de datos **centrada** y se denota $\mathbf{X}_c$, la matriz dada por:

$$\mathbf{X}_c = \begin{pmatrix} x_{11} - \overline{x}_1 & x_{12} - \overline{x}_2 & \cdots & x_{1n} - \overline{x}_n \\ x_{21} - \overline{x}_1 & x_{22} - \overline{x}_2 & \cdots & x_{2n} - \overline{x}_n \\ \vdots & \vdots & \vdots & \vdots \\ x_{N1} - \overline{x}_1 & x_{N2} - \overline{x}_2 & \cdots & x_{Nn} - \overline{x}_n \end{pmatrix} = [x_{ij} - \overline{x}_j]_{i=1,..,N}^{j=1,\ldots,n} = [c_{ij}]_{i,j}$$

cuyas columnas son los vectores de valores centrados de las variables, $\vec{c}_1, ..., \vec{c}_n$.

Se define la matriz de datos **centrada y reescalada** por $\frac{1}{\sqrt{N}}$, y se denota por $\mathbf{X}_r$, la matriz dada por:

$$\mathbf{X}_r = \begin{pmatrix} \frac{x_{11}-\overline{x}_1}{\sqrt{N}} & \frac{x_{12}-\overline{x}_2}{\sqrt{N}} & \cdots & \frac{x_{1n}-\overline{x}_n}{\sqrt{N}} \\ \frac{x_{21}-\overline{x}_1}{\sqrt{N}} & \frac{x_{22}-\overline{x}_2}{\sqrt{N}} & \cdots & \frac{x_{2n}-\overline{x}_n}{\sqrt{N}} \\ \vdots & \vdots & \vdots & \vdots \\ \frac{x_{N1}-\overline{x}_1}{\sqrt{N}} & \frac{x_{N2}-\overline{x}_2}{\sqrt{N}} & \cdots & \frac{x_{Nn}-\overline{x}_n}{\sqrt{N}} \end{pmatrix} = \left[\frac{x_{ij} - \overline{x}_j}{\sqrt{N}} \right]_{i=1,..,N}^{j=1,\ldots,n}$$

La operación de centrado no influye en las medidas de dispersión de los datos, al constituir únicamente una traslación de los mismos. Sin embargo, puede en ocasiones utilizarse la matriz de datos centrada y reescalada por $\frac{1}{\sqrt{N}}$, hecho que sí afecta a los estadísticos de dispersión.

B.2 La matriz de covarianzas L

La matriz de covarianzas L de un conjunto de variables $(X_1, ..., X_n)$ se define como:

$$L = \begin{pmatrix} S_1^2 & S_{12} & \cdots & S_{1n} \\ S_{21} & S_2^2 & \cdots & S_{2n} \\ \vdots & \vdots & \vdots & \vdots \\ S_{n1} & S_{n2} & \cdots & S_n^2 \end{pmatrix}$$

Si partimos de una matriz de datos centrada $\mathbf{X}_c = [x_{ij} - \overline{x}_j]_{i,j}$, se obtiene la matriz de varianzas y covarianzas como:

$$L = \frac{1}{N}\mathbf{X}_c^T\mathbf{X}_c$$

Si partimos de una matriz de datos centrada y reescalada, $\mathbf{X}_r = \left[\frac{x_{ij}-\overline{x}_j}{\sqrt{N}}\right]_{i,j}$, se obtiene L como:

$$L = \mathbf{X}_r^T\mathbf{X}_r$$

B.3 La matriz de datos tipificada y centronormada

La tipificación o la tipificación en norma suponen además del centrado previo, un cambio de escala en las variables. En el primer caso, una vez realizada la transformación, las variables tienen su desviación típica igual a 1, y en el segundo constituyen vectores N-dimensionales con módulo o norma igual a 1.

Así tenemos, la matriz de datos tipificada:

$$\mathbf{X}_t = \begin{pmatrix} \frac{x_{11}-\overline{x}_1}{S_1} & \frac{x_{12}-\overline{x}_2}{S_2} & \cdots & \frac{x_{1n}-\overline{x}_n}{S_n} \\ \frac{x_{21}-\overline{x}_1}{S_1} & \frac{x_{22}-\overline{x}_2}{S_2} & \cdots & \frac{x_{2n}-\overline{x}_n}{S_n} \\ \vdots & \vdots & \vdots & \vdots \\ \frac{x_{N1}-\overline{x}_1}{S_1} & \frac{x_{N2}-\overline{x}_2}{S_2} & \cdots & \frac{x_{Nn}-\overline{x}_n}{S_n} \end{pmatrix} = \left[\frac{x_{ij}-\overline{x}_j}{S_j}\right]_{i=1,..,N}^{j=1,\ldots,n} = [t_{ij}]_{i,j}$$

cuyas columnas son los vectores de valores tipificados de las variables $\vec{t}_1, ..., \vec{t}_n$, con $S_{t_j}^2 = S_{t_j} = 1$ para $j = 1, ..., n$.

La matriz de datos centronormada o normada es igual a:

$$\mathbf{X}_n = \begin{pmatrix} \frac{x_{11}-\overline{x}_1}{S_1\sqrt{N}} & \frac{x_{12}-\overline{x}_2}{S_2\sqrt{N}} & \cdots & \frac{x_{1n}-\overline{x}_n}{S_n\sqrt{N}} \\ \frac{x_{21}-\overline{x}_1}{S_1\sqrt{N}} & \frac{x_{22}-\overline{x}_2}{S_2\sqrt{N}} & \cdots & \frac{x_{2n}-\overline{x}_n}{S_n\sqrt{N}} \\ \vdots & \vdots & \vdots & \vdots \\ \frac{x_{N1}-\overline{x}_1}{S_1\sqrt{N}} & \frac{x_{N2}-\overline{x}_2}{S_2\sqrt{N}} & \cdots & \frac{x_{Nn}-\overline{x}_n}{S_n\sqrt{N}} \end{pmatrix} = \left[\frac{x_{ij}-\overline{x}_j}{S_j\sqrt{N}}\right]_{i=1,..,N}^{j=1,\ldots,n} = [n_{ij}]_{i,j}$$

que tiene por columnas los vectores de valores centronormados de las variables $\vec{n}_1, ..., \vec{n}_n$, con $\|\vec{n}_j\| = 1$ para $j = 1, ..., n$.

B.4 La matriz de correlación R

La matriz de correlación R de un conjunto de variables $(X_1, ..., X_n)$ se define como:

$$R = \begin{pmatrix} 1 & r_{12} & \cdots & r_{1n} \\ r_{21} & 1 & \cdots & r_{2n} \\ \vdots & \vdots & \vdots & \vdots \\ r_{n1} & r_{n2} & \cdots & 1 \end{pmatrix}$$

Como podemos observar, la matriz de correlación es la matriz de covarianzas de las variables tipificadas.

Partiendo de la matriz de datos tipificada $\mathbf{X}_t$, se puede obtener la matriz de correlación R como:

$$R = \frac{1}{N}\mathbf{X}_t^T\mathbf{X}_t$$

Partiendo de la matriz de datos normada $\mathbf{X}_n$, se obtiene R como:

$$R = \mathbf{X}_n^T \mathbf{X}_n$$

B.5 Relación entre las matrices L y R

Si denotamos por D_s a la matriz diagonal que contiene las desviaciones típicas de las n variables $X_1, ..., X_n$ como elementos de su diagonal principal:

$$D_s = \begin{pmatrix} S_1 & 0 & \cdots & 0 \\ 0 & S_2 & \cdots & 0 \\ \vdots & \vdots & \vdots & \vdots \\ 0 & 0 & \cdots & S_n \end{pmatrix}$$

tenemos que:

$$L = D_s R D_s^T$$

relación que puede ser verificada fácilmente.

B.6 Relación entre los determinantes $|L|$ y $|R|$

La relación entre los determinantes correspondientes a L y R, es:

$$|L| = S_1^2 S_2^2 ... S_n^2 |R|$$

relación que resulta inmediata, teniendo en cuenta que un determinante queda multiplicado por un escalar cuando una cualquiera de las filas de la matriz correspondiente está multiplicada por dicho escalar.

Las matrices de covarianzas son siempre definidas positivas o semidefinidas positivas, lo que implica, entre otras propiedades, que su determinante es siempre estrictamente positivo (para definidas positivas), o no negativo (para semidefinidas positivas). Para un estudio detallado de este tipo de matrices, véase por ejemplo [Valenciano et al., 1984].

En álgebra matricial, esto supone que todas las submatrices diagonales también lo son. Este resultado es natural en Estadística, ya que todas ellas son matrices de covarianzas de las variables marginales de dimensión inferior.

B.7 Derivación vectorial

A continuación, a modo de esquema, recordamos las siguientes fórmulas de derivación vectorial, relacionándolas con otras tantas de funciones en R, para facilitar su aprendizaje.

Funciones Reales		Vectores de Funciones Reales
Cuadrado:	$\frac{d(x^2)}{dx} = 2x$	$\frac{\partial(X^T X)}{\partial X} = 2X$
Producto:	$\frac{d(xy)}{dx} = \frac{d(yx)}{dx} = y$	$\frac{\partial(Y^T X)}{\partial X} = \frac{\partial(X^T Y)}{\partial X} = Y$
Forma cuadrática:	$\frac{d(ax^2)}{dx} = 2ax$	$\frac{\partial(X^T AX)}{\partial X} = 2AX$
Escalar:	$\frac{d(kf(x))}{dx} = k\frac{df(x)}{dx}$	$\frac{\partial(kf(X))}{\partial X} = k\frac{\partial f(X)}{\partial X}$

Para un completo estudio de las fórmulas de derivación matricial, véase por ejemplo [Martín Pliego, 1994].

Apéndice C

Interpretaciones geométricas de la descripción estadística

C.1 Nube individuo y nube variable (nube dual)

Una matriz de datos $\mathbf{X}$, de orden $N \times n$, contiene los valores que n variables $(X_1, ..., X_n)$ toman en un colectivo de N individuos:

$$\mathbf{X} = \begin{pmatrix} x_{11} & \dots & x_{1j} & \dots & x_{1n} \\ \vdots & & \vdots & & \vdots \\ x_{i1} & \dots & x_{ij} & \dots & x_{in} \\ \vdots & & \vdots & & \vdots \\ x_{N1} & \dots & x_{Nj} & \dots & x_{Nn} \end{pmatrix}$$

En el estudio matemático de las matrices filas y columnas cumplen papeles análogos. En la matriz estadística de datos, en cambio, el papel de las filas y columnas es esencialmente distinto:

- las filas $\vec{x}(1), \dots, \vec{x}(i), \dots, \vec{x}(N)$, donde $\vec{x}(i) = (x_{i1}, \dots, x_{in})^T$, indican los valores que cada individuo toma para todas las variables.
- las columnas $(\vec{x}_1, \dots, \vec{x}_j, \dots, \vec{x}_n)$, donde $\vec{x}_j = (x_{1j}, \dots, x_{Nj})^T$, indican los valores de cada variable en los distintos individuos.

Así, según miremos una matriz de datos por filas o por columnas obtendremos dos representaciones gráficas diferentes.

1. **Nube de puntos individuo**: formada por N puntos, $\vec{x}(1), .., \vec{x}(i), .., \vec{x}(N)$, de R^n.

2. **Nube de puntos variable o nube dual**: formada por n puntos, $\vec{x}_1, .., \vec{x}_j, .., \vec{x}_n$, de R^N.

C.2 Centrado, tipificación y normalización en ambas nubes

Las **medias de las variables** $(\overline{x}_1, \ldots, \overline{x}_j, \ldots, \overline{x}_n)$, donde $\overline{x}_j = \frac{1}{N}\sum_{i=1}^{N} x_{ij}$, tienen distintos papeles en una y otra nube:

- en la nube de puntos individuo, el vector de medias es el centro de gravedad de la nube.
- en la nube de puntos variable, la media es el promedio de las componentes de cada punto variable.

La operación de **centrado** también tiene una interpretación diferente en ambas nubes:

- en la nube de puntos individuo, consiste en trasladar los ejes y colocar el nuevo origen de coordenadas en el centro de gravedad o vector de medias.
- en la nube de puntos variable, consiste en proyectar los puntos variable sobre el subespacio de suma cero:

$$\{(x(1), \ldots, x(N)) \in \mathrm{R}^N \;/\; x(1) + \ldots + x(N) = 0\}$$

Para explicar claramente estas diferencias vamos a utilizar dos ejemplos:

Ejemplo C.1 Dos individuos, dos variables ($N = n = 2$).

$$\mathbf{X} = \begin{pmatrix} 1 & 5 \\ 3 & 2 \end{pmatrix} \quad \vec{\overline{x}} = \begin{pmatrix} 2 \\ 3.5 \end{pmatrix} \quad \mathbf{X}_c = \begin{pmatrix} -1 & 1.5 \\ 1 & -1.5 \end{pmatrix}$$

1. **Nube de puntos individuo**: está formada por dos puntos $\vec{x}(1)$ y $\vec{x}(2)$ de R^2 dados por las filas de la matriz $\mathbf{X}$. En el Gráfico 1 observamos cómo el punto de medias (2, 3.5) es el centro de gravedad de la nube.

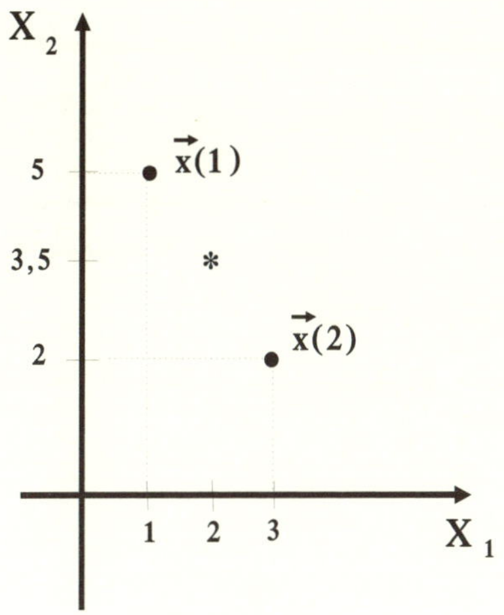

Gráfico 1

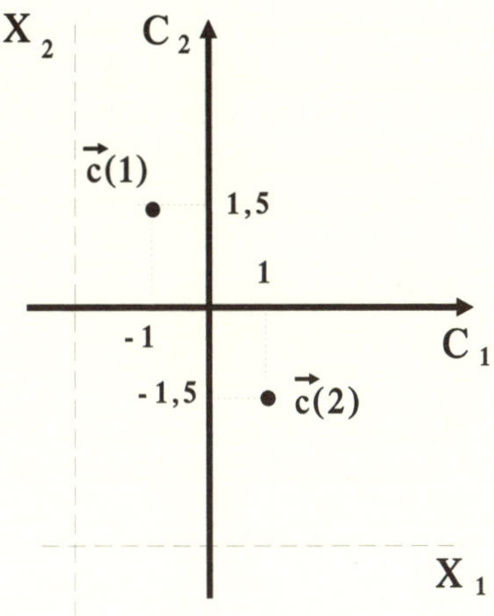

Gráfico 2

La nube de puntos individuo centrada (Gráfico 2) es la misma pero referida a unos nuevos ejes centrados (C_1, C_2), $C_1 = X_1 - \overline{x}_1$ y $C_2 = X_2 - \overline{x}_2$; éstos son los originales trasladados de tal forma que el nuevo origen coincide con el centro de gravedad o individuo medio.

2. **Nube de puntos variable o nube dual**: está formada por dos puntos $\vec{x}_1$ y $\vec{x}_2$ de R^2, pero esta vez dados por las columnas de la matriz $\mathbf{X}$ (Gráfico 3).

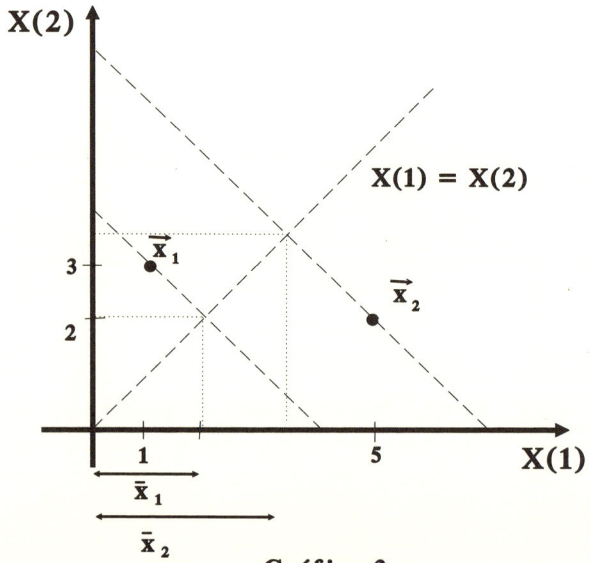

Gráfico 3

Las medias no forman el centro de gravedad de la nube de puntos variable. En este caso la media de cada variable se representa proyectando el punto variable sobre la bisectriz del primer cuadrante, esa proyección tendrá sus coordenadas iguales e iguales a la media de esa variable.

Centrar la nube dual consiste en proyectar los puntos variable sobre el subespacio de suma cero:

$$\{(x(1), x(2)) \in \mathrm{R}^2 \ / \ x(1) + x(2) = 0\}$$

que en este caso coincide con la bisectriz del segundo y cuarto cuadrante (Gráfico 4).

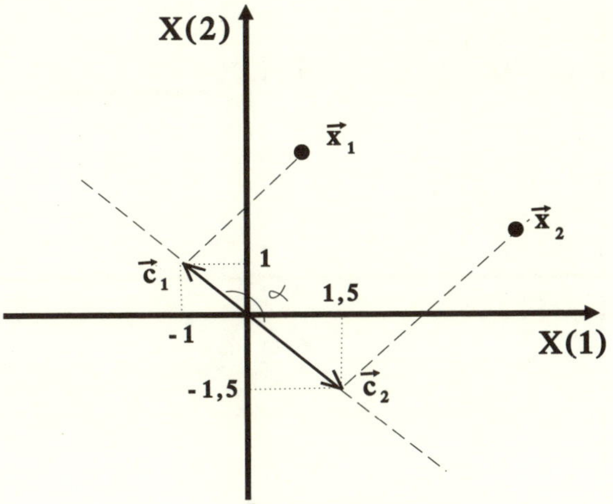

Gráfico 4

Los puntos variable centrados, columnas de la matriz $\mathbf{X}_c$, se suelen representar como vectores ($\vec{c_1}$ $\vec{c_2}$) y denominaremos α al ángulo que forman entre sí.

Ejemplo C.2 Tres individuos, dos variables (N=3, n=2).

$$\mathbf{X} = \begin{pmatrix} 2 & 5 \\ 4 & 7 \\ 3 & 9 \end{pmatrix} \quad \vec{\bar{x}} = \begin{pmatrix} 3 \\ 7 \end{pmatrix} \quad \mathbf{X}_c = \begin{pmatrix} -1 & -2 \\ 1 & 0 \\ 0 & 2 \end{pmatrix}$$

1. **Nube de puntos individuo**: está formada por 3 puntos de R^2 dados por las filas de la matriz $\mathbf{X}$ (Gráfico 5). Las medias forman el centro de gravedad de la nube, punto (3,7), y la nube centrada (Gráfico 6) es la misma pero referida a los ejes centrados C_1, C_2.

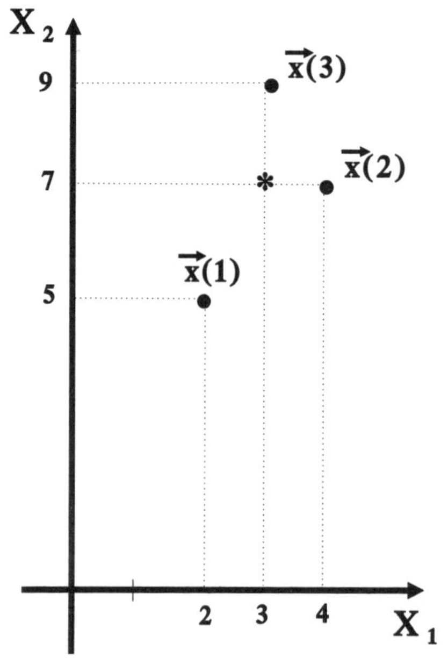

Gráfico 5

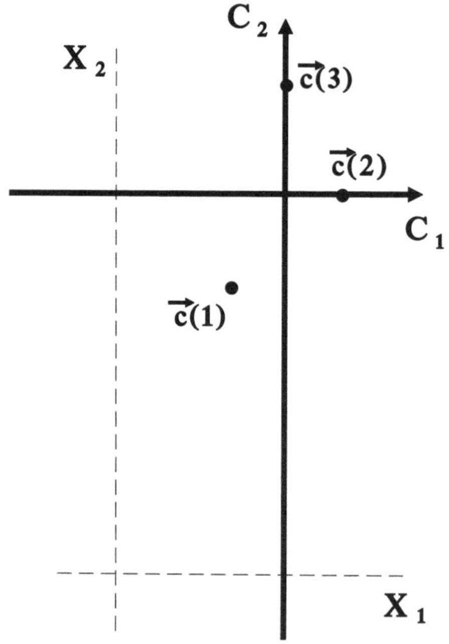

Gráfico 6

2. **Nube de puntos variable o nube dual**: formada por 2 puntos de R^3, dados por las columnas de la matriz **X** (Gráfico 7). En el Gráfico 8 se observa cómo la media es la componente promedio de cada vector variable.

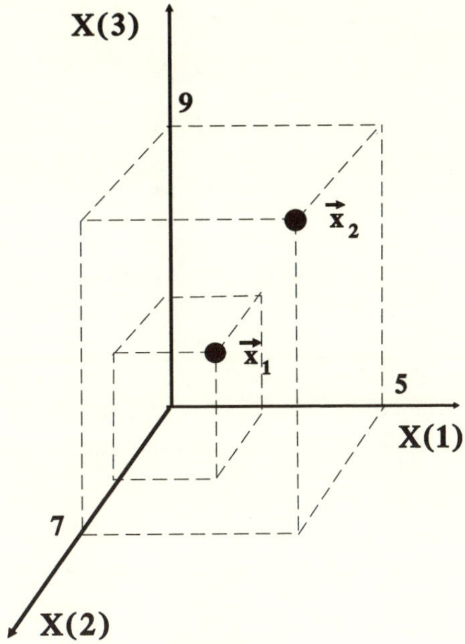

Gráfico 7

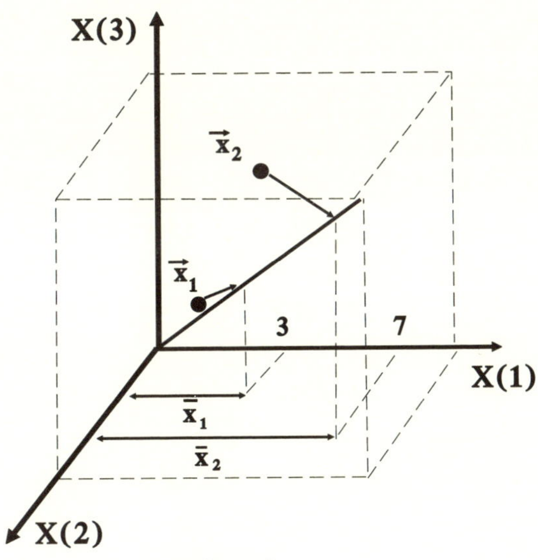

Gráfico 8

Centrar la nube dual consiste en proyectar sobre el subespacio de suma cero:

$$\{(x(1), x(2), x(3)) \in \mathrm{R}^3 \;/\; x(1) + x(2) + x(3) = 0\}$$

que en este ejemplo es un plano (Gráfico 9). En este gráfico se intenta sugerir, mediante un hexágono inscrito en un cubo imaginario, el plano de suma cero.

Ampliando la zona de proyección podemos apreciar como los vectores de valores centrados, $\vec{c}_1$ y $\vec{c}_2$, son dos vectores de R^3 que forman entre sí un ángulo que denominamos α (Gráfico 10).

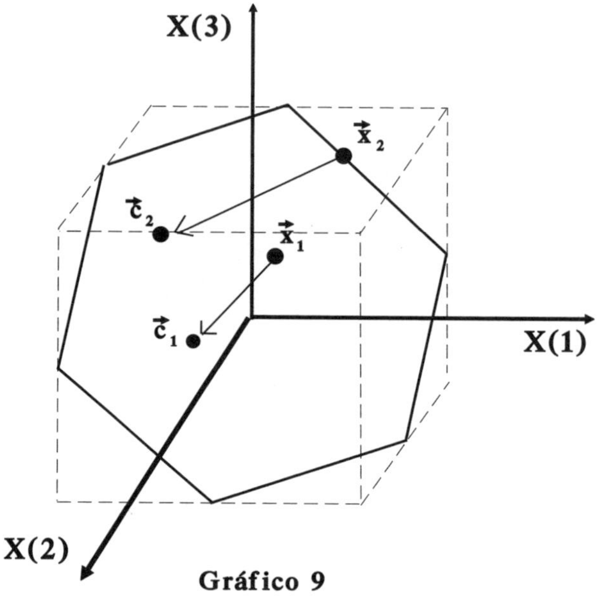

Gráfico 9

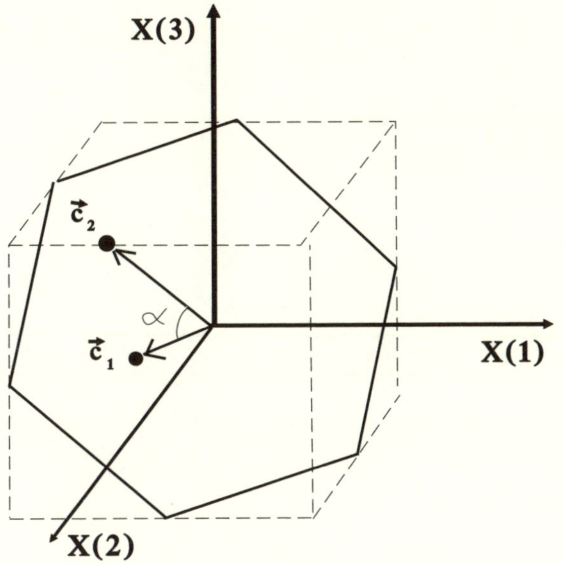

Gráfico 10

También podemos representar $\vec{c}_1$ y $\vec{c}_2$ en el plano que forman entre sí (Gráfico 11), para lo cual sólo necesitamos conocer sus normas y el ángulo que forman.

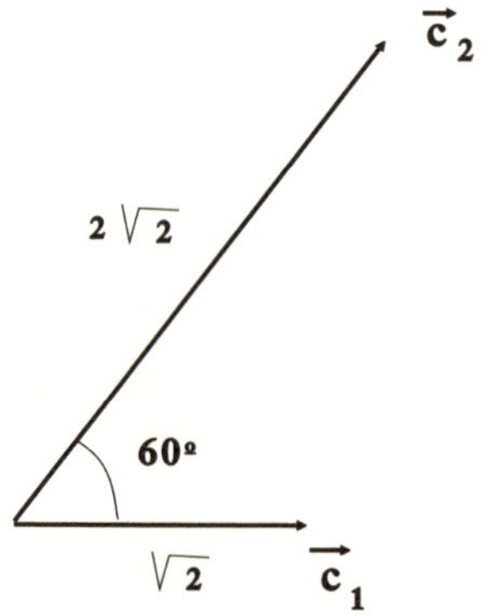

Gráfico 11

Esta representación es más simple pero nos permitirá representar vectores de variables incluso cuando el número de individuos sea mayor que tres.

Para cualquier variable X_j existe la siguiente relación entre su varianza y la norma del vector de valores centrados $\vec{c}_j$:

$$S_j^2 = \frac{\sum_{i=1}^{N}(x_{ij} - \overline{x}_j)^2}{N} = \frac{\| \vec{c}_j \|^2}{N} \Rightarrow$$

$$\Rightarrow \quad S_j = \frac{\| \vec{c}_j \|}{\sqrt{N}} \qquad \forall\, j = 1, \ldots, n \tag{C.1}$$

por tanto, la norma de un vector variable centrado nos informa del grado de dispersión de esa variable.

Los dos ejemplos anteriores nos han servido para ilustrar la diferente interpretación de las medias y la operación de centrado en ambas nubes.

Esta interpretación es válida para cualquier dimensión de la matriz de datos, (N, n), aunque cuando el número de columnas y/o filas sea mayor que 3 estos gráficos no serán posibles (salvo el Gráfico 11) .

Tipificar o "**Estandarizar**" tiene también un sentido gráfico distinto en cada nube.

En la nube de puntos individuo supone un cambio de escala de cada eje de forma que la desviación estándar se hace la unidad de medida.

En la nube de puntos variable o nube dual cada vector de valores tipificados, $\vec{t}_j$ $(j = 1, \ldots, n)$, tiene la misma dirección y sentido que el correspondiente vector de valores centrados $\vec{c}_j$ y su módulo es siempre $\sqrt{N}$ (como se puede comprobar utilizando la relación (C.1)):

$$\vec{t}_j = \frac{\vec{c}_j}{S_j} \Rightarrow \| \vec{t}_j \| = \sqrt{N} \qquad \text{(C.2)}$$

Es decir, la nube de puntos variable tipificada estará situada en una hiperesfera de radio $\sqrt{N}$.

$$T = \begin{pmatrix} -\sqrt{\frac{3}{2}} & -\sqrt{\frac{3}{2}} \\ \sqrt{\frac{3}{2}} & 0 \\ 0 & \sqrt{\frac{3}{2}} \end{pmatrix}$$

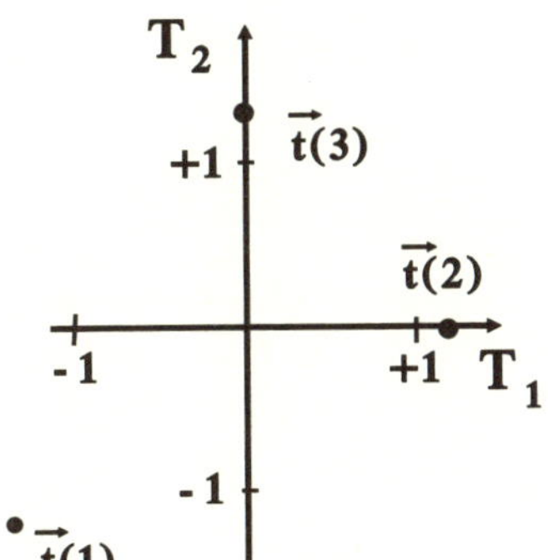

Gráfico 12

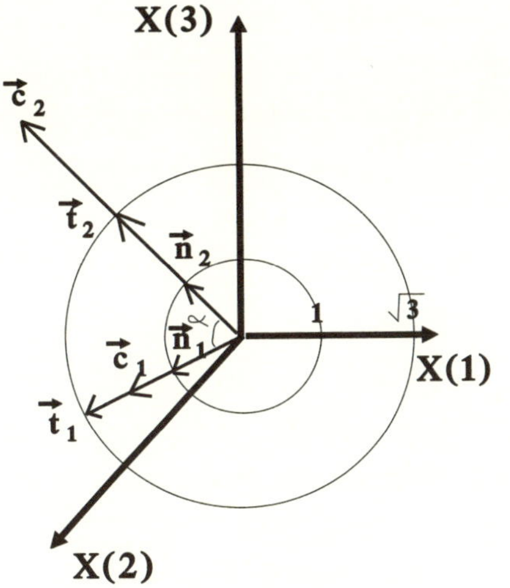

Gráfico 13

Las nubes de puntos individuo y variable tipificadas correspondientes al Ejemplo C.2 vienen representadas, respectivamente, en los Gráficos 12 y 13 (donde T indica la matriz de datos tipificada, $T = X_t$).

Vemos como al tipificar, la escala de la desviación de cada variable se iguala y ya sólo se compara la dirección de estas desviaciones.

Un efecto similar se logra al **normar o normalizar** las variables una vez centradas, es decir, al volver unitarios los vectores de valores centrados (ver Apéndice B.3, pág. 264). Esta operación es muy utilizada alternativamente a tipificar.

La nube de puntos individuo normada del Ejemplo C.2 equivaldría a la del Gráfico 12 sustituyendo las coordenadas $\pm$ 1 por $\pm\dfrac{1}{\sqrt{3}}$.

Los vectores de valores normados, $\vec{n}_j$ $(j = 1, \ldots, n)$, tienen la misma dirección y sentido que los correspondientes vectores centrados $\vec{c}_j$ y un módulo igual a 1:

$$\vec{n}_j = \frac{\vec{c}_j}{\| \vec{c}_j \|} = \frac{\vec{t}_j}{\sqrt{N}} \Rightarrow \| \vec{n}_j \| = 1 \qquad \forall j = 1, \ldots, n \tag{C.3}$$

Así, la nube de puntos variable normada estará situada sobre una hiperesfera de radio 1. En el Gráfico 13 está representada la nube dual normada correspondiente al Ejemplo C.2.

C.3 Posición relativa de dos variables. Correlación

La covarianza entre dos variables, por ejemplo S_{12} entre X_1 y X_2, se puede expresar en función del producto escalar de sus vectores de valores centrados:

$$S_{12} = \frac{\sum_{i=1}^{N}(x_{i1} - \overline{x}_1)(x_{i2} - \overline{x}_2)}{N} = \frac{< \vec{c}_1, \vec{c}_2 >}{N} \tag{C.4}$$

A partir de (C.1) y (C.4) se comprueba la importante relación que existe entre el coeficiente de correlación lineal de dos variables, X_1 y X_2, y el ángulo

(α) que forman entre sí sus vectores de valores centrados:

$$r_{x_1x_2} = \frac{S_{12}}{S_1S_2} = \frac{< \vec{c}_1, \vec{c}_2 >}{\| \vec{c}_1 \| \| \vec{c}_2 \|} = \cos \alpha \qquad \text{(C.5)}$$

La interpretación del coeficiente de correlación como el coseno de un ángulo nos indica gráficamente cómo este coeficiente no varía ante cambios de escala en las variables, tales como tipificar o normar (Gráfico 13):

$$r_{x_1x_2} = \cos \alpha = \frac{< \vec{c}_1, \vec{c}_2 >}{\| \vec{c}_1 \| \| \vec{c}_2 \|} = \frac{< \vec{t}_1, \vec{t}_2 >}{N} =< \vec{n}_1, \vec{n}_2 > \qquad \text{(C.6)}$$

De la expresión anterior vemos que en la nube dual tipificada o normada la distancia entre dos puntos variable nos informa del grado de relación lineal entre ellas (dado que a cada ángulo le corresponde una única distancia, como se observa en el Gráfico 13):

- Cuanto más próximas estén (α se aproxima a 0°) tendrán una relación lineal más fuerte y directa.
- Cuanto más alejadas estén (α se aproxima a 180°) tendrán una relación lineal más fuerte e inversa.
- Si están en una posición intermedia (α se aproxima a 90°) estarán prácticamente incorreladas.

C.4 Representación de la Regresión

Los conjuntos de valores de las variables van siendo elementos de espacios vectoriales de dimensión creciente conforme va aumentando el número de individuos de la población estudiada. En el caso de tres individuos esos conjuntos de valores eran entes de un espacio tridimensional (R^3). Si fueran 10, 100, 1000... los individuos, los conjuntos de valores de las variables serían elementos de espacios vectoriales de dimensión 10, 100, 1000..., respectivamente.

En cualquier caso, la Regresión Lineal Mínimo Cuadrática (RLMC) descriptiva entre dos variables estadísticas se puede representar en un plano: el engendrado por los vectores de valores centrados de esas dos variables.

Consideremos dos variables centradas ($\vec{c}_1$,$\vec{c}_2$) representadas en el plano que forman en R^N (Gráfico 14).

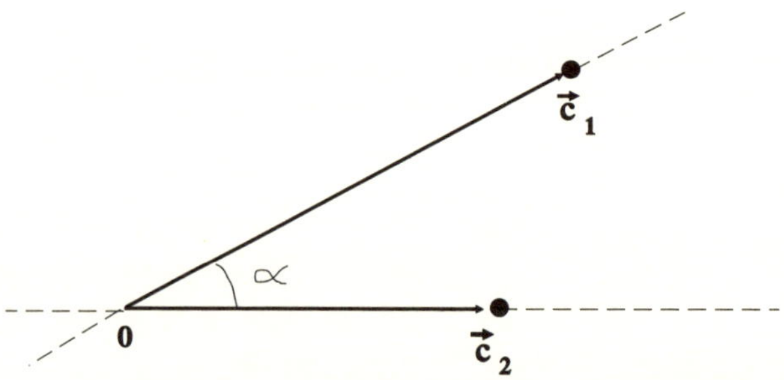

Gráfico 14

En este plano queremos representar la RLMC , por ejemplo, de X_1 sobre X_2 cuya expresión en términos de valores centrados es (ver la expresión (6.6), pág. 79):

$$\hat{X}_1 - \overline{x}_1 = b_{12}(X_2 - \overline{x}_2) \Rightarrow \hat{C}_1 = b_{12}C_2$$

por tanto, el vector de valores estimados ($\vec{\hat{c}}_1$) es un múltiplo del vector de valores centrados del regresor ($\vec{\hat{c}}_1 = b_{12}\vec{c}_2$) y lo podemos representar sobre la misma recta que $\vec{c}_2$.

Miremos ahora los errores o residuos de esta RLMC:

$$e_i = x_{i1} - \hat{x}_{i1} \qquad \forall i = 1, \ldots, N \quad \Rightarrow \vec{e} = \begin{pmatrix} e_1 \\ \vdots \\ e_i \\ \vdots \\ e_N \end{pmatrix} = \vec{c}_1 - \vec{\hat{c}}_1$$

Gráficamente el vector de residuos ($\vec{e}$) es el que une los vectores $\vec{\hat{c}}_1$ y $\vec{c}_1$, y su norma ($\| \vec{e} \|$) es la distancia entre ambos.

Al ser una regresión M.C. tratamos de minimizar la suma de los errores al cuadrado:

$$\min_{\hat{\vec{c}}_1} \sum_{i=1}^{N} e_i^2 = \min_{\hat{\vec{c}}_1} \| \vec{e} \|^2$$

es decir, buscamos el vector($\hat{\vec{c}}_1$) situado sobre la misma recta que $\vec{c}_2$ tal que su distancia a $\vec{c}_1$ sea mínima; por tanto, el vector $\hat{\vec{c}}_1$ solución a este problema es la proyección ortogonal de $\vec{c}_1$ sobre la dirección de $\vec{c}_2$ (Gráfico 15).

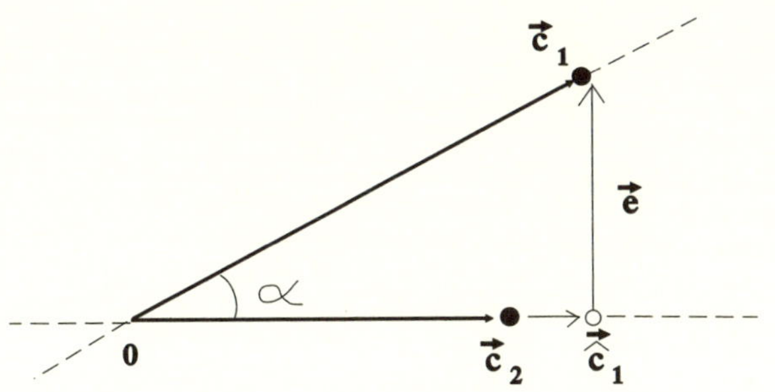

Gráfico 15

En general, la RLMC entre dos variables se representa en el plano formado por sus vectores de valores centrados mediante la proyección del regresando sobre la dirección del regresor.

Se puede obtener gráficamente la misma expresión del coeficiente de regresión, b_{12}, obtenida en (6.4):

$$\vec{\hat{c}}_1 = b_{12}\vec{c}_2 \Rightarrow b_{12} = \frac{\| \vec{c}_1 \| \cos\alpha}{\| \vec{c}_2 \|} =_{[1]} \frac{< \vec{c}_1, \vec{c}_2 >}{\| \vec{c}_2 \|^2} =_{[2]} \frac{S_{12}}{S_2^2}$$

[1] utilizando (C.5)

[2] utilizando (C.1) y (C.4)

En el Gráfico 15 vemos que la dirección del vector de residuos es ortogonal a la de $\vec{c}_2$ y $\vec{\hat{c}}_1$, lo cual corresponde a la propiedad que tienen los residuos de estar incorrelados tanto con el regresor como con los valores estimados.

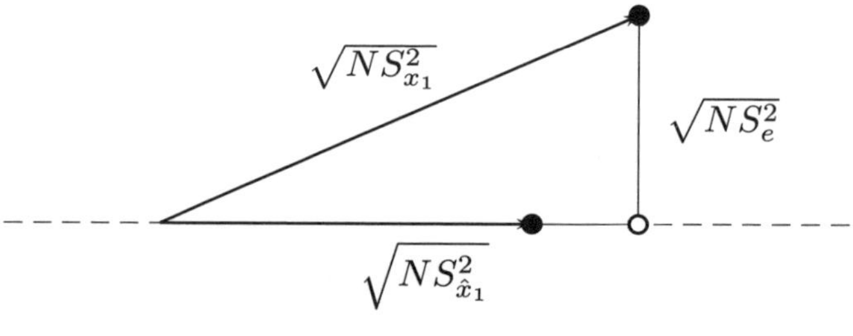

Gráfico 16

Además, la descomposición aditiva de la varianza tiene su representación geométrica en la descomposición del cuadrado de la hipotenusa según el teorema de Pitágoras (Gráfico 16).

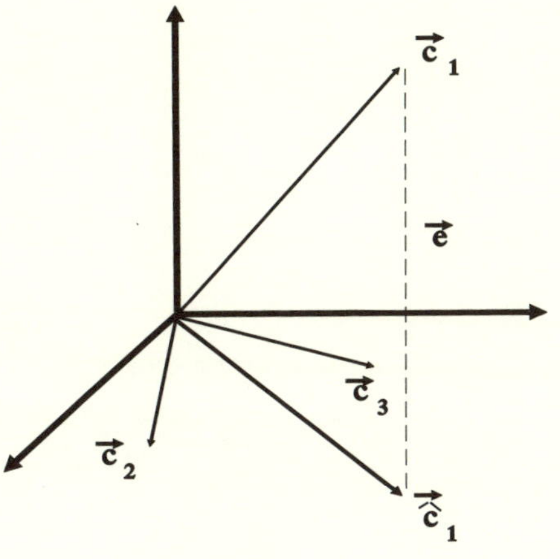

Gráfico 17

Aunque en este curso de Introducción a la Estadística sólo estudiamos la interpretación gráfica de la RLMC entre dos variables, podemos añadir que la RLMC para un número cualquiera de variables tiene una interpretación semejante: proyectar el vector de valores centrados del regresando sobre el subespacio engendrado por todos los regresores. El Gráfico 17 representa la RLMC de una variable X_1 sobre dos regresores X_2 y X_3.

Apéndice D

Tablas de la distribución Normal

$$P(T > t_\alpha) = \alpha \Longleftrightarrow P(T \leq t_\alpha) = \Phi(t_\alpha) = 1 - \alpha$$

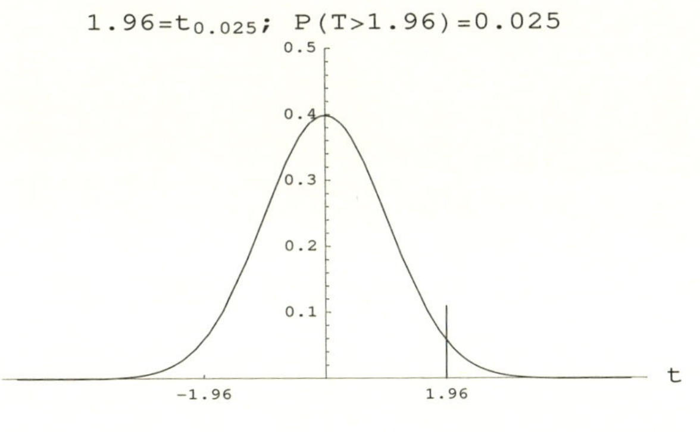

Tabla D.1: Tablas de la $\mathcal{N}(0,1)$ $(P(T > t))$

	0.00	**0.01**	**0.02**	**0.03**	**0.04**	**0.05**	**0.06**	**0.07**	**0.08**	**0.09**
0.0	0.5000	0.4960	0.4920	0.4880	0.4840	0.4801	0.4761	0.4721	0.4681	0.4641
0.1	0.4602	0.4562	0.4522	0.4483	0.4443	0.4404	0.4364	0.4325	0.4286	0.4247
0.2	0.4207	0.4168	0.4129	0.4090	0.4052	0.4013	0.3974	0.3936	0.3897	0.3859
0.3	0.3821	0.3783	0.3745	0.3707	0.3669	0.3632	0.3594	0.3557	0.3520	0.3483
0.4	0.3446	0.3409	0.3372	0.3336	0.3300	0.3264	0.3228	0.3192	0.3156	0.3121
0.5	0.3085	0.3050	0.3015	0.2981	0.2946	0.2912	0.2877	0.2843	0.2810	0.2776
0.6	0.2743	0.2709	0.2676	0.2643	0.2611	0.2578	0.2546	0.2514	0.2483	0.2451
0.7	0.2420	0.2389	0.2358	0.2327	0.2296	0.2266	0.2236	0.2206	0.2177	0.2148
0.8	0.2119	0.2090	0.2061	0.2033	0.2005	0.1977	0.1949	0.1922	0.1894	0.1867
0.9	0.1841	0.1814	0.1788	0.1762	0.1736	0.1711	0.1685	0.1660	0.1635	0.1611
1.0	0.1587	0.1562	0.1539	0.1515	0.1492	0.1469	0.1446	0.1423	0.1401	0.1379
1.1	0.1357	0.1335	0.1314	0.1292	0.1271	0.1251	0.1230	0.1210	0.1190	0.1170
1.2	0.1151	0.1131	0.1112	0.1093	0.1075	0.1056	0.1038	0.1020	0.1003	0.0985
1.3	0.0968	0.0951	0.0934	0.0918	0.0901	0.0885	0.0869	0.0853	0.0838	0.0823
1.4	0.0808	0.0793	0.0778	0.0764	0.0749	0.0735	0.0721	0.0708	0.0694	0.0681
1.5	0.0668	0.0655	0.0643	0.0630	0.0618	0.0606	0.0594	0.0582	0.0571	0.0559
1.6	0.0548	0.0537	0.0526	0.0516	0.0505	0.0495	0.0485	0.0475	0.0465	0.0455
1.7	0.0446	0.0436	0.0427	0.0418	0.0409	0.0401	0.0392	0.0384	0.0375	0.0367
1.8	0.0359	0.0351	0.0344	0.0336	0.0329	0.0322	0.0314	0.0307	0.0301	0.0294
1.9	0.0287	0.0281	0.0274	0.0268	0.0262	0.0256	0.0250	0.0244	0.0239	0.0233
2.0	0.0228	0.0222	0.0217	0.0212	0.0207	0.0202	0.0197	0.0192	0.0188	0.0183
2.1	0.0179	0.0174	0.0170	0.0166	0.0162	0.0158	0.0154	0.0150	0.0146	0.0143
2.2	0.0139	0.0136	0.0132	0.0129	0.0125	0.0122	0.0119	0.0116	0.0113	0.0110
2.3	0.0107	0.0104	0.0102	0.0099	0.0096	0.0094	0.0091	0.0089	0.0087	0.0084
2.4	0.0082	0.0080	0.0078	0.0075	0.0073	0.0071	0.0069	0.0068	0.0066	0.0064
2.5	0.0062	0.0060	0.0059	0.0057	0.0055	0.0054	0.0052	0.0051	0.0049	0.0048
2.6	0.0047	0.0045	0.0044	0.0043	0.0041	0.0040	0.0039	0.0038	0.0037	0.0036
2.7	0.0035	0.0034	0.0033	0.0032	0.0031	0.0030	0.0029	0.0028	0.0027	0.0026
2.8	0.0026	0.0025	0.0024	0.0023	0.0023	0.0022	0.0021	0.0021	0.0020	0.0019
2.9	0.0019	0.0018	0.0018	0.0017	0.0016	0.0016	0.0015	0.0015	0.0014	0.0014
3.0	0.0013	0.0013	0.0013	0.0012	0.0012	0.0011	0.0011	0.0011	0.0010	0.0010

Bibliografía

[Aluja y Morineau, 1999] Aluja, T. y Morineau, A. (1999). *Aprender de los Datos: El Análisis de Componentes Principales.* Ediciones Universitarias de Barcelona, Barcelona.

[Anderson et al., 2001] Anderson, D., Sweeney, D., y Williams, T. (2001). *Estadística para Administración y Economía.* Vol. 1. International Thomson Editores, Mexico.

[Arnaldos et al., 2003] Arnaldos, F., Díaz, M., Faura, U., Molera, L., y Parra, I. (2003). *Estadística Descriptiva.* AC. Madrid.

[Barbancho, 1973] Barbancho, A. (1973). *Ejercicios de Estadística para Economistas.* Ariel Economía, Barcelona.

[Barbancho, 1994] Barbancho, A. (1994). *Estadística Elemental Moderna.* Ariel Economía, Barcelona.

[Bertin, 1987] Bertin, J. (1987). *La gráfica y el tratamiento gráfico de la información.* Taurus, Madrid.

[Canavos, 1994] Canavos, G. (1994). *Probabilidad y Estadística. Métodos y Aplicaciones.* Mc. Graw Hill, Madrid.

[Cao et al., 2001] Cao, R., Francisco, M., Naya, S., Presedo, M., Vázquez, M., Vilar, J., y Vilar, J. (2001). *Introducción a la Estadística y sus Aplicaciones.* Pirámide, Madrid.

[Casas et al., 1998] Casas, J., García, C., Rivera, L., y Zamora, A. (1998). *Problemas de Estadística Descriptiva, Probabilidad e Inferencia.* Pirámide, Madrid.

[Cramér, 1960] Cramér, H. (1960). *Métodos Matemáticos de la Estadística.* Aguilar, Madrid.

[Cuadras et al., 1984] Cuadras, C. M., Echeverría, B., Mateo, J., y Sánchez, P. (1984). *Fundamentos de Estadística. Aplicación a las Ciencias Humanas.* Editorial PPU, Barcelona.

[Domínguez, 1989] Domínguez, J. I. (1989). *Problemas y Fundamentos de la Teoría de la Probabilidad.* Secretariado de Publicaciones de la Universidad de Málaga, Málaga.

[Durá Peiró y Lopez Cuñat, 1988] Durá Peiró, J. M. y Lopez Cuñat, J. M. (1988). *Fundamentos de Estadística. Estadística Descriptiva y Modelos Probabilísticos para la Inferencia.* Ariel, Barcelona.

[Escobar, 1999] Escobar, M. (1999). *Análisis gráfico-exploratorio.* Cuadernos de Estadística. La Muralla, Madrid.

[Escofier y Pagès, 1990] Escofier, B. y Pagès, G. (1990). *Análisis Factoriales Simples y Múltiples.* Servicio Editorial de la U.P.V.

[Escuder, 1987] Escuder, R. (1987). *Métodos Estadísticos Aplicados a la Economía.* Ariel, Barcelona.

[Fdez. de Trocóniz, 1978] Fdez. de Trocóniz, A. (1978). *Ejercicios de Cálculo de Probabilidades, Estadística y Aplicaciones.* Bilbao (agotado).

[Fdez. de Trocóniz, 1986] Fdez. de Trocóniz, A. (1986). *Probabilidad. Estadística. Muestreo.* Tébar Flores, Madrid.

[Fernández, 1996] Fernández, K. (1996). *Estatistikarako Sarrera.* Udako Euskal Unibertsitatea, Bilbao.

[Fernández-Abascal et al., 1995] Fernández-Abascal, H., Guijarro, M., Rojo, J., y Sanz, J.A. (1995). *Ejercicios de Cálculo de Probabilidades.* Ariel Matemática, Barcelona.

[Fernández et al., 1997] Fernández, K., Orbe, J., y Zubia, M. (1997). *Estatistika I eta Estatistika II Ariketak. Probabilitate eta Inferentzia Estatistikoa.* Udako Euskal Unibertsitatea, Bilbao.

[Ferreira et al., 1997] Ferreira, E. y Garín, A. (1997). *Una nota sobre el cálculo del Indice de Gini.* Revista de Estadística Española, Vol. 39. Núm. 12, pág. 206-218.

[García del Valle y Martinez, 1996] García del Valle, M. T. y Martinez, A. (1996). *Problemas de de Estadística.* Servicio Editorial de la UPV.

[Hildebran y Ott, 1997] Hildebran, D. y Ott, L. (1997). *Estadística Aplicada a la Administración y a la Economía.* Addison-Wesley Iberoamericana, Madrid.

[Kazmier y Díaz, 1991] Kazmier, L. y Díaz, A. (1991). *Estadística Aplicados a la Administración y Economía.* Mc. Graw Hill, Barcelona.

[Lebart et al., 1985] Lebart, L., Morineau, A., y Fenelón, J. (1985). *Tratamiento Estadístico de Datos.* Marcombo Boixareu, Barcelona.

[Llopis, 1996] Llopis, J. (1996). *La Estadística: una orquesta hecha instrumento.* Ariel Ciencia, Barcelona.

[Martín Pliego, 1994] Martín Pliego, F. (1994). *Introducción a la Estadística Económica y Empresarial.* AC, Madrid.

[Martín Pliego y Ruiz Maya, 1995] Martín Pliego, F. J. y Ruiz Maya, L. (1995). *Estadística I: Probabilidad.* AC, Madrid.

[Montero et al., 1988] Montero, J., Pardo, L., Morales, D., y Quesada, V. (1988). *Ejercicios y Problemas de Cálculo de Probabilidades.* Díaz de Santos, S.A., Madrid.

[Montiel et al., 1997] Montiel, A., Rius, F., y Barón, F. (1997). *Elementos Básicos de Estadística Económica y Empresarial.* Prentice Hall, Madrid.

[Mood y Graybill, 1950] Mood, A. M. y Graybill, F. A. (1950). *Introduction to the theory of Statistics.* Mc. Graw Hill, New York.

[Mood y Graybill, 1972] Mood, A. M. y Graybill, F. A. (1972). *Introducción a la teoría de la Estadística.* Aguilar, Madrid.

[Peña, 2001] Peña, D. (2001). *Fundamentos de la Estadística.* Alianza Editorial, Madrid.

[Peña, 2002] Peña, D. (2002). *Análisis de Datos Multivariantes.* Mc. Graw Hill, Madrid.

[Peña et al., 1997] Peña, D. y Romo, J. (1997). *Introducción a la Estadística para las Ciencias Sociales.* Mc. Graw Hill, Madrid.

[Portilla et al., 2001] Portilla, M., Eraso, S., Gale, G., García, I., Moler, J., y Palacios, B. (2001). *Manual práctico del paquete estadístico SPSS9 para Windows.* Universidad Pública de Navarra, Pamplona.

[Rios, 1967] Rios, S. (1967). *Métodos Estadísticos.* Editorial del Castillo, Madrid.

[Rodriguez y Arenales, 1988] Rodriguez, J. y Arenales, C. (1988). *Problemas de Estadísticas Económicas.* Pirámide, Madrid.

[Ruiz Maya, 1986] Ruiz Maya, L. (1986). *Problemas de Estadística.* AC, Madrid.

[Sarabia, 1993] Sarabia, J. (1993). *Curso Práctico de Estadística.* Pirámide, Madrid.

[Tusell y Garín, 1990] Tusell, F. y Garín, A. (1990). *Ejercicios de Probabilidad e Inferencia Estadística.* Tébar-Flores, Madrid.

[Ugarte y Militino, 2001] Ugarte, D. y Militino, A. (2001). *Estadística Aplicada con S-PLUS.* Universidad Pública de Navarra, Pamplona.

[Uriel, 1995] Uriel, E. (1995). *Análisis de Datos. Series temporales y Análisis Multivariantes.* AC, Madrid.

[Valenciano et al., 1984] Valenciano, F. y Aramendía, M. (1984). *Lecciones de Matemáticas para Economistas.* Universidad del País Vasco.

[Wainer, 1997] Wainer, J. (1997). *Visual Revelations.* Copernicus, New York.